万物互联算法、方法、技术和观点

Internet of Everything Algorithms, Methodologies, Technologies and Perspectives

[意大利] 贝尼亚米诺·狄·马蒂诺（Beniamino Di Martino）
李冠憬（Kuan-Ching Li）
[加拿大] 劳伦斯·T. 杨（Laurence T. Yang）
[意大利] 安东尼奥·埃斯波西托（Antonio Esposito）
主编

孙燕侠　张建民　译

中国科学技术出版社
·北　京·

图书在版编目（CIP）数据

万物互联算法、方法、技术和观点 /（意）贝尼亚米诺·狄·马蒂诺等主编；孙燕侠，张建民译 . -- 北京：中国科学技术出版社，2023.11

ISBN 978-7-5236-0347-5

Ⅰ. ①万… Ⅱ. ①贝… ②孙… ③张… Ⅲ. ①物联网 – 研究 Ⅳ. ① TP393.4 ② TP18

中国国家版本馆 CIP 数据核字（2023）第 220045 号

著作版权合同登记号：01-2019-7407

策划编辑 王晓义
责任编辑 王　颖
封面设计 锋尚设计
正文设计 中文天地
责任校对 邓雪梅
责任印制 徐　飞

出　　版 中国科学技术出版社
发　　行 中国科学技术出版社有限公司发行部
地　　址 北京市海淀区中关村南大街 16 号
邮　　编 100081
发行电话 010-62173865
传　　真 010-62173081
网　　址 http://www.cspbooks.com.cn

开　　本 720mm × 1000mm　1/16
字　　数 263 千字
印　　张 15
版　　次 2023 年 11 月第 1 版
印　　次 2023 年 11 月第 1 次印刷
印　　刷 北京荣泰印刷有限公司
书　　号 ISBN 978-7-5236-0347-5 / TP · 462
定　　价 62.00 元

关于本系列丛书

计算智能研究（Studies in Computational Intelligence, SCI）系列丛书快速且高质量地发布了计算智能各领域内所取得的最新进展和突破。涵盖计算智能领域的理论、应用和设计方法，因为这些内容紧密嵌入在工程、计算科学、物理和生命科学领域及其背后的方法论之中。该系列丛书包含计算智能领域的专著、讲稿等，内容涵盖神经网络、连接系统、遗传算法、进化计算、人工智能、细胞自动机、自组织系统、软计算、模糊系统和混合智能系统。对于撰稿人和读者来说，本系列丛书的价值在于其出版及时和发布范围广，这使得计算智能研究成果可以广泛快速传播。

想了解本系列丛书的更多信息请访问 http://www.springer.com/series/7092。

目 录
Contents

绪　论

互联传感器和设备在现实社会中无处不在，我们每天或多或少地都在与智能设备打交道。智能手机是人们在日常生活中使用最多的互联网设备，同时我们也在使用其他的一些智能设备，只是它们与环境的融合程度很高，以至于我们并未注意到。一些动物也同样参与到这一相对较新的应用中，如广泛使用的利用皮下芯片来识别和跟踪动物。在当今时代，每个物品和生命体（包括动物或人类）都可以连接或被连接到另一物品和生命体并共享数据。“万物互联”已成为一个新的热词，人们非常关注此类技术可能出现的多种多样的应用，以及与之相关的隐私与安全性问题。

“物联网”主题在施普林格出版集团出版的书籍上已屡见不鲜，例如文献［1］和文献［2］。后者属于本丛书的同一物联网系列。本书对物联网现象的几个方面进行了分析，指出了当前的挑战，并给出解决方案或实践建议。本书大体组织结构如下所示。

第 1 章：万物互联趋势和战略研究。简单介绍万物互联的概念，重点介绍这一宽泛范畴中的某些特定技术领域。

第 2 章：迈向集成物联网：当前的方法和挑战。介绍目前可用于定义机器可读和人类可理解的物联网应用程序编程接口的主要技术，并指出自动分析和描述物联网接口面临的几项挑战。

第 3 章：物联网的能量采集。从角色和功能角度，全面介绍物联网设备在异构环境下自主运行所面临的挑战。

第 4 章：详解物联网体系结构：概念、相似性和差异性。详细分析几个最先进的物联网平台，旨在促进对其基本概念、相似性和差异性的理解。

第 5 章：雾计算：分类、调查和未来。根据一系列标识性挑战和关键特性对雾计算进行分类，同时将现有研究工作映射到分类标准上，从而发现雾计算领域目前的研究缺口。

第 6 章：智能空间设计过程中的挑战和机遇。全面介绍以用户为中心的两种不同的智能空间应用场景（智能家居和智能购物）所面临的挑战。

第7章：SMART–FI：未来互联网社会智慧城市开放式物联网数据的使用。介绍基于 SMART–FI 项目的智慧城市平台，智慧城市 SMART–FI 旨在促进智慧城市数据的分析、开发、管理和交互。

第 8 章：物联网安全保障案例。讨论并分析物联网安全保障设计与开发中的挑战，重点关注传统的 CIA 特性，并为物联网设备的持续安全保障提供初步方法。

第 9 章：物联网集成电路 IP 保护技术研究。重点关注知识产权（IP）保护，特别是如何将秘钥隐藏到 IP 电路中，并通过秘钥验证 IP。

第 10 章：复杂环境下网络空间防护能力。重点关注网络空间安全问题，并以真实场景为例进行分析。

参考文献

1. Fortino, G., and P. Trunfio. 2014. *Internet of Things Based on Smart Objects*. Springer, Berlin. doi:10.1007/978-3-319-00491-4.

2. Guerrieri, V. Loscri, A. Rovella, and G. Fortino. 2016. *Management of Cyber Physical Objects in the Future Internet of Things. Internet of Things*. Springer, Berlin. doi:10.1007/978-3-319-26869-9.

第 1 章 万物互联趋势和战略研究

贝尼亚米诺·迪·马蒂诺，李冠憬，劳伦斯·T. 杨，安东尼奥·埃斯波西托

摘要：互联传感器和设备在现实社会中无处不在，我们每天或多或少地都在与智能设备打交道。智能手机是人们在日常生活中使用最多的互联网设备，然而实际上我们也在使用其他的一些智能设备，只是它们与环境的融合程度很高，以至于我们并未注意到。一些动物也同样参与到这一相对较新的应用中，如广泛使用的利用皮下芯片来识别和跟踪动物。在当今时代，每个物品和生命体（包括动物或人类）都可以连接或被连接到另一物品和生命体并共享数据。“万物互联”已成为一个新的热词，人们非常关注此类技术可能出现的多种多样的应用，以及与之相关的隐私与安全性问题。在本章中，将简单介绍“万物互联”的概念，重点介绍这一宽泛范畴中的某些特定技术领域。

1.1 万物互联

由于互联技术的不断发展和智能设备的广泛应用，我们能够进行通信、持续交换大量信息，我们所处的环境正在转变为万物互联（IoE）的世界。

万物互联已成为一个专门术语，用来描述给几乎所有的设备赋予连接和智能特性以实现特定的功能。然而，这一定义还是有些不够完整，因为万物互联不仅指设备之间的连接，还包括数据、人员和（业务）流程之间的连接。目前传感器和设备网络的演变，包括其与人员和社会环境的大量交互，都对城市规划、急救、军事和医疗健康产生很大影响。多种基于互联网、基于连接的模式都属于万物互联范畴，例如：

- 物联网（IoT），通过高度融合周围环境中的智能传感器和设备来连接网络、物理及生物世界。
- 人联网（IoP），关注人与人之间的连接和社交互动。
- 工业互联网（II），偏向于关注工业界感兴趣/来自工业界的数据。

物联网的早期尝试和部署是用来连接工业设备的，这一点并不令人惊奇。然而，如今物联网的应用已经从连接工业设备扩展至日常物品。在物联网环境中，不仅机械和电子设备可以连接，活着的生物也可以连接，包括植物、动物等生物，当然也包括人。英国埃塞克斯郡进行了一项奶牛跟踪项目，通过无线电定位标记将奶牛与互联网相连接，对其进行疾病监测，跟踪观察其在牛群中的行为，并监测异常活动与行为。有关动物可穿戴设备的学术研究也指向了这一方向[14]。

可穿戴计算和数字化医疗设备（如 Nike+Fuel Band[20] 运动腕带和 Fitbit 手表[9]）都是物联网中与人员连接的范例，且已通过了各种可能的测试和应用[24, 26]。物联网的定义扩展包括人员、地点、物体和事物在内，而万物互联这一术语可追溯至思科[7]。基本上，可以连接上传感器并提供连接能力的所有事物都属于这一新的互联生态系统。

虽然这些领域涵盖了当今生活的许多方面，但仍然很有必要对来自不同网络框架的数据信息进行语境化和集成。事实上，我们需要为来自异构源的信息集成提供一个通用的基础。这种共享生态系统可实现数据、传感器输入和异构系统之间的交互。要建成这类集成框架，语义是基本组件——语义技术能够在不同的数据表示法之间建造必要的过渡桥梁，并解决术语不一致问题。

1.2 物联网

物联网这一术语由产业研究人员引入，很快便进入主流大众的视野，成为人尽皆知的“热词”。简言之，物联网是指网络设备具有感知、收集、有时甚至是分析我们周围世界中数据的能力，随后在互联网上共享该数据。在文献[10]中，作者提出了一系列基于智能物体的体系结构、算法和应用，对物联网领域进行了概述。

共享是物联网设备的主要功能之一，因为只有这样，数据才能得以有效地处理并应用。关于物联网对我们未来生活的影响，人们意见不一：有人称它将完全改变计算机网络的使用方式，从而对 IT 行业的未来发展产生深远影响；而另一些人只是认为，物联网热不会对大多数人的日常生活产生大的影响，而且会随着时间的推移逐渐消失。

无论未来是否是物联网的天下，至少截至目前，物联网有着大量重要的应用。

- 复杂的邻近系统可用来构建汽车的自动泊车系统。
- 可穿戴设备和手机可用于监测用户的行动、运动习惯和日常活动，随后这些信息可用于运动员的定位和行动规划，或是简单地定位用户并在必要时确定其位置。图 1–1 展示了一些最常用的可穿戴设备类型。
- 通过临时 GPS 设备或智能手机进行车辆跟踪是常用的定位方法，例如送货卡车定位或特定区域内交通堵塞地段的定位。
- 配备特殊传感器的可穿戴设备可检测物理危险，并通过互联网与邻近的佩戴者或其他人进行交流。
- 家居设备可以利用组合传感器的数据提供智能家居体验。许多家庭中都有根据个人需求和环境条件自动调整室内温度的设备，能自动线上订购生活杂货和家庭用品的系统也在开发和测试中。

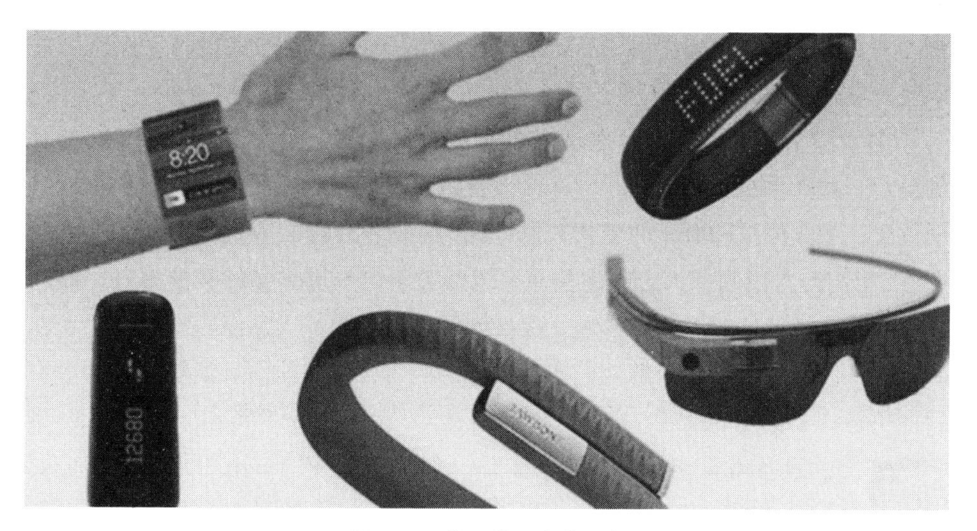

图 1–1　常用的可穿戴设备

如上所述，物联网设备的一项基本要求就是具备与互联网相连以及设备间相连的能力。截至目前，许多最常见的房屋设备通过提供交互能力，都可以在物联网系统中进行修改以得到应用。许多家居用品都可以通过精选的 Wi-Fi、运动传感器、摄像头、麦克风和其他工具进行升级，使其能够在物联网系统中工作，如洗碗机、洗衣机和热泵等。

普通房屋中已经存在此类设备相对普遍的情况，例如智能灯泡能根据房间内外的传感器检测到人员的移动情况，从而实现开和闭。这些简单的设备已经在许多房屋和公共场合中应用以降低能耗。无线量表和血压监控器是物联网设备的早期范例。智能手表和眼镜将在未来的物联网中发挥重要作用，因为它们代表着非常常见的可穿戴设备的自然延伸。此外，几乎每台设备都有蓝牙或者连接 Wi-Fi，保障了传感器与互联网之间的连接。

物联网的内在特性使其与传统的计算大不相同。物联网设备处理的数据通常来说量比较少，即使不是持续传输，也是高频传输数据。数据流的介绍通常是必要的，因为这样的信息流需要快速处理且不会中断。目前，在物联网中连接的设备和计算节点的数量远远高于任何其他计算。文献［13］中介绍的工作涵盖了各种与智能设备相关的主题，例如资源管理、硬件平台、通信和控制，以及对网络的控制和估计。其中，还讨论了消除分散、分布式和协作优化，以及有效发现、管理和查询网络物理对象。

考虑到物联网发展涉及的广泛主题，很明显，不同的主题已经出现了许多关注点和问题。

物联网引起的第一个、也是亟待解决的问题是个人数据的隐私性。可穿戴设备、智能手机和其他互联网连接设备提供了大量关于我们自身的信息：物理位置、个人体重和血压的更新数据（我们的医疗保健提供商可以访问这些信息）、我们与常用联系人之间的关系，以及关于自身更详细的数据都有可能通过无线网络持续传输至世界各地。保护此类数据免受他人恶意窥探的方法正在研究中，但警醒人们去了解他们实际共享的内容，以及与信息泄露相关的潜在问题仍是一个重要的话题。

连接的设备需要能量才能正常工作，如果是无线的，由于维持通信需要电力，故而可能需要更多能量。但是，为这种新的物联网设备和网络提供能量，成本高昂且难度较大。便携式设备需要定期重新充电或最终更换电池。即使在较低功率下使用并且得到优化的设备需要能量少，但向数十亿个不同电气组件提供能量的成本也是巨大的。

随着物联网技术发展出现了新的商业机会，诞生了许多公司、初创企业和合资企业。市场竞争会使客户接受服务时花费更低，但即便如此仍会产生大量的产品和服务，在许多情况下设备间不能交互操作，往往会让消费者感到困惑。

另外，高效网络的实用性允许在分布式设备之间进行通信。物联网假定网络设备和基于网络的设备可以智能、自动地进行交互操作，但有时哪怕是保障移动传感器的稳定连接都是一项非常有挑战性的任务。而且，物联网网络能够适应消费者不断变化的需求，但通常不可预测。万物互联为用户、制造商和公司提供了大量的机会[19]。实际上，物联网技术将在许多生产领域（包括环境监控、医疗保健、库存和产品管理、工作场所和家庭帮助、安全和监控等）中得到广泛应用。从用户角度来看，物联网支持大量新的响应式服务，这些服务能够满足用户的需求，并在日常活动中为他们提供帮助。在物联网和大数据联盟能够兑现其承诺之前，仍有许多要克服的障碍。

第一个挑战是在全球范围内采用通用标准。使用通用标准可确保互操作性高效经济地解决，而且使用通用标准可以在新领域创造出更多机会，并允许在市场充分发挥其潜力。要使物联网工作，必须有一个框架，在该框架内，设备和应用程序可以通过有线或无线网络安全地交换数据。在此区域中有多种模式：M2M[21]、AllJoyn[2]、OIC[22]。

M2M（机器到机器）是指允许无线和有线系统与同一类型的其他设备进行通信的技术。M2M 是一个宽泛的术语，因为它没有明确指出特定的无线或有线网络、信息和通信技术。这一宽泛的术语多为企业执行人员所应用。M2M 被视为物联网不可或缺的一部分，并为生产制造和商业经营带来了许多利益。通常它有广泛的应用，如工业自动化、物流、智能电网、智慧城市、健康、国防等。主要用于监测，也用于控制的目的。开放式机器到机器（OM2M）[1] 提供基于 ETSI-M2M 标准的 M2M 互操作能力的开源代码服务平台。OM2M 采用开放式接口的 RESTful 方法，可独立开发基础网络的服务和应用程序。它提出了一个模块化的体系结构，通过插件使其高度可扩展。支持 HTTP 和 CoAP 等多种协议的绑定。提供各种互通代理以实现与供应商特定技术（如 ZigBee 和 Phidget 设备）的无缝通信。OM2M 实施 Smart M2M[17] 标准，提供可在 M2M 网络、网关或设备中部署的水平服务功能层（SCL）。每个 SCL 提供应用程序支持、通用通信、可达性、寻址和存储库、互通代理、实体管理等。它包括多个基元程序以实现计算机身份验证、资源发现、应用程序注册、容器管理、同步和异步通信、访问权限授权、组组织、重新定位等。

AllSeen Alliance[2]是一个跨行业的联盟，致力于实现构成物联网的数十亿台设备、服务和应用程序的互操作性。由 AllSeen Alliance 创建的框架 AllJoyn 是一个开放、通用、安全、可编程的软件连接和服务框架，使公司和企业能够创建可进行互操作的产品，这些产品能够发现、连接和与其他所有支持的产品直接进行交互。AllJoyn 与传输层、操作系统、平台和品牌无关，支持新兴的硬件制造商、应用程序开发人员和企业，可以创造易于沟通和交互的产品和服务。它包括一个开源代码 SDK 和服务框架的编码基数，能够实现发现、连接管理、消息路由和安全性等基本要求，保障哪怕是最基本的设备和系统之间的互操作性。服务框架的初始规划集包括：设备发现、交换信息和配置（了解其他附近设备）；加入连接设备的用户网络；用户通知；用于创建丰富用户体验的通用控制面板；可同时在多个扬声器回放的音频流。另外，AllSeen Alliance 还推出了开发者工具，并通过遵从性计划验证了正确的实施方法。

开放互连联盟（OIC）正在定义一个基于行业标准的共同通信框架，以通过无线连接和管理物联网设备之间的信息流。它赞助了 IoTivity 项目[15]，IoTivity 是一个开源代码软件框架，用于设备到设备的连接。IoTivity 的结构目标是创建一个新的标准，让数十亿的有线和无线设备能够实现互相连接和与网络相连。这一目标是一种可扩展且强劲的体系结构，适用于智能设备和精简设备。IoTivity 框架编程接口为开发人员公开了其框架，且能应用多种语言和多种操作系统。这些编程接口的基础是基于资源的 RESTful 体系结构模型。该框架作为所有操作系统和连接平台的中间件运行，具有 4 个基本构造模块：发现、数据传输、数据管理和设备管理。IoTivity Services 基于 IoTivity 基础代码构建，为应用程序开发提供了一组通用功能。IoTivity Services 旨在提供对应用程序和资源的简单且可扩展的访问权限，并且完全由自己管理。IoTivity Services 的 1.0 版本中有 6 个可配置的服务，每个服务都有自己的独特功能：资源封装、资源容器、物品管理器、资源托管、资源分配和 MultiPHY 快速安装。资源封装抽出常用的资源功能模块。它提供客户端和服务器端的功能，这些功能都可以服务于开发人员。对于客户端，它提供资源缓存和在线状态监视功能。另外，对于服务器端，它提供创建资源和设置资源参数、属性的简单直接的方法。通过创建、注册、加载和卸载资源包，资源容器提供了一种将非 OIC 资源整合到 OIC 生态系统中的方法。它还为资源捆绑提供了常用的资源模板和配置机制。它处理 OIC 特定通信功能，并以通用方式提供常用功能。物品管理器创建组，查找网络中合适的成员内容，管理成员在线状态，并使组操作更加容易。资源托管的目的是将请求处理从原始资源所在的资源服务器上卸载，以减少资源受限设备的功耗。资源目录是代表瘦客户机的服务器。瘦客户机发布资源后，资源目录将代表这些设备做出响应。充当资源目录的设备本身可以保留资源。MultiPHY Easysetup 是一种可让不同的传感器设备（具有不同的连接支持）无缝连接到最终用户的 IoTivity 网络的可选基本服务。因此，使传感器设备能够以用户友好的方式作为 IoTivity 网络的一部分。大数据世界可以为处理和分析物联网的海量数据提供基础体系结构和工具。但是由于缺乏有效的方法和解决方案来对物联网数据进行体系结构、注释、共享和感知，并促进跨不同应用领域[3]的可操作知识和信息的转换，与互操作性、自动化和数据分析相关的问题自然会产生面向物联网的语义导向型视角。基于机器可解释性的语义技术体现了描述对象、共享和整合信息的承诺，并与其他智能处理技术结合了新的知识。语义技术是集成异构数据源的数据所必需的。实际上，本体合并和映射等相关的语义技术可以提供简单、强大的方式，这不仅提供了一种格式，而且提供对不同数据源的统一解释，故而也是一种语义转换程序。另外，通过语义标注，数据将成为自解释性信息载体，从而实现对相关数据源和数据的动态发现。语义技术能够开发可适应不同应用领域的可扩展语境化模型，并且易于丰富更新，以适应物联网系统的持续发展。我们还需继续努力，在 IoT-A[23]、SSN[6]、Open IoT[18]中创建用于描述和表示物联网数据和资源描述的通用模型。

1.3　工业互联网

工业互联网（II）这一术语于 2012 年首次为通用电气公司所使用，目前用作物联网或工业物联网（IIoT）的同义词。自那时起，许多其他公司在工业互联网方面显示出极大的兴趣，并在此领域进行了研究，其中典型的例子是谷歌、思科和 DataLogic。

工业互联网联盟[25]由多家工业巨头（如美国电话电报公司、思科公司、通用电气公司、IBM 公司和英特尔）共同创建，倡导推动工业物联网的发展。该联盟为非营利组织，通过其成员公司、行业、学术单位和政府的协作努力来管理和推动工业物联网的发展。近年来，它通过为新型解决方案提供测试台来组织活动以赞助工业互联网领域内最新的技术和研究。在更为通用的物联网场景中，工业互联网意味着大量设备的集合，这些设备通过通信软件和有线网络或无线网络进行连接。由此产生的框架和组成框架的各个设备，能够通过收集信息和即时操作改进升级自己的行为并积极与周围的环境进行交互。物联网与工业互联网之间的主要区别体现在人类互动上：在现实的工业互联网情景中，根本不需要人工干预。的确，当人类无法直接与目标环境交互或直接操作时，工业互联网这一解决方案的应用最为广泛。用于远程探索或危险探险的空间载体或是进行深入挖掘工作的挖掘机器人均无须由人工操作，而是能够根据其从周围环境中接收到的即时信息来作出明智和快速的决定。

另一个关键点就是几乎所有工业物联网应用的重要程度：航空和国防、医疗卫生和能源，这些领域都是一旦系统失效，就可能出现危及生命或其他的紧急情况。相反，物联网系统往往是消费者级别的设备，它们属于有效且重要的商品，其最终故障却往往不会立即造成紧急情况。

有许多实用的工业互联网应用。

- 利用庞大的互联传感器网络来监测石油管道，以检测受损情况并及时采取措施予以修复，避免石油泄漏。
- 智能铁路防撞系统利用来自美国全球定位系统（GPS）的数据，安装在火车上，以确定车头的位置，避免事故发生。
- 水质传感器可用于检查分配给居民的自来水，监测并避免自来水泄漏与浪费。
- 可再生能源部门也可受益于先进的传感器网络，数字风场[11]利用周边环境传感器获取的数据来确定哪个汽轮机应打开或关闭，来最佳利用风能；或在单个汽轮机的部件中查找故障。图 1-2 是通用电气公司的智能风力涡轮机方案。

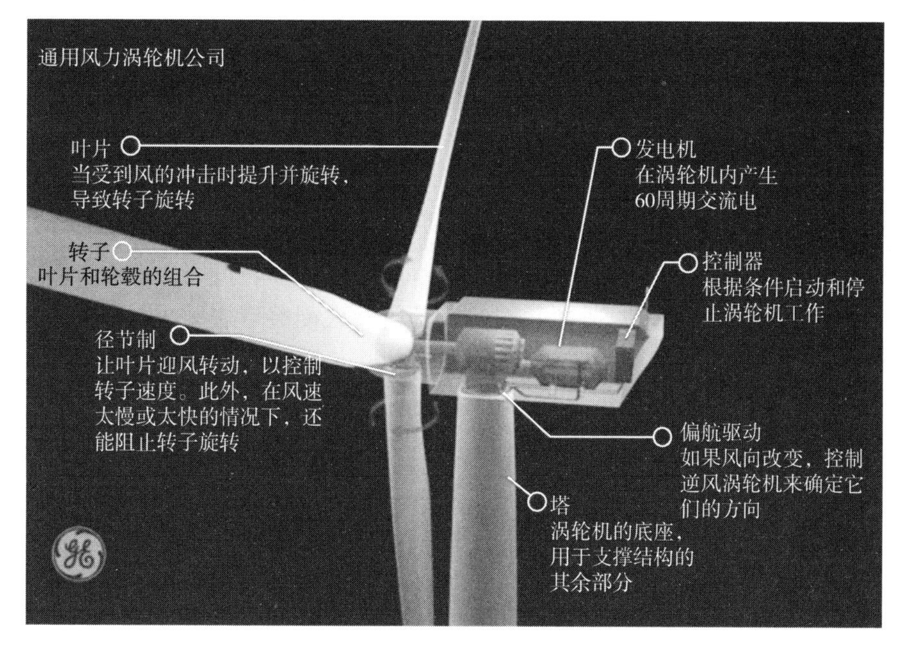

图 1–2　通用电气公司的智能风力涡轮机方案

1.4　人联网

我们经常在新闻、杂志或科学报告中听到数十亿的相互关联事物，但其究竟是指什么呢？自然不仅仅是设备，人力资产也是此类网络的一部分，并且人力资产可以通过技术进行管理。

工业互联网是基于无人工干预的理念，而在人联网（IoP）中，人类便成为关注点。人联网中互联传感器和设备的最终目的是“预测拥有者的需求”：如果有雨，雨伞会提醒主人带上自己；智能冰箱可以自动订购必需品或建议主人丢掉过期食物；智能垃圾箱可协助市民进行废品回收利用。

传统的物联网设备，尤其是可穿戴设备（如智能腕带、智能眼镜），通常会设计一种窗口交互模型，这并不是人类接触周围世界的自然方式。人们要用自身与对象进行交互，因此如果所用设备不能与环境完全融合，就会破坏人联网概念下的整个构思。理论上，人们不应该意识到他们在与机器进行交互。这可能会产生许多道德伦理问题，因为此类技术的滥用会使人们过于依赖这些技术，还会使日常生活中的许多方面变得非人性化[16]。事实上，目前的技术可以使人与机器之间的融合更加深入，可植入芯片已成为现实，且已获得批准可用于某些公共环境中，如医院[8]以及最近批准的用于私人办公室中[4]。此类技术的潜在用途是很有前景的，安全访问产品和服务、通过直接连接到银行账户来自动支付、跟踪、人员识别。将人们的所有医疗记录保存在这样的芯片上，以便在紧急情况下即时提供给医生查看，这样便十分实用。

如上文所述，当人们通过联网的设备或互联网共享有关人员的数据时，会出现严重的隐私问题。通常主要的关注点在于人员定位，这被认为是许多物联网基础应用中最敏感的信息之一。结合最近大热的基于人的位置的游戏，例如 Ingress[5]和全民参与的 Pokemon-Go[12]。在这样的游戏中，人们用自己的智能设备（不只是手机，因已设计出专用智能手表和腕带以进行交互），以便与现实世界进行交互。但是，与环境的交互需要确定玩家的准确位置，并向其他玩家（不考虑游戏服务器收集的有关移动数据）发送通知，因而安全问题必然会比较突出。尤其是考虑到此类应用程序的用户中，他们的数量在全体人类中有稳定的百分比。但是，定位人们使用特定应用必须明确区分，这与跟踪人们的私生活不能混为一谈。获取人们的行踪其实是对许多问题较好的解决方案，因为这些问题没有其他令人满意的方法。

- 持续监测在危险环境下工作的工人的位置，例如矿工、救援团队、探险者、登山者及类似人员。
- 确定儿童在上下学路上和校内的位置。
- 移动个人应急响应系统（mPERS）是使用 GPS 定位的绝佳方法。通过知道遇险者的确切位置，遇险的人们可以迅速获得救助。

监狱可以利用基于位置的服务在囚犯越狱时定位罪犯、防止其越狱，或控制囚犯在监狱内的移动。

显然，如果使用不当，或者有恶意攻击者干扰设备正常工作，位置只是互联网连接设备会泄露的敏感信息之一。我们的个人数据，如家庭地址、电话号码或银行账户和信用卡的信用凭证等，均可能无意在设备网络上被共享，导致受到恶意窥探并用于非法目的。

1.5 小结

在本章中，我们介绍了物联网（IoT）、工业互联网（II）和人联网（IoP）现象背后的主要概念，这些概念是万物互联（IoE）生态系统的重要组成部分。我们强调了可用于支持高效设备网络的重要性，指出了技术问题（连接设备的适当能量供应）和安全问题（位置泄露及其他敏感数据）。这并不与主题相悖，相反，上文提到的每个要点均需在合适的环境中加以深化和研究。

参考文献

1. Alaya, M. Ben, Yassine Banouar, Thierry Monteil, Christophe Chassot, and Khalil Drira. 2014. Extensible etsi-compliant m2m service platform with self-configuration capability. *Procedia Computer Science* 32: 1079–1086.

2. AllJoyn. https://allseenalliance.org/.

3. Barnaghi, Payam,WeiWang, Cory Henson, and Kerry Taylor. 2012. Semantics for the internet of things: Early progress and back to the future. *International Journal on Semantic Web and Information Systems (IJSWIS)* 8(1): 1–21.

4. Cellan-Jones, Rory. 2015. Office puts chips under staffs skin. *BBC News*.

5. Chess, Shira. 2014. Augmented regionalism: Ingress as geomediated gaming narrative. *Information, Communication and Society* 17(9): 1105–1117.

6. Compton, Michael, Payam Barnaghi, Luis Bermudez, RaúL GarcíA-Castro, Oscar Corcho, Simon Cox, John Graybeal,Manfred Hauswirth, Cory Henson, Arthur Herzog, et al. 2012. The ssn ontology of the w3c semantic sensor network incubator group. *Web Semantics: Science, Services and Agents on the World Wide Web* 17: 25–32.

7. Evans, Dave. 2012. The internet of everything: How more relevant and valuable connections will change the world. *Cisco IBSG*, 1–9.

8. Feder, Barnaby J, and Tom Zeller, Jr. 2004. Identity badge worn under skin approved for use in healthcare. New York Times.

9. Fitbit official site for activity trackers and more. https://www.fitbit.com/. Accessed Jan 2017.

10. Fortino, Giancarlo, and Paolo Trunfio. 2014. *Internet of things based on smart objects. Springer*.

11. GE digital wind farm. www.gerenewableenergy.com/wind-energy/technology/digital-windfarm. html. Accessed 20 Mar 2016.

12. Gregory, Brent, Sue Gregory, and Boahdan Gregory. Harvesting the interface:

Pokémon go. In *33rd international conference of innovation, practice and research in the use of educational technologies in tertiary education*, 240.

13. Guerrieri, Antonio, Valeria, Loscri, Anna, Rovella, and Giancarlo, Fortino. 2016. *Management of cyber physical objects in the future internet of things*. Internet of things. Springer International Publishing.

14. Huhtala, A., K. Suhonen, P. Mkel,M. Hakojrvi, and J. Ahokas. 2007. Evaluation of instrumentation for cow positioning and tracking indoors. *Biosystems Engineering* 96(3): 399–405.

15. IoTivity. https://www.iotivity.org/.

16. Judge, J, and J. Powles. 2015. Forget the internet of things we need an internet of people. https://www.theguardian.com/technology/2015/may/25/forget-internet-of-things-people. Accessed 20 Mar 2016.

17. Kanti Datta, Soumya, and Christian Bonnet. 2014. Smart m2m gateway based architecture for m2m device and endpoint management. In *Internet of Things (iThings), 2014 IEEE international conference on, and green computing and communications (GreenCom), IEEE and Cyber, Physical and Social Computing (CPSCom), IEEE*, 61–68. IEEE.

18. Kim, Jaeho, and Jang-Won Lee. 2014. Openiot: An open service framework for the internet of things. In *2014 IEEE World Forum on, Internet of things (WF-IoT)*, 89–93. IEEE.

19. Miorandi, Daniele, Sabrina Sicari, Francesco De Pellegrini, and Imrich Chlamtac. 2012. Internet of things:Vision, applications and research challenges. *Ad HocNetworks* 10(7): 1497–1516.

20. Nike+ Fuel band. http://www.nikeplus.com.br/. Accessed Jan 2017.

21. Niyato, Dusit, Lu Xiao, and PingWang. 2011. Machine-to-machine communications for home energy management system in smart grid. *Communications Magazine, IEEE* 49(4): 53–59.

22. Open connectivity foundation. http://openconnectivity.org/.

23. Responsible Beneficiary, IML FhG, Stephan Haller SAP, Edward Ho HSG, Christine Jardak, Alexis Olivereau CEA, Alexandru Serbanati,Matthias Thoma SAP and JoachimWWalewski. Internet of things-architecture iot-a deliverable d1. 3–updated reference model for iot v1. 5.

24. Takacs, Judit, Courtney L Pollock, Jerrad R Guenther, Mohammadreza Bahar, Christopher Napier, and MichaelAHunt.Validation of the fitbit one activity monitor device during treadmill walking. *Journal of Science and Medicine in Sport* 17(5): 496–500.

25. The industrial internet consortium. http://www.iiconsortium.org/. Accessed 20 Mar 2016.

26. Tucker,Wesley J., DhariniM. Bhammar, Brandon J. Sawyer,Matthew P. Buman, and Glenn A. Gaesser. 2015. Validity and reliability of nike+ fuelband for estimating physical activity energy expenditure. *BMC Sports Science, Medicine And Rehabilitation*, 7(1): 14.

第 2 章
迈向集成物联网：当前的方法和挑战

贝尼亚米诺・迪・马蒂诺，安东尼奥・埃斯波西托，
斯特凡尼亚・纳奇亚，萨尔瓦托雷・奥古斯托・马伊斯托

摘要： 随着传感器和智能设备的广泛应用以及连接技术的进步，物联网成为十分受欢迎的话题。因为创建了新的传感器网络和扩展了已有的传感器网络，因此需要为传感器的“接口”定义一个通用标准。在工作时不同传感器不能立即和其他传感器相适应，所以现在物联网中不同传感器和传感器网络无缝协调工作是很难实现的。在本章中，将介绍目前可用来定义机器可读和人类可理解的物联网编程接口的主要技术，指出自物联网接口自动分析和描述中衍生出的多项挑战，另外考虑并讨论相关的安全问题。

2.1 简介

连接到互联网并在其中交换数据的设备或者与全世界共享数据的设备的数量日益增多。物联网产生了前所未有的数据量和特殊的特性现象，其特殊特性通常表现为较小的数据块通过网络持续在设备和传感器之间快速传输，这种现象对所需的计算能力产生很大影响，不仅仅是数据变得复杂，而且要对数据块进行管理。因此人们认为物联网和大数据的普遍性是现代信息技术发展密不可分的两个方面，并且改变了商业和日常生活中的方方面面。物联网已为用户和制造商带来了新的机遇[22]，从而涌现出许多新型企业。许多生产领域也将受益于物联网技术，包括环境监控、医疗健康、安全和监管等。

然而，尽管人们对物联网和相关技术有很大兴趣，但还有一些问题限制了当下全球范围内的应用，故仍需解决。当然，要面临的第一个、也更为棘手的问题是：如何对传感器接口和设备接口的规范采用通用标准。随着信息技术的快速发

展，市场已经充斥着新的产品、服务和技术解决方案，但是由于提出的产品几乎都没有一个标准形式的编程接口，实现互操作性变得非常困难。此外，即使是专家程序员，在处理大量不断演变升级的服务和接口时，也会感到十分困难。

本章给出了物联网框架的一般模型，目的是确定主要策略，这些策略可通过分析所提供解决方案的优缺点来解决物联网产品和服务间的互操作性问题。

本章内容分为如下几部分：第 2.2 节概述当前的研究项目，旨在为物联网 API 规范和领域内当前技术定义通用的新形式；第 2.3 节介绍表示和共享物联网 API 的问题，并描述和比较了市场上当前可用接口的主要形式；第 2.5 节指出自动化 API 中的主要挑战；第 2.6 节强调与 RESTful 接口安全交互的重要性，并指出当前方法的不可靠性；第 2.7 节讨论现有论文中的评论和注意事项。

2.2 现有技术

在最近几年中，物联网、智能电网、智能设备和可穿戴设备驱动的健康和健身等新技术已成为主要应用领域，但都具有不同的体系结构和数据模型。新型高性能传感器具有不同的精度能力和应用范围，能够收集海量数据，这些数据被精心组合后可提供有价值的信息，尤其是医疗保健领域已经受到这些创新的影响。文献［14］中介绍了多传感器数据融合的原因和优势，尤其是物理活动识别中，旨在提供一个系统的编目方法和通用对照框架。图 2-1 中展示了这些领域的立式存储器，其中包括物理传感器到网络服务。

医疗健康领域的 Fitbit（活动监控设备）提供了一套完整的物联网组件，用于创建专有和封闭式存储器。它还提供了图形界面并使用 RESTful 应用程序接口将传感器连接到云服务。类似地，用户可以利用任一常用的开放硬件平台（如树莓派或 Arduino）作为网关节点，通过 RESTful 接口访问临时 Web 服务上的数据，以分析来自传感器的数据（如心率、血糖、体重），从而监控身体健康。

文献［9］中，作者称身体传感器网络（BSNs）是能与本地个人设备通信的可穿戴（可编程）传感器节点的集合。传感器节点具有计算、存储和无线传输能力，能量来源有限，传感能力也不尽相同。为了避免编程接口的复杂性（这也是在使用身体传感器网络时最受限的问题之一）作者开发了节点环境中

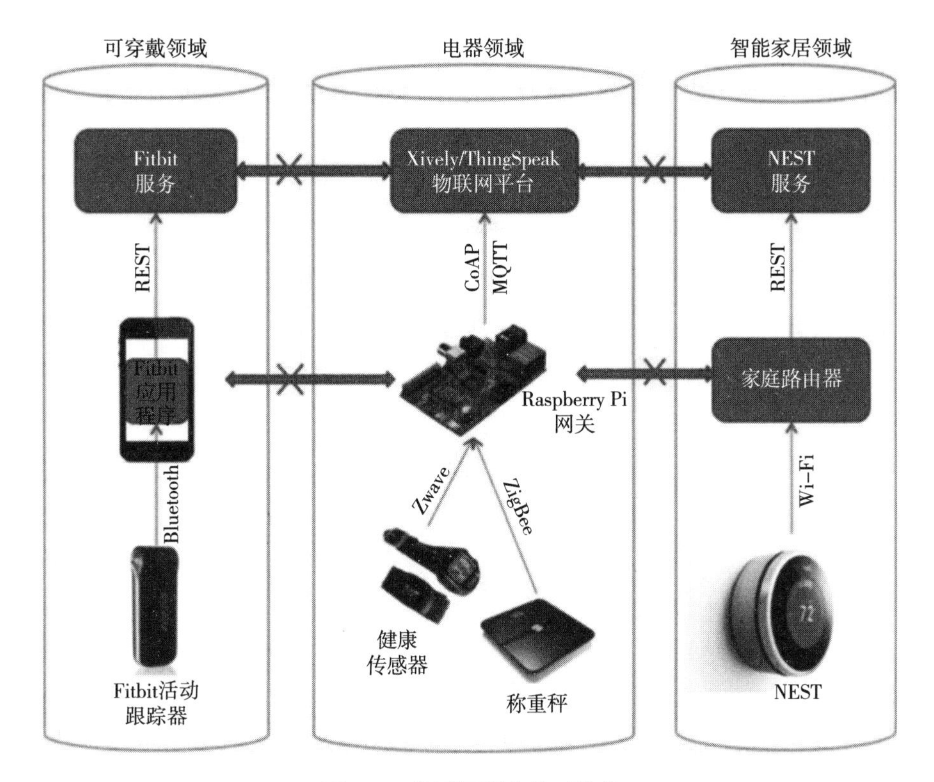

图 2-1　物联网服务体系结构

的信号处理（SPINE），一种开源代码的编程框架，设计的目的是在关于身体传感网络的应用开发中，实现快速灵活的原型设计和管理。

传感器网络的分布特性使多个智能设备之间的连接分散在很大的区域上，故而采用了现代分布式计算范式。特别地，采用基于代理的技术来支持智能设备之间的协作，并从互连的传感器中收集数据[8, 13]。为了分析传感器网络中通信级存在的问题和瓶颈，文中提出了基于代理的模型：此类模型可用于模拟网络活动并协助设计最正确的互相连接[11]。在文献［10］中提出了一种基于元模型的方法，在不同的粒度和抽象级别定义的模型用作开发基于代理的解决方案的基础。

云计算应用提供了强大可扩展的用于传感器网络的基础设施，特别是数据收集和规划。文献［12］中提供了一种基于组合云和基于代理的技术的方法，用于管理高度可扩展的智能传感器网络。

目前的物联网基础设施状态不允许直接访问由设备存储和规划的信息，而且访问数据的唯一方法是通过由特定供应商提供的 Restful 应用程序编程接口：此特定功能非常重要，因其几乎没有提供互联的空间。

智能设备提供的特定应用程序直接与物理设备通信，终端用户或开发人员可通过应用程序本身或通过应用程序编程接口访问数据；甚至有一种不为人知的方式是供应商应用程序与设备进行通信。

虽然每个供应商提供的应用程序接口是易于访问的，但每个接口都有自己的表现形式和特定结构，而不是统一的标准，而且在大多数情况下并不具有机器可读性。文献［1］中描述了一种基于机会网关的方法，以解决物联网的互操作性问题。物联网设备之间的互操作性也是研究项目的主题，例如，H2020 赞助的项目 Inter-IoT[15] 提出了一种多层次方法，其中集成了不同的物联网设备、网络、平台、服务和应用，以实现数据、基础设施和服务的全球连续性。该项目已受到“物联网欧洲平台计划”投资，该计划解决了 7 个项目，重点关注物联网生态系统[16] 的不同方面。应用程序编程接口的结构和自然语言的表示之间的异构性已经成为一个障碍，使得开发连接器的任务变得更加复杂，这些连接器可为不同的传感器所使用，且它们很难维护和更新。最近开发设计了许多称为“聚合器”的框架或软件，其主要目的是提供一个统一的接口，以完全透明的方式访问多种提供程序相关的传感器或 RESTful 服务。

Embed 是一个商业聚合器，让开发人员能够轻松嵌入来自 YouTube、Vine、Flickr 等第三方内容提供商的内容。Embed 遵循 oEmbed 规范。oEmbed 是一种允许第三方站点上 URL 嵌入表示形式的格式。该编程接口允许网站在用户发布该资源的链接时显示嵌入的内容（如照片或视频），而不必直接分析资源。

另一个例子是社交操作系统 API 框架[18]，目前最流行的社交网络和媒体，如 Twitter、Facebook 和 YouTube 公开其全部或部分通过开放的 Restful API 提供的功能，每名用户或第三方应用程序都可以访问其内容并操作。尽管概念和基本功能有相似之处，但社交网络中的数据表示具有高度的异构性。除此之外，每个社交网络都提供自己的编程接口，由于缺少用于从单一编程接口访问多个编程接口的非商业工具，因此想要将来自两个或更多社交网络的数据结合起来的用户必须调用所有编程接口并在处理这些数据之前将其转换为通用格式。社交操作系统框架旨在解决上述挑战。它是在社交网站（SNS）上运行的软件堆栈。社交操作系统提供了一个抽象层，用于将多种基础社交媒体平台的数据和功能与利用该功能的一系列分析工具相结合。社交操作系统项目的核心，是社交操作系统编程接口，它包括许多常见社交网络的单一访问接口，公开封装其功能的操作。

2.3　对过去和现在 API 表示的分析

正如第 2.2 节中所说，描述物联网在线服务的高效、可共享的形式有多种定义方法。然而，由于大多数物联网服务现在可通过 Restful 接口使用，因此主要的研究在于定义此类接口的新形式，重点放在传感器和设备上。因此提出了有关 API 描述的形式，也是为了满足传感器通用表示的需要。本节中，将介绍 API 描述中的主要参与者，在它们彼此之间进行比较，并将它们与之前用于 Web 服务定义的 WSDL 标准进行比较。

2.3.1　Web 应用程序描述语言（WADL）

Web 应用程序描述语言（WADL）[20] 是基于 XML 和基于 HTTP 的 Web 服务说明的机器可读形式。尽管 Sun Microsystem 公司于 2009 年将其提交给万维网联盟（W3C），但仍没有将其标准化的实际计划[19]。与 WSDL 文档相比，WADL 描述更轻巧简单，以便更好地适应现代网络服务接口，通常为 REST。WADL 文档的结构十分简单。

- 描述的核心元素由资源标记表示，该标记公开基本属性以指出服务的基本地址。
- 资源标记包含一个资源集合，每个资源代表可以从基本地址访问的单个服务。该服务的名称由路径属性标识。
- 在资源中，方法是通过方法标记定义的，公开名称属性（用于说明发出的 HTTP 请求的类型）和带有所调用服务确切名称的 ID。
- 每种方法都描述了一个请求和一个响应，两个都含有参数（参数标记），至少包括一个名称和一个类型，这些参数还可以显示有关该参数的倾斜度或基数的信息。此外，如果只能从预定义的值集选择参数，则可以使用选项标记来枚举参数。

用于获取 Web 服务 WADL 描述的分层模型可以被快速解析，以获取生成服务调用所需的信息。另外，整个文档比 WSDL 文档更小、更简单。参考图 2-2（由 W3C 自行发布）中提供的例子，描述了雅虎公司公开的搜索服务：代码（包括标题）少于 50 行，人们很容易理解。显然，WADL 比 WSDL 更简便，但不够灵活，提供的功能更少。表 2-1 为两种语言的比较。

```
1   <?xml version="1.0"?>
2   <applicationxmlns:xsi="http://www.w3.org/2001/XMLSchema-instance"
3     xsi:schemaLocation="http://wadl.dev.java.net/2009/02wadl.xsd"
4     xmlns:tns="urn:yahoo:yn"
5     xmlns:xsd="http://www.w3.org/2001/XMLSchema"
6     xmlns:yn="urn:yahoo:yn"
7     xmlns:ya="urn:yahoo:api"
8     xmlns="http://wadl.dev.java.net/2009/02">
9       <grammars>
10        <include
11            href="NewsSearchResponse.xsd"/>
12        <include
13            href="Error.xsd"/>
14      </grammars>
15      <resourcesbase="http://api.search.yahoo.com/NewsSearchService/
            V1/">
16      <resourcepath="newsSearch">
17        <method name="GET"id="search">
18          <request>
19            <param name="appid"type="xsd:string"
20                style="query"required="true"/>
21            <param name="query"type="xsd:string"
22                style="query"required="true"/>
23            <param name="type"style="query"default="all">
24                <optionvalue="all"/>
25                <optionvalue="any"/>
26                <optionvalue="phrase"/>
27            </param>
28            <paramname="results"style="query"type="xsd:int" default
                  ="10"/>
29            <param name="start"style="query"type="xsd:int"default="1"/>
30            <param name="sort"style="query"default="rank">
31              <option value="rank"/>
32              <option value="date"/>
33            </param>
34            <param name="language"style="query"type="xsd:string"/>
35            </request>
36            <responsestatus="200">
37              <representationmediaType="application/xml"
38                element="yn:ResultSet"/>
39            </response>
40            <responsestatus="400">
41              <representationmediaType="application/xml"
42                element="ya:Error"/>
43            </response>
44        </method>
45      </resource>
46    </resources>
47  </application>
```

图 2-2 雅虎新闻搜索应用程序的 WADL 说明示例

表 2-1　WSDL 与 WADL 的对比

WSDL	WADL
设计复杂	设计简单
从人工角度很难读取	易读取、易实行
支持所有 HTTP 指令及其他协议（如 SMTP）	只支持 HTTP
只接受 XML 参数	参数类型不局限于 XML
万维网联盟建议	无标准
授权机制可得	无限制

2.3.2　RESTful API 建模语言（RAML）

RESTful API 建模语言（RAML）[24] 是基于 YAML[3] 和 JSON 构建的供应商中性和开放规范语言，用于描述 Restful API。最初于 2014 年由 RAML 工作组提出，与其他 API 规范语言共同由 OpenAPI 联盟纳入考虑，以实现标准化。类似于说明 REST 接口或类 REST 接口的其他语言，RAML 规范尽可能地简单，并提供 Web 服务的简单描述。但它还支持模式和数据类型继承的定义，其方式与面向对象的语言非常相似。RAML 文档的结构由节点组成，每个节点都描述了 API 的特定元素。

- 标题和说明分别包含一个字符串标签，该标签标识了服务及其人性化描述。尤其是说明书应提供使用服务的指导。
- baseURI 和 baseURI 参数节点表示每个服务调用的固定元素。特别地，baseURI 定义所有资源的 URI 基础。通常用作每个资源的 URL 的基础。与之不同，baseURI 参数定义了 baseURI 中使用的所有命名参数。
- 类型节点可用来定义新的数据类型（命名类型），也可以声明为内联（未命名类型）或外部库。命名和未命名的类型都需要声明一个模式或类型节点（互相排斥，其使用取决于使用的 RAML 版本），可以引用 RAML 提供的内置数据类型或其他位置定义的另一命名类型。

  对象类型是一种特殊的内置类型，可以声明其他属性，因此可以用来定义复杂的参数。

- 资源由其相对（至 baseURI 节点）URI 标识，并以斜线标识。它可以在根级别（顶层资源）定义，也可以嵌套在另一个资源中。其 3 个主要组件由以下表示：

  一个方法节点，包含调用资源所描述的特定服务所需的参数列表（通过互斥的 query 参数或 queryString 节点）、标题的说明以及方法调用所期望的响应。

  当前资源继承的资源类型。

  适用于资源描述的所有方法的特征列表，可由特定方法覆盖。
- 资源类型和特征是由 RAML 实施的继承方案的核心，有助于代码的重新使用、一致性及其维护过程。资源类型指定了可由实际资源定义继承其方法和属性的常规资源。特征可应用于资源公开的所有方法，并定义它们共享的特征。
- 大多数 REST 应用程序编程接口都有一个或多个机制来保护数据访问、识别请求并确定访问级别和数据可见性。SecuritySchema 节点描述了 API 支持的安全模式定义。

RAML 通常比 WADL 更复杂，因为它还支持继承、重新使用代码。此外，对于那些 YAML 中具有较少或根本没有经验的用户来说很难阅读，但在基于 XML 文档方面却更有经验。这不是一个真正的问题，因为在使用很短一段时间之后，用户一定能够了解它是如何进行结构化并熟练地使用它。

表 2–2 提供了 WSDL、WADL 和 RAML 3 种方式之间的比较。图 2–3 是雅虎新闻搜索应用程序的 RAML 说明。正如在 WADL 表示中，在外部 XML 文档中定义响应时，我们假定可包含外部 RAML 文件（通过! include 命令）。

表 2–2　WSDL、WADL 和 RAML 3 种方式之间的比较

	设计	读取和执行	协议	参数	标准	证明	再用支持
WSDL	复杂	困难	HTTP 及其他	XML	W3C	是	数据类型扩展
WSDL	简单	容易	超文本传输协议	XML，JSON	无	是	数据类型扩展
RAML	中等	需要了解 YAML	超文本传输协议	XML，JSON，内置 YAML	无	是（模式）	继承

```
/newsSearch:
/{search}
get:
queryParameters:
appid:
displayName: Application ID
type: string
description: The ID of the Application
required: true
query:
displayName: Query
type: string
description: The query to be searched
required: true
type:
displayName: Type
type: string
description: The Type of query
required: true
default: "all"
enum: ["all","any","phrase"]
results:
displayName: Results
type: int
description: The number of results to return
required: false
default: 10
sort:
displayName: Sort
type: string
description: The ordering criterion for results
required: false
default: "rank"
enum: ["rank","date"]
start:
displayName: Start
type: int
description: The index of the result to display
required: false
default: 1
responses:
200:
body:
application/xml:
type: !include ResultSet.yaml
400:
body:
application/xml:
type: !include Error.yaml
```

图 2-3　雅虎新闻搜索应用程序的 RAML 说明

2.3.3 API 蓝图

API 蓝图[4]是面向文档的 Web API 描述语言，根据 Markdown 语法[17]构建，该语言是格式化文档的纯文本语法，可通过 Markdown 工具迅速转换为 HTML 页面。API 蓝图文档是描述 Web API 的纯文本 Markdown 文档，构成逻辑部分。此部分在文档中具有特定位置，可以嵌套虽然完全可选，但如果存在，则必须遵循蓝图模板。该语言保留用于标识节类型的一些关键字，使其不能作为节的标识名称出现。例如，HTTP 谓词（Get、Post、Delete 等）是蓝图中的关键字。因此，节由以下内容组成。

- 具有部分标识符的关键字（其唯一名称）。
- 节的说明，指在节定义中任意 Markdown-formatted 的内容。它可以包含保留关键字，因其被视为节的注释。
- 特定于“节”部分的内容。
- 嵌套节。

此外，还可以区分两个主要类别：“摘要”部分需要扩展，不能直接使用；节基础不是直接用于构建节的。在抽象部分中，该语言定义以下内容。

- 命名节是所有其他 API 蓝图节的基础，由标识符、说明和嵌套节组成，也可以由特定格式的内容替代。
- 资源节是蓝图中所有原子数据的基础，由预先格式化的代码块描述。
- 有效负载节是作为 HTTP 请求或响应的一部分传输的负载。

节基础定义了 API 蓝图文档的主要构造块，包括以下内容。

- 由以分号分隔的键值对组成的元数据节，提供特定于工具的元数据注释。
- API 名称和概述节是蓝图文档中的第一个标题，显示 API 的名称和说明，继承自命名节。
- 由 Group 关键字标识的资源组节是一组资源，可能包括一个或多个资源节。
- 资源节是由其 URI 指定的 API 资源。其形式允许 4 种不同类型的资源节实例化：

  （1）一个简单的 URI 模板。

  （2）在方括号中的 URI 模板后面的标识符。

（3）HTTP 请求方法后接 URI 模板。

（4）在方括号中的一个标识符，后接一个 HTTP 请求方法和一个 URI 模板。

在后两种情况下，资源节的其余部分将遵循操作节的具体信息。资源节必须至少包含一个操作节，其中可包含其他可选节，如属性节。

- 属性节描述资源、操作或有效负载的属性。命名节可以为其他节引用。它们是通过属性关键字定义的，后跟一个可选对象表示法的 Markdown 语法。如果忽略，则将属性视为对象，并定义包含更多属性的结构化数据类型。
- 可通过 HTTP 请求方法、操作名称、在方括号中的 HTTP 请求方法，或通过操作名称、在方括号中的 HTTP 请求方法、URI 模板来引入操作节。它始终嵌套在资源节中，并提供至少一个与父资源节一起执行的 HTTP 事务的定义。可在操作中定义一个参数节，而在操作中定义的可选属性将作为嵌套请求节的输入包含在内。可以将多个请求和响应部分嵌套在操作节。
- 参数部分介绍了 Markdown 列表项中的 URI 参数。它定义参数名称、默认值、类型以及参数可以采用的可能值的列表（使用成员可选关键字）。每个参数可以是必需的，也可以是可选的。

语言非常易于阅读，非专业人员也同样能读懂，使用 Markdown 语法必定会有所帮助。规范支持使用 JSON 和 XML 类型对 HTTP 做出响应和请求，通过体系结构节描述 JSON 和 XML 数据结构的格式。

表 2-3 提供了以上所描述的所有类型与蓝图之间的比较。图 2-4 所示为雅虎新闻搜索 API 的蓝图版本。

表 2-3　WSDL、WADL、RAML 和蓝图的比较

	设计	读取和执行	协议	参数	标准	证明	再用支持
WSDL	复杂	困难	HTTP 及其他	XML	W3C	是	数据类型扩展
WADL	简单	容易	超文本传输协议	XML,JSON	无	是	数据类型扩展
RAML	中等	需要了解 YAML	超文本传输协议	XML, JSON, 内置 YAML	无	是（模式）	继承

续表

	设计	读取和执行	协议	参数	标准	证明	再用支持
蓝图 Blueprint	简单	容易 – 需要了解 Markdown 语法	超文本传输协议	MSON, JSON, XML	无	无	命名数学可在不同部分再用

```
RMAT: 1A
ST: http://api.search.yahoo.com/NewsSearchService/V1/
API
NewsSearch [/newsSearch{?appid,query,type,results,start,sort,language}]
 search [GET]
Parameters
 appid (string, required)
 query (string, required)
 type (enum[string], optional)
+ Default: all
+ Members
        + 'all'
        + 'any'
        + 'phrase'

 results (number, optional) -
+ Default: 10
 start (number, optional) -
+ Default: 1
+ sort (enum[string], optional)
        + Default: rank
        + Members
                + 'rank'
                + 'date'
+ language (string, optional)
Response 200
Attributes (string)
Response 400
```

图 2-4 雅虎新闻搜索应用程序的蓝图版本

2.4 Swagger（现为 OpenAPI）

Swagger[26]之前是 API 规范语言及基于此的框架实施的名称，旨在为应用程序编程接口提供标准的重新预安装，同时提供人类和机器可读的文档。最初是为 Wordnik[7]开发以支持 Wordnik 开发者及其基础 API，在 2015 年由 SmartBear 收购，在 Linux 基金会的赞助下成立了 OpenAPI 倡议。SmartBear 将 Swagger 规范赠给了新的组，该规范被重命名为 OpenAPI。RAML 和应用程序编程接口蓝图也在该组计划中。

文档的强项之一是充分利用 JSON：描述 Restful API 的文件将根据

Swagger 规范重新预先打包为 JSON 对象，并使其符合 JSON 标准。YAML 是 JSON 的超集，YAML 解析器能够理解 Swagger 文档。此外，JSON 标准的采用不限制在 API 交互中可定义的属性类型。

Swagger 规范基于嵌套对象。称为资源列表的根文档基本上是资源对象的集合，每个对象都提供了通过 API 访问资源的路径。资源列表还提供了有关 Swagger 和 API 版本的信息和其他信息（通过 Info 对象），并支持授权（授权对象）。

通过资源列表声明的资源由相应的 API 声明进行说明。API 声明提供有关资源上公开的 API 信息。特别地，它公开提供 API 的根 URL（basePath）和资源的相对路径（ResourcePath）。通过授权对象可以定义授权方案，如资源列表。

API 声明的核心由 API 对象表示，该对象描述了单个路径上可能的一个或多个操作。每个 API 对象都提供了操作的路径、说明和操作对象列表。

操作对象描述的是路径上的单个操作。它包含被调用方法（HTTP 谓词）的声明、定义操作的独有 ID（别名）以及通过参数对象表示的参数列表。响应消息通过响应消息对象进行说明，而后者包含响应代码和消息。

参数对象描述的是要在操作中发送的单个参数。每个对象声明一个类型，可在“路径”“查询”“主体”“页眉”和“表单”等值中选择该类型，还有一个严格取决于该类型和操作路径的名称。

表 2-4 是对表 2-3 的扩展，添加了 Swagger 一项后进行的比较，图 2-5 是雅虎新闻搜索应用程序的基于 Swagger 的表示。

表 2-4　WSDL、WADL、RAML、蓝图和 Swagger 之间的比较

	设计	读取和执行	协议	参数	标准	证明	再用支持
WSDL	复杂	困难	HTTP 及其他	XML	W3C	是	数据类型扩展
WSDL	简单	容易	超文本传输协议	XML,JSON	无	是	数据类型扩展
RAML	中等	需要了解 YAML	超文本传输协议	XML, JSON, 内置 YAML	无	是（模式）	继承
蓝图 Blueprint	简单	容易 – 需要了解 Markdown 语法	超文本传输协议	MSON, JSON, XML	无	无	命名数学可在不同部分再用
Swagger	中等	中等 –JSON 并不总是立即可读	超文本传输协议	XML, JSON, XML	无	是	在某些位置，对象可再用

```
{
  "swagger": "2.0",
  "info": {
    "version": "1.0",
    "title": "API",
    "license": {
      "name": "MIT",
      "url": "http://github.com/gruntjs/grunt/blob/master/LICENSE-MIT"
    }
  },
  "host": "api.search.yahoo.com",
  "basePath": "/NewsSearchService/V1/",
  "schemes": [
    "http"
  ],
  "paths": {
    "/newsSearch": {
      "get": {
        "operationId": "search",
        "produces": [
          "application/json"
        ],
        "parameters": [
          { "name": "appid", "in": "query", "required": true, "type": "string",},
          { "name": "query", "in": "query", "required": true, "type": "string",},
          { "name": "type", "in": "query", "required": false,
            "enum": [   "all",    "any",    "phrase" ], "default": "all", "type": "string",},
          { "name": "results", "in": "query", "required": false, "default": 10.0,
            "type": "integer", "format": "int32",},
          { "name": "start", "in": "query", "required": false, "default": 1.0,
            "type": "integer", "format": "int32",},
          { "name": "sort", "in": "query", "required": false, "enum": [   "rank",    "date" ],
            "default": "rank", "type": "string",},
          { "name": "language", "in": "query", "required": false, "type": "string",}
        ],
        "responses": {
          "200": {"schema": {   "type": "string" }
          },
          "400": {"schema": {}
          }
        }
      }
    }
  },
  "definitions": {
    "Type": {
      "title": "type",
      "type": "string",
      "enum": [
        "all",
        "any",
        "phrase"
      ]
    },
    "Sort": {
      "title": "sort",
      "type": "string",
      "enum": [
        "rank",
        "date"
      ]
    }
  }
}
```

图 2–5　雅虎新闻搜索应用程序的 Swagger 表示

2.5　分析现有 API

为了获得一致的、机器可读的传感器 API 表示，用第 2.3 节中介绍的任一形式来描述，有必要分析此类 API。可以采用多种方法分析，但需要认真考虑其可行性和效率。

显然，最有效的方法是分析已发布 API 的现有机器的可读性和标准化表示，然后将其转换为首选形式。例如，在 FP7 mOSAIc 项目[23]中应用的方法，用 API 分析器检索有关现有 API 调用的信息并实现云平台[6]的动态发现服务。但是，分析工具只能分析基于语义语言（如 OWL[21]或 OWL-S[5]）的已格式化和标准化的 API 表示形式，或者是常见的（当 MOSAIC 项目运行时）WSDL 格式。截至目前，这种方法非常有限：第一，API 的语义描述并非通用，即使在物联网领域也是这样；第二，API 和服务的 WSDL 描述非常缓慢，会逐渐地消失。几乎所有地方都已弃用 Web 服务的 WSDL 说明：考虑到在云计算时代的先驱和主要利益相关方之间，亚马逊已经弃用以前的亚马逊网站服务器的 WSDL 说明，以支持新的 RESTful 接口。这并不意味着 WSDL 即将消失，因为目前的 Restful 接口不能提供对服务组合和发现的支持。然而，尽管 WSDL 在识别 API 并自动调用 Web 服务方面非常有用，但由于客户端需要分析长而复杂 XML 文档，然后遵循其中所述的精确结构对请求消息进行格式化，故而 WSDL 太慢而且非常耗时。服务器每次回复收到的请求时都会发生相同的情况。如图 2–6 中的 WSDL 摘录，只描述了可通过 SOAP in 和 API 请求交换到之前的亚马逊网站服务器的复杂参数之一。考虑到服务器需要持续管理的大量流量，以及移动设备所拥有的非常有限的计算能力，这些功能正在成为当今在线服务的主要访问点，向更轻、更快速地定义 API 的转变是不可避免的。这是智能设备和传感器的事件转换程序，不仅具有非常有限的计算能力，而且需要尽可能节能，因为它们拥有的电池电量非常有限。

在理想情况下，Restful 接口可以准确描述和 / 或机器可读的定义也可公开发布。在这种理想情况下，就可以自动分析 RESTful 服务的自然语言或机器可读的描述，并自动生成服务调用以利用特定功能，然后适当地阅读答案。即使在可用接口中使用了不同的语义，也可以生成所需的“包装 / 适配器”来为每个特定供应商端点转换输入和输出。开发人员有多种工具可以进行处理，以便

```
-<xs:complexType name="ItemSearchRequest">
  -<xs:sequence>
     <xs:element name="Actor" type="xs:string" minOccurs="0"/>
     <xs:element name="Artist" type="xs:string" minOccurs="0"/>
   -<xs:element name="Availability" minOccurs="0">
    -<xs:simpleType>
      -<xs:restriction base="xs:string">
          <xs:enumeration value="Available"/>
        </xs:restriction>
      </xs:simpleType>
     </xs:element>
     <xs:element ref="tns:AudienceRating" minOccurs="0" maxOccurs="unbounded"/>
     <xs:element name="Author" type="xs:string" minOccurs="0"/>
     <xs:element name="Brand" type="xs:string" minOccurs="0"/>
     <xs:element name="BrowseNode" type="xs:string" minOccurs="0"/>
     <xs:element name="Composer" type="xs:string" minOccurs="0"/>
     <xs:element ref="tns:Condition" minOccurs="0"/>
     <xs:element name="Conductor" type="xs:string" minOccurs="0"/>
     <xs:element name="Director" type="xs:string" minOccurs="0"/>
     <xs:element name="ItemPage" type="xs:positiveInteger" minOccurs="0"/>
     <xs:element name="Keywords" type="xs:string" minOccurs="0"/>
     <xs:element name="Manufacturer" type="xs:string" minOccurs="0"/>
     <xs:element name="MaximumPrice" type="xs:nonNegativeInteger" minOccurs="0"/>
     <xs:element name="MerchantId" type="xs:string" minOccurs="0"/>
     <xs:element name="MinimumPrice" type="xs:nonNegativeInteger" minOccurs="0"/>
     <xs:element name="MinPercentageOff" type="xs:nonNegativeInteger" minOccurs="0"/>
     <xs:element name="MusicLabel" type="xs:string" minOccurs="0"/>
     <xs:element name="Orchestra" type="xs:string" minOccurs="0"/>
     <xs:element name="Power" type="xs:string" minOccurs="0"/>
     <xs:element name="Publisher" type="xs:string" minOccurs="0"/>
     <xs:element name="RelatedItemPage" type="tns:positiveIntegerOrAll" minOccurs="0"/>
     <xs:element name="RelationshipType" type="xs:string" minOccurs="0" maxOccurs="unbounded"/>
     <xs:element name="ResponseGroup" type="xs:string" minOccurs="0" maxOccurs="unbounded"/>
     <xs:element name="SearchIndex" type="xs:string" minOccurs="0"/>
     <xs:element name="Sort" type="xs:string" minOccurs="0"/>
     <xs:element name="Title" type="xs:string" minOccurs="0"/>
     <xs:element name="ReleaseDate" type="xs:string" minOccurs="0"/>
     <xs:element name="IncludeReviewsSummary" type="xs:string" minOccurs="0"/>
     <xs:element name="TruncateReviewsAt" type="xs:nonNegativeInteger" minOccurs="0"/>
   </xs:sequence>
```

图 2-6　WSDL 文档示例（摘录）

自动生成 RESTful 服务的机器可读描述：RAML[2] 的 API Workbench 就是一个例子。然而，虽然我们采用了技术和标准（或者至少标准提案）来提供此类说明，在现实世界中，这种情况并不理想。

在极少数情况下，POST 的输入和输出参数的文本说明以及 REST 接口的调用会出现。例如文献［25］和图 2-7 中的内容。在报告的案例中，请求和响

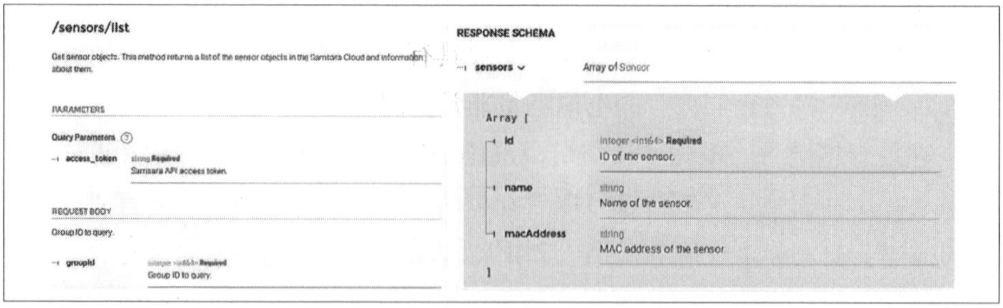

图 2-7　Samsara 的应用程序编程接口请求和响应

应被插入 HTML 表格中，并以自然语言的形式说明参数。在这种情况下，可以对结构化和静态 HTML 页面中提供的描述进行简单分析，并且可以检索必要信息。然而，这是一个十分简单且不可归纳的方法，显著的原因有两个：

① 如果爬虫程序是为分析此类页面而构建的，则会对其 HTML 结构进行临时编程，而对于其他网页来说绝对是无用的。了解不同 API 的每个文档页面的 HTML 结构是几乎无法满足的要求。此外，还需开发一个不同的爬虫程序；

② 对 API 的结构化描述仍然很少见，因其是实际情况中的一小部分。

确实，即使在显示明确的结构时，大多数页面也是动态的：通过脚本代码客户端 / 服务器端（如 JavaScript/PHP）。这样的代码不能通过简单的页面搜索来访问，因此无法自动分析描述。例如雅虎天气[27]的 API。图 2–8 是此页面上的 API 样本请求和响应代码的屏幕截图，这确实是通过选择所需相同页面上的选项自动生成。这意味着除页面模板之外，无法从 HTML 源的结构分析中检索其他信息。理论上，分析用于构建对服务器端脚本调用的所有输入，以便检索所有可能的输出。但是这也需要额外的努力，而非微小的付出，并且如果存在自由形式但没有可实际选择的选项，这些工作也会变得毫无用处。

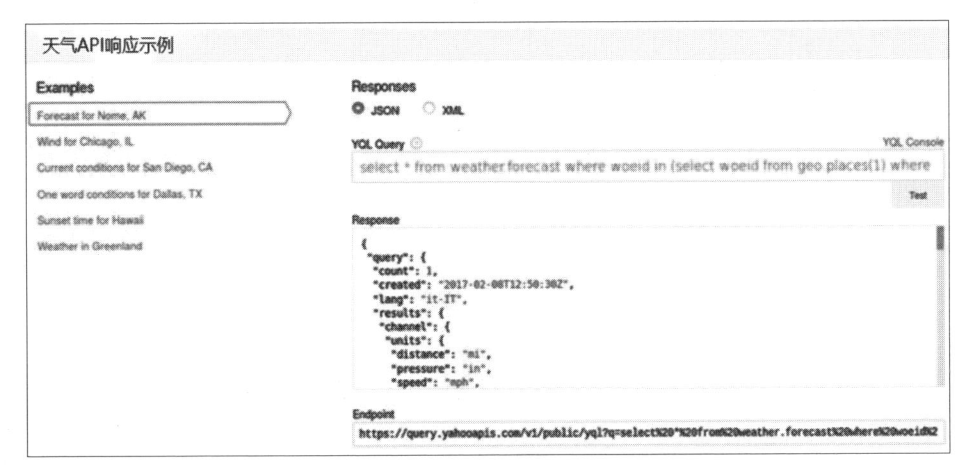

图 2–8　雅虎天气的应用程序编程接口

另外，很遗憾的是，常见情形是由未记载的 JSON 字符串示例（用作调用的输入或输出）的说明，其中调用服务的名称只是传递的参数之一。例如，在文献[27]中描述的被引用 REST API 就是这种情况。在这种情况下，自然语言处理技术可用于分析在线文档并确定参数说明所在位置，或在其中报告 JSON 示例的网页位置。随后可通过使用基于字符串的匹配技术来分析参数和 JSON 字符串，使其能够理解每个参数的含义以及函数命令的一般含义。同样，这种技术的成功与否取决于文档页面的生成方式，以及显示的 JSON 是否能真正应用于爬虫程序或解析器。

2.6 API 聚合中的授权和身份验证问题

通过高度可用的 RESTful 接口提供服务的范式促进了软件的集成和互操作性：要使用 Web 服务的 API 执行操作，就需要选择一个调用约定，向其端点发送一个指定方法和参数请求，并接收格式化后的响应。本章中还指出了创建 API 聚合器甚至有利于开发更高效的软件，但在此方案中必须解决领域内的一个关键方面，即授权和身份验证机制。就 WSDL 表示而言，在身份验证和授权过程专用结构中有一个不同的部分，目前的 RESTful API 表示不予以提供，开发人员可以访问 Web 服务的方式找到此功能的原因。

虽然并非所有都是这样，但有许多的 API 方法都要求用户登录才能获取其服务。目前，只有一种方法可以实现这一点：用户应该使用特定应用程序的身份验证 API 进行身份验证，通过此端点，开发人员可以检索 API 密钥，该 API 本质上是一个身份验证令牌，但开发人员必须向端点发送一个指定用户名和密码的请求。检索这些令牌后，可以在以下所有请求中使用这些令牌。在用户检索各种令牌后，使用 API 聚合器的简单解决方案是将它们全部存储，以便 API 聚合器能够自动调用不同供应商的 API。但是，即使令牌已存储，其中一些令牌也具有有限的时间范围，因此令牌可能会在请求后更改。

另一种支持 API 聚合器的使用，并让它能够处理每一个 API 请求和响应过程的步骤是允许聚合器自动为每个服务的身份验证 API 创建并发送请求，检索每个 API 密钥，并相应地将它们用于必须调用的服务。对于创建自定义请求并获取令牌的 API 聚合器，用户必须提供各种用户名和密码，但此特定步骤可能会产生各种安全问题。

- 必须以安全且可靠的方式发送用户凭据。
- API 聚合器可存储用户凭据，但此解决方案假定其必须拥有许多功能，如安全性、可靠性和保密性。

- API 聚合器不能保存用户根据要调用的服务所需的凭据；但是，必须保障聚合器不能存储凭据，甚至不能暂时存储凭据，也不能由第三方应用程序和计算机检索凭据。

2.7　小结

本章总结了目前可用的主要技术，表示和通用的编程接口可以用来表示物联网的接口。我们看到，尽管存在多个备选方案，但在现实世界中，这些正确可共享的物联网编程接口却仍然很少得到应用，因为最相关的供应商往往只提出其 Restful 接口的非标准化描述。另外，我们还强调当前的非形式化描述的自动分析是不可行的。

最后，我们现在已经有必要的技术来实际开发集成物联网框架，这得益于多个可用于应用程序编程接口定义的形式。但此类形式尚未得到广泛应用，也尚未得以标准化（WADL 除外），这必定会妨碍有效结果。

参考文献

1. Aloi,Gianluca, Giuseppe Caliciuri, Giancarlo Fortino, Raffaele Gravina, P. Pace,Wilma Russo, and Claudio Savaglio. 2017. Enabling iot interoperability through opportunistic smartphonebased mobile gateways. *Journal of Network and Computer Applications* 81: 74–84.

2. API workbench. http://apiworkbench.com. Accessed 8 Feb 2017.

3. Ben-Kiki, Oren, Clark Evans, and Brian Ingerson. 2005. Yaml ain't markup language (yaml) version 1.1. *yaml. org, Tech. Rep.*

4. Blueprint, A. P. I. Format1 A revision 8. https://github.com/apiaryio/api-blueprint/blob/master/ API%20Blueprint%20Specification.md, 05–22.

5. Burstein,Mark, Hobbs Jerry, Lassila Ora, Mcdermott Drew, Mcilraith Sheila, Narayanan Srini, Paolucci Massimo, Parsia Bijan, Payne Terry, Sirin Evren, Srinivasan Naveen, and Sycara Katia. 2004.OWL-s: Semantic markup forweb services. http://www.w3.org/Submission/2004/SUBM-OWL-S-20041122/.

6. Cretella, Giuseppina, and Beniamino Di Martino. 2013. Semantic and matchmaking technologies for discovering, mapping and aligning cloud providers's services. In *Proceedings of the 15th international conference on information integration and web-based applications and services (iiWAS2013),* 380–384.

7. Davidson, Sara. 2013. Wordnik. *The Charleston Advisor* 15(2): 54–58.

8. Fortino, Giancarlo, Antonio Guerrieri, and Wilma Russo. 2012. Agent-oriented smart objects development. In *Proceedings of the 2012 IEEE 16th international conference on computer supported cooperative work in design (CSCWD)*, 907–912.

9. Fortino, Giancarlo, Roberta Giannantonio, Raffaele Gravina, Philip Kuryloski, and Roozbeh Jafari. 2013. Enabling effective programming and flexible management of efficient body sensor network applications. *IEEE Transactions on Human-Machine Systems* 43(1): 115–133.

10. Fortino, G., A. Guerrieri, W. Russo, and C. Savaglio. Towards a development methodology for smart object-oriented iot systems: A metamodel approach. In *2015 IEEE international conference on systems, man, and cybernetics*, 1297–1302, Oct 2015.

11. Fortino, G., W. Russo, and C. Savaglio. Agent-oriented modeling and simulation of iot networks. In *2016 federated conference on computer science and information systems (FedCSIS)*, 1449–1452, Sept 2016.

12. Fortino, G. A. Guerrieri,W. Russo, and C. Savaglio. Integration of agent-based and cloud computing for the smart objects-oriented iot. In *Proceedings of the 2014 IEEE 18th international conference on computer supported cooperative work in design (CSCWD)*, 493–498, May 2014.

13. Giancarlo Fortino, Antonio Guerrieri, Michelangelo Lacopo, Matteo Lucia, and Wilma Russo. 2013. *An agent-based middleware for cooperating smart objects*, 387–398. Berlin Heidelberg: Springer.

14. Gravina, Raffaele, Parastoo Alinia, Hassan Ghasemzadeh, and Giancarlo Fortino. 2017. Multisensor fusion in body sensor networks: State-of-the-art and research challenges. *Information Fusion* 35: 68–80.

15. Inter-iot. http://www.interiot.eu. Accessed July 2017.

16. Iot european project initiative. http://iot-epi.eu/projects. Accessed July 2017.

17. John Gruber. Markdown: Syntax. http://daringfireball.net/projects/markdown/syntax. Accessed 24 June 2012.

18. Kardara, Magdalini, Vasilis Kalogirou, Athanasios Papaoikonomou, Theodora Varvarigou, and Konstantinos Tserpes. 2014. Socios api: A data aggregator for accessing user generated content from online social networks. In *International conference on web information systems engineering*, 93–104. Springer.

19. Lafon,Y. 2009. Team comment on the web application description language submission. http://www.w3.org/Submission/2009/03/Comment. Accessed August 2011.

20. Marc J Hadley. Web application description language (wadl). 2006.

21. McGuinness, Deborah L., Frank Van Harmelen, et al. 2004. *Owl web ontology language overview*. 10(10).

22. Miorandi, Daniele, Sabrina Sicari, Francesco De Pellegrini, and Imrich Chlamtac. 2012. Internet of things:Vision, applications and research challenges. *Ad HocNetworks* 10(7):

1497–1516.

23. Petcu, Dana, Beniamino Di Martino, Salvatore Venticinque, Massimiliano Rak, Tamás Máhr, Gorka Esnal Lopez, Fabrice Brito, Roberto Cossu, Miha Stopar, Svatopluk Šperka, and Vlado Stankovski. Experiences in building a mosaic of clouds. *Journal of Cloud Computing: Advances, Systems and Applications* 2(1): 12.

24. RAMLWorkgroup.2015. Raml-restful api modeling language. http://raml.org/ 2015. Accessed 10 Feb 2017.

25. Samsara web-Site. https://www.samsara.com/api. Accessed 8 Feb 2017.

26. Swagger Team. 2014. Swagger restful api documentation specification 1.2. Technical report, Technical report,Wordnik. https://github.com/wordnik/swagger-spec/blob/master/versions/1.2.md.

27. Yahoo weather API. https://developer.yahoo.com/weather/. Accessed on 8 Feb 2017.

第3章
物联网的能量采集

邱卓宏，郭泰安，李志云，郭予光

摘要：在物联网的发展过程中，人们普遍认为数十亿台设备的连接是巨大的障碍之一。如今我们拥有大量小型的、无处不在的智能设备，在这种全新的互联网模式下，利用电源线或是体积巨大的电池上网已不再是长久可行的选择。能量采集使设备能够自我维持，是一个很好的解决方案。本章从物联网在社会中的角色和责任对物联网设备进行了综合的评述，以解决在异构环境中自主操作这些设备所面临的挑战，还引入了能量采集的概念、原则和设计注意事项，以帮助研究人员和从业者将此关键技术整合到其下一个应用中。

3.1 物联网概况

过去几十年，互联网的快速发展逐渐改变了人类信息交流的方式。从面对面和基于纸张的交流到通过电子设备（如个人计算机和智能手机）的交流，从网站和电子邮件到各种社交媒体形式，互联网的飞速发展使得这一转变也大大加速。尽管交往形式在不断演变，但实质上现在大多数流行的互联网应用都是在将人与人之间的沟通进行数字化，这样能减少通信限制和延迟。这种模式可以解释为人类驱动互联网发展。与之不同，万物互联（IoE）的趋势是从以人驱动型互联网向数据驱动型互联网转变，并在全球范围内赢得了好的发展机遇[39, 78, 118]。据埃文斯称[33]，万物互联的愿景是指由智能设备采集环境数据，通过利用成熟和最新的互联网基础设施和技术来改进多种人为过程。

这一愿景中事物的概念，也称为物联网（IoT），已被认为是万物互联在学术界和行业提出的各种定义中的重要支柱[1, 33, 39]。这些事物是嵌入了计算能力、传感器和执行器的智能设备，在这种模式下发挥着重要作用，这都得益于其能够将物理世界连接到互联网的能力。本章阐述了在不久的将来为 10 亿乃至数万亿联网设备供电的挑战，以及利用能量采集技术来应对这些挑战的机会。

3.1.1　物联网概述

依据 Ashton[5] 所述，“物联网”起源于 1999 年，是一个营销术语，设想将射频识别（RFID）技术融入互联网的未来。随着信息技术在各个领域的进步，物联网的范围得到了极大的扩展，并导致了围绕其定义存在大量的争论。虽然那时物联网[9, 39]没有统一的定义，但欧洲技术平台在智能系统集成（EPOSS）[29]中的话可作为其一般定义：基于标准通信协议的互联对象唯一可寻址的全球网络。依据此定义，物联网可以进一步从“互联网”和“物”的视角来解释。在这一语境下，“互联网”可以是任何基于标准互联网协议（IP）的公共或专用计算机网络，而“物”指的是桥接物理和数字世界的对象，且能够与互联网相连。

将物连接到互联网导致从人类驱动的互联网到数据驱动模式的转变。在人类驱动的互联网中，人类在大多数应用程序（如网站、电子邮件和社交媒体）提供和消费信息方面发挥着主要的作用。此类信息通常的形式为文本、图像、视频和音频，一般多为人所感知，从而便于人与人（H2H）之间的通信[65]。人类驱动的互联网的发展可以看作是 H2H 交互模式的进化，大大提高了远距离通信的效率，但并非人与周围环境相互作用模式的根本转变。这些物最终可能成为数据驱动型互联网中的“头等公民”，因为它们能够通过嵌入式电子产品实现大规模的自动环境感知、控制和机器对机器（M2M）通信。

在以万物互联为导向的模式中，如图 3-1 所示，物负责从自然和内置环境中获取空前庞大的数据。收集的数据可以通过互联网服务作为有用信息进行分析和可视化。此类可视化数据和见解可协助人类改进公共政策、日常业务以及家庭决策。此外，计算机可以利用获得的数据对各进程进行自主优化[78]。最终根据设计的决策和政策，物也能够响应嵌入式执行器的环境，从而能够形成反馈环路，更有效地了解和高效地管理周边环境。据估计，随着物联网技术的发展，循环中的手动和劳动密集型任务（如测量和控制机器）都可以由设备准确、自动地完成，因此宝贵的人力资源可以专注于制定基于数据和分析的高级决策和政策。

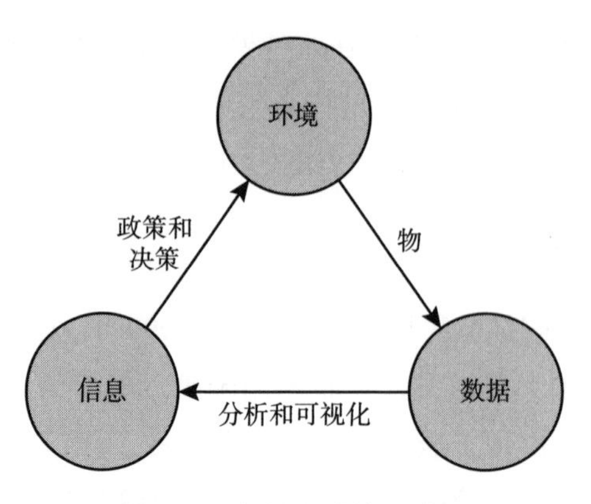

图 3–1　数据驱动的互联网

3.1.2　异质性

异质性是物联网最显著的特征。根据上述定义的隐含意义，以及数据驱动型互联网的通用模型，物联网包括现有的和新一代的广泛应用，涵盖了从企业层面到消费级别。物联网应用旨在促进不同领域的自动化和更智能的流程，包括而不限于运输、物流、医疗保健、应急服务、公用事业、农业、建筑和环境管理[9，39]。研究人员已在研究这些应用系统，常见的例子包括“智慧城市”“智能建筑”“智能住宅”以及移动健康系统[54，78，117，118]。

尽管物联网应用的性质有不同之处，但绝大部分都共用一个通用的技术集合，如图 3–2 所示。IP 网络是物联网的基础，尤其是允许设备在任何地方工作的无线网络。在 IP 网络上，物联网应用有 4 个构造块，包括射频识别、无线传感器和执行器网络、云分析、数据可视化[39]。前两种方法构建了网络物理接口，后两种方法从原始数据中构建了高层次和人类可理解的信息。

物联网应用	
云分析	数据可视化
射频 识别	无线传感器和 执行器网络
IP网络	

图 3–2　物联网支持技术

射频识别（RFID）技术使计算机通过附加的“标签”[114]识别独特的物理目标。该标签由天线和小存储器（通常只有几千字节）组成，用于存储有关对象的属性，如零售商店中产品的标识符和价格。当标记的对象放置在靠近 RFID 读写器的地方时，就会激活该标签，从而可以检索或更新其信息。RFID 标签在读取和写入内存方面没有或只有很有限的计算能力。该技术已经广泛用于许多工业应用，包括从供应链管理到非接触式门禁控制和支付卡。由于 RFID 标签无法独立地感知或与物理世界进行交互，因而它们被视为物联网范例中的“被动”物体。

RFID 标签以外的其他物体可以笼统地划分到无线传感器和执行器网络（WSAN）或无线传感器网络（WSN）中的节点，这是一个热门的研究领域[25, 35]。与被动 RFID 标签相比，这些节点（也称为物联网设备）是具有有限但相当可观的计算能力的嵌入式系统。它们可能是固定或便携式设备，包括安装在建筑物屋顶和可穿戴健身器上的传感器节点，配备独立的具有操作能力、互联网连接能力，以及用于与环境和人类感知交互能力的输入和输出设备[39]。这些支持自主传感和控制的受限节点是物联网应用中的基本组件，因而是本章讨论的核心。

云分析和数据可视化利用云计算来处理通过统计方法、机器学习和其他计算机智能算法生成的大量原始数据，最终将其作为人类消费的参考[39, 64]。由于这些任务可能涉及大量的计算，因此它们通常被分配给数据中心[17]中的高性能计算机集群，这些集群通常与物联网应用的部署位置相距很远。

上述支持技术表明，由于多种应用需求、设备标准、通信协议和其他因素，物联网生态系统的各个方面都存在异构性。因此在设计和维护物联网应用中，互操作性应是首要原则。这一点在任务关键型应用程序（如电网和安全相关系统）中尤其重要，这些应用程序与旧式设备的兼容性、可靠性和恢复能力是最为重要的。

3.1.3　客户端 – 网关 – 服务器模型

尽管存在异质性，但物联网应用的系统体系结构可以从客户端 – 网关 – 服务器模型中提取出来，这是依据众所周知的客户端 – 服务器计算范例扩展而来的。典型的客户端 – 服务器模型描述的是客户端与服务请求者和服务器[56]之间的资源流的关系。以万维网为例，网站浏览器充当客户端，向网站服务器发送网页请求，然后服务器以该网页作为响应，显示在屏幕上。网站浏览器与服务器之间的底层通信采用的是通过 IP 网络路由的数据包形式。

上文中的讨论表明，可以将物联网视为从现有的人类驱动型互联网的渐进的范式转变。因此，在图 3–3 所示的客户端 – 网关 – 服务器模型中，与上文中的万维网示例类似，物联网设备和数据中心内的云服务器分别充当客户端和服务器。例如，在假设的“智能恒温”应用中，恒温器作为物联网设备，会定期测量室温，并通过互联网向云端报告该温度，过程中的智能处理可以优化温度设定点以实现节能，获得舒适热度。在服务器上计算出的新设定点将作为响应传递回恒温器，随后恒温器将相应地控制热度、通风和空调系统。

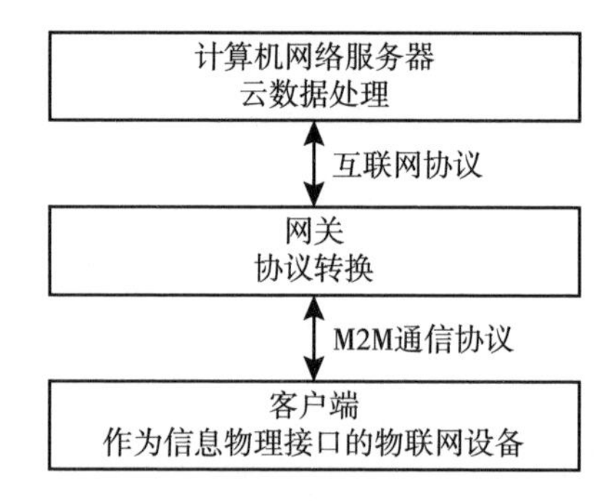

图 3–3　物联网应用系统体系结构的客户端 – 网关 – 服务器模型

客户端层和服务器层之间有额外网关层，这是新模型与经典模型的不同之处。由于物联网设备连接的异质性，故而此额外层非常重要。与传统互联网连接设备（如个人计算机和智能手机）不同，物联网设备（如上例中的智能恒温器）在计算能力和能量预算（如电池寿命）方面是资源受限的。因此许多设备无法承受配备标准 IP 网络堆栈的能力。相反，物联网设备可能采用其他 M2M 专有通信协议或开放标准，如蓝牙、ZigBee[53] 和 Modbus[103]，以通过使用网关设备与互联网服务器交换数据。这里的网关设备指的是无线基站或同等系统，负责执行协议转换，将特定 M2M 协议中的数据包转换为与 IP 网络兼容的标准数据包，使数据可以通过常规互联网基础设施，即使不能实现双向传递，至少也能单向上传到服务器。需要注意的是，物联网设备可能同时充当客户端和相邻设备或辅助设备的网关。这通常发生在采用网状网络时[57]，以及通过蓝牙将可穿戴设备连接至智能手机的情况中[36]。

3.1.4　物联网的主要挑战

在技术和社会方面，想象中的未来物联网仍存在一系列尚未解决的挑战。其主要挑战可分为两类。最首要的挑战是物联网技术可行性，可进一步细分为互联网和事物观点中的子问题。互联网面临的挑战包括网络容量、服务质量（QoS）注意事项、机器到机器（M2M）和不同层面的信息交换协议[39]，其中大部分领域都正在积极研究中。与网络相关的问题相比，由于在复杂性持续上升的各种应用中，电池和其他能量存储技术的改进速度远远落后于对电力需求的持续增加，因此我们认为设备能量保障方面的挑战成为实现物联网的瓶颈[21，47]。本章主要关注这一不匹配问题，讨论物联网设备充电的可能的解决方案。其他的主要挑战包括物联网的可靠性和社会认可度，侧重于解决与此新兴互联网范例相关的安全和潜在隐私问题[49]。除了这些问题，文献［92］中斯坦科维奇（Stankovic）还对物联网研究问题进行了全面的调查。

3.2　物联网能耗

计算能力是基于电力构建的。参考 3.1.3 节中介绍的客户端 – 网关 – 服务器模型，本节首先逐层检查物联网能量消耗情况，然后讨论实现物联网的潜在挑战和一些可能的解决方案。

云服务器位于 3 层模型的顶部，通常是托管在高性能计算机集群上的虚拟机，位于分布在全球各地的高带宽互联网链路的数据中心[17]。无疑，数据中心通过电网的不间断电源供应，以支持群集的高功率需求，并确保服务的可靠性和恢复能力[38]。最近该产业通过购买电网中的“绿色”电力并在数据中心附近进行自供电，以全面采用可再生能源，实现其可持续发展目标[15，106]。

网关，尤其是用于实现 IP 和 M2M 协议之间转换的独立基站，通常需要固定在接近其他上游网络设备（如路由器和交换机）的地方。因此，网关可以采用与相邻设备相同的方式充电，如可以通过电网或其他独立的可再生能源系统充电。所以在大多数情况下，向独立网关供电并不是一个大问题。

在两种类型的设备中，当无源 RFID 标签天线由 RFID 读写器供电时，它们是“自供电”。与固定服务器和网关相比，其他类型设备（具有嵌入式计算能力的自主物联网设备）的充电是这 3 层中最为棘手的部分。考虑到这些设备可能部署在任何地方，若能既无须使用电源线也不必定期更换电池，才是数十亿此类设备的最实用选择。因此本章其余部分集中讨论这类设备。在能够提出可行的供电解决方案之前，我们必须明确物联网设备的能耗特性。

3.2.1 物联网设备体系结构

正如第 3.1.2 节中给出的定义，物联网设备指的是物联网生态系统中广泛的嵌入式系统类别，这一生态系统具有直接或间接的互联网连接能力，以及通过板载传感器和执行器与物理世界进行交互的能力。虽然由于应用、协议、硬件和软件设计的多样性而使设备存在异质性，但从系统视角可得出物联网设备的一般体系结构，如图 3-4 所示。

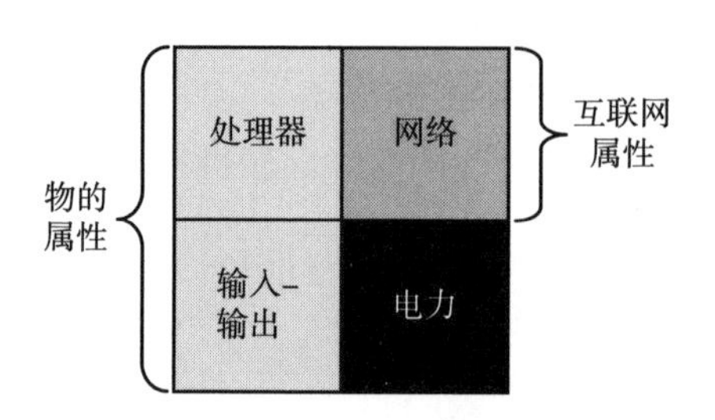

图 3–4　通用物联网设备体系结构

任何物联网设备（类似于 WSN 节点[25]）都可以看作是 4 个子系统的集成，即处理器、网络接口、输入和输出（I/O）外设及电源。这 4 个子系统具有系统级的说明，它们在实际设备中可能并不是 4 个真正的硬件部件。制造商将两个或更多的子系统集成到一个芯片中并不罕见，称为系统级芯片（SoC）。

在此体系结构中，处理器和输入输出外围设备提供物联网设备的属性。处理器通常指由聚合有内存、定时器、数字和模拟输入输出端口等的微处理器组成的微控制器单元（MCU），是嵌入式系统的核心，这一嵌入式系统运行的是用于资源管理、调度和任务执行的软件，包括对输入输出外围设备和网络接口的控制。输入输出外围设备通过各种类型的传感器和执行器，充当与环境和人类交互的网络物理接口，如温度传感器、加速计、电机、触摸屏等。这些外围设备要么跟处理器的模拟输入输出端口具有有线接口，要么，如果外设内置模拟–数字（主要用于传感器）和数字–模拟（主要用于执行器）转换器，就跟数字输入输出端口具有有线接口。如第 3.1.3 节中所述，物联网设备的互联网属性由其网络接口提供，通过有线或无线连接来负责从处理器向网关的通信。这 3 个子系统的运行都需要电力，所以电源子系统负责供电来维护设备运行，管理能源（如电源、电池、电容器等）以确保安全并保障设计使用年限。

3.2.2　设备分类

2014 年由互联网工程任务组（IETF）发布的术语“约束节点网络（RFC 7228）[14]”中引入了基于计算能力和能量限制的物联网设备分类方案。但是，能量限制分类方案只简单地将设备分为了 4 个类别，如表 3–1 所示，而不是操作期间的能耗限制。

表 3–1　RFC7228 受限设备能量限制分级

类型	能量限制类型	电源示例
E0	能量受限事件	基于事件的能量获取
E1	能量受限周期	定期充电或更换的电池
E2	能量受限寿命周期	不可更换的一次性电池
E9	对可用能量无直接数量限制	电力主线

文献［47］中，Jayakumar 等也提出了物联网设备的另一种能量相关分类标准。根据他们的建议，物联网设备可依据其功耗和寿命要求分为 5 种类型，如表 3–2 所示。虽然这种基于寿命的分类能依据其应用程序要求区分设备寿命，但此方案和 RFC7228 对于分析物联网设备的能耗模式均没有帮助。

表 3–2　Jayakumar 等提出的物联网设备分类

	描述	示例	能源	寿命
Ⅰ型	可穿戴设备	智能手表健身监视器	可充电电池	数日
Ⅱ型	一劳永逸设备	家庭安全传感器 漏水传感器	电池	5~10 年
Ⅲ型	半永久性设备	建筑物传感器 停车位传感器	电池	超过 10 年
Ⅳ型	无电池设备	RFID 标签 智能卡	被动供电	—
Ⅴ型	电动设备	家用电器（如冰箱）	电源出口	—

因此，根据上述设备体系结构中的互联网和物联网属性，可制定描述物联网设备能量消耗的基本分析框架。由于电力负荷的能耗是给定时间间隔内瞬间功率消耗的累积，因此应在时间域和能量域中评估物联网设备的能耗。时间域可用设备的操作模式进行描述，而在网络接口电源使用方面可以考虑能量域，这通常比处理器和输入输出外围设备重要得多[47]。据估计，这一分析框架可有助于设计和实施适用于物联网设备的高效供电方案。

3.2.3 设备特征（按工作模式）

假定在物联网设备上运行的任何应用都可模拟为图 3–5 所示的操作循环。当每个循环中的应用程序启动时，处理器从低能耗“睡眠”模式中醒来，调到“活跃”模式；然后传感器进行测量（对于带有传感器的设备）；接下来，设备将连接到网关将测量数据作为请求传输到服务器，并检查是否有任何指令要求设备执行服务器响应；随后执行器根据收到的命令（对于带执行器的设备）进行操作。任务序列结束时，设备将进入其处于空闲状态时的省电“休眠”模式。此模型用于概述在物联网设备应用中产生显著能量影响的独特流程。实际上，可以按略有不同的顺序执行这些进程，也可以在操作系统[43]的顶部执行，不一定要按顺序运行，如图 3–5 所示。有关硬件和软件方面的更多实施详情，在后面会进行讨论。

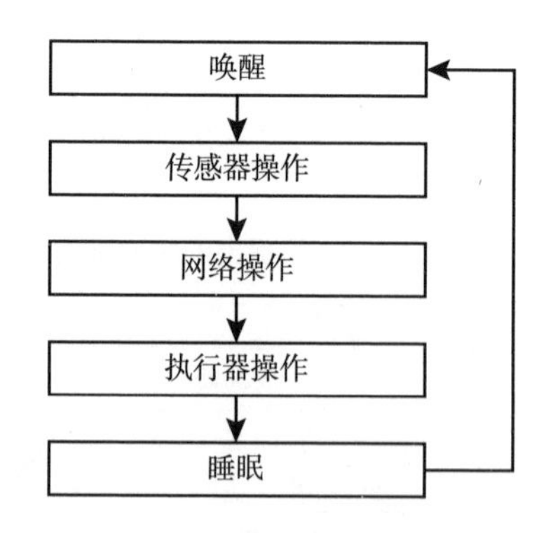

图 3–5　适用于物联网设备的操作循环模型

根据此操作循环模型，物联网设备的操作模式可分为以下 4 种模式：时间触发和事件触发模式为基础[51]，随后派生出永远开启和事件阻塞模式。为了重点介绍一般工作模式，假定时间域讨论中，电量级别仅在高能耗“活跃”级别（P_{active}）和低能耗“睡眠”级别（P_{sleep}）之间进行切换。此外，占空比是表达两种能耗级别之间切换行为的一个重要概念。如公式（3–1）所示，占空比 D 指的是活跃状态持续时间 T_{active} 与总运行持续时间（活跃状态持续时间 T_{active} 与睡眠状态持续时间 T_{sleep} 之和）的比。假定活跃状态持续时间 T_{active} 是恒定值，那么占空越高（如睡眠状态持续时间 T_{sleep} 较短时），就说明设备被唤醒以执行任务序列的次数越多。

$$D=\frac{T_{active}}{T_{active}+T_{sleep}} \tag{3-1}$$

时间触发模式指的是设备的定期唤醒，如图 3–6 所示。在此模式下运行的设备以固定或不同占空比执行操作循环。由于在任一情况下都由处理器调整占空比，所以设备消耗的能量可通过处理器的相对难易程度来近似表示，因其能够跟踪调整[32]。此操作模式在不涉及人工干预的自主设备中比较常见，例如执行测量和定期向服务器传输数据[2]的环境传感器节点。

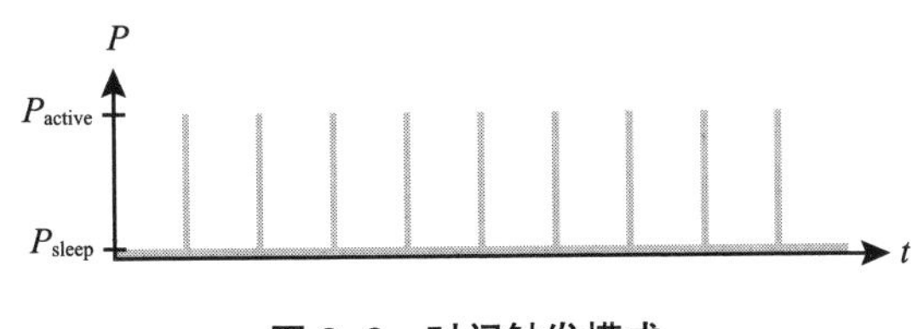

图 3–6　时间触发模式

事件触发模式指的是唤醒响应外部事件所需的设备，如设备传感器检测到环境中的变化，如图 3–7 所示。由于此类外部事件具有随机性，处理器可能无法提前唤醒，因此在大多数情况下，此操作模式的能耗估算是不可行的。此类操作模式多见于自主设备中，包括在地震期间激活的运动激活安全警报和结构健康监测传感器节点[22]，以及在按钮推动时激活的人工操作设备[16]。

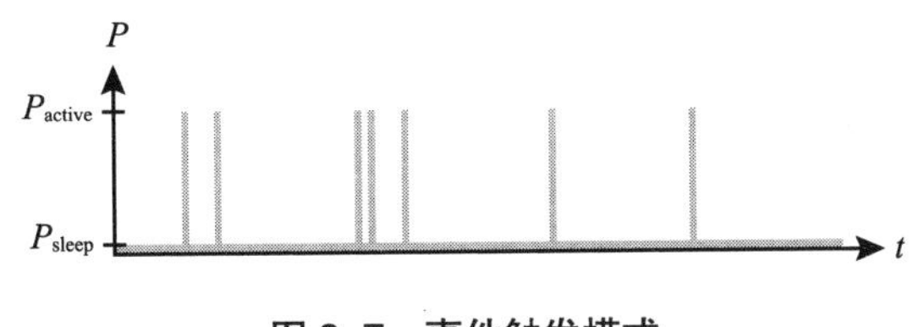

图 3–7　事件触发模式

永远开启模式可视为时间触发模式的特殊情况，此时设备会一直重复任务序列，永远不会进入睡眠状态（如占空比固定于 1），如图 3–8 所示。这种持续模式有利于自主设备实现传感器数据向服务器的实时流动传输，也有利于保持活动状态以等待用户输入，并将更新信息输出给用户的人工操作设备。因此时设备永不进入睡眠模式，所以一般情况下可以认为能耗是恒定的。

图 3–8　永远开启模式

如图 3–9 所示，事件阻塞模式是介于事件触发模式和永远开启模式之间的一种特殊情况。通常用于人工操作设备（如可穿戴设备），跟事件触发模式一样，设备被激活以响应外部事件。自动设备和人工操作设备的主要区别在于，相比于前者的快速传感器轮询（通常短于 1s），后者需要等待人工输入的时间明显更长、持续时间不一（需要几秒甚至更长时间）。因此，由于每个循环延长的、动态的操作持续时间，这种操作模式的特点是能耗增加且不可预测。

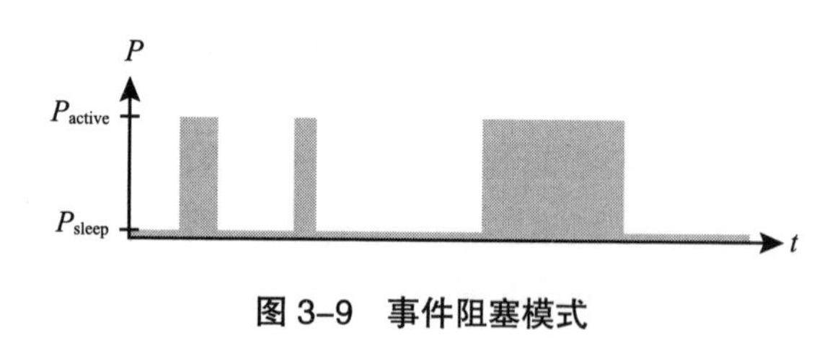

图 3–9　事件阻塞模式

3.2.4　设备连接特性

依据设备体系结构和上述操作循环模型，设备一经唤醒，3 个子系统（包括处理器、输入输出外围设备和网络接口）就需要通电。在这些子系统中，网络接口通常控制设备的能耗[47]。因此，物联网设备能耗的能量域表征将侧重于所使用的通信技术。

有线和无线通信技术都是物联网设备实现互联网连接的可能解决方案，通常在远程位置最好启用无线链路。需要注意的是，与需要低延迟、高速网络浏览和视频流应用的人工驱动的互联网应用相反，物联网设备网络通信一般的特点是在每次传输中流量极小、可延迟（某些视频监控和实时传感应用除外），且大多数应用也可接受较低的数据速率，以支持高能效网络，延长电池寿命[65]。无论使用有线还是无线通信，设备体系结构中网络接口子系统的主要作用是处理网络连接，最终目标是通过物理介质（如铜线、光纤、空气等）在设备和网关之间传输数据比特。这种低级别逐位通信通过收发器实现，可能是物联网设备中最消耗能量的硬件，因其需要向空气中发射信号，或者在长电缆中驱动信号。

3.2.4.1　无线连接

无线网络可以根据其范围和覆盖面以及网络拓扑进行分类。对于范围和覆盖面，网络通常可以描述为无线个人局域网（WPAN）、无线局域网（WLAN）或无线广域网（WWAN）[65]。WPAN 通常指 10m 以内的短程网络，其中最著名的技术为蓝牙技术。WLAN（如 Wi-Fi）可提供大约 100m 的覆盖范围，以便在办公室或公寓中使用。WWAN 通常包括提供全市范围的蜂窝网络。

除了传输和接收能量，网络拓扑也会影响设备的能耗。无线网络通常视为星型或网状网络。在星型拓扑中，网络中的每个设备（也称为节点）通过点对点连接与网关（也称为接收器）进行通信。虽然这种方法简单直接，具有可预测的低延迟，且易于设计和实施，但网关可能是系统中的单一故障点。此外，考虑到能耗方面，无线收发器的峰值能量要求可能高于网状拓扑的峰值能量要求，前提是它们具有相同的网关和网络中的设备数。网状网络通常由多个设备和一个或多个网关构成，与星型拓扑相比，某些网状设备可能用作中间网关（称为路由器）来中继网关与其相邻设备之间的网络通信，称为多跳网络[57]。尽管其具有一定复杂性，可能会增加延迟，但这一更为灵活的网络配置可能会降低收发器的峰值能量，因为节点可以与附近另一节点通信，而不是通过相距较远的网关发起无线传输。但是，多跳操作对能耗概况有另一种影响。由于设备也可能充当路由器，因此需要处理来自相邻节点的额外的、可能无法预见的网络流量。这可能会产生相当大的能量影响，具体取决于技术和网络配置，而这些节点可能无法清楚地描述上述任何操作模式。

下面简要介绍物联网时代一些流行的无线 M2M 通信技术，包括现有的和即将推出的通信技术，重点介绍其范围、数据速率和网络拓扑结构。表 3-3 中列出了各种商用无线 M2M 收发器，并通过比较其传输（Tx）和接收（Rx）电流消耗水平，提出关于其相对能量使用的一般观点。

低能耗蓝牙（Bluetooth LE，BLE）是低功率 WPAN 的一个例子，在 2.4GHz 未经授权的工业、科学和医疗（ISM）频带中运行，最高数据速率为 1000kbps，典型范围为几十米[36]。BLE 采用星型拓扑的主从式，使物联网设备（如智能手表和其他种类的可穿戴设备）连接到通过蜂窝网络或 Wi-Fi 作为互联网网关的智能手机。

ZigBee 是一种基于 IEEE（美国电气电子工程师学会）802.15.4 媒体访问控制（MAC）层协议的低速率 WPAN（LR-WPAN）技术，典型范围为 10~100m[53]，允许低功率的物联网设备（通常是传感器和执行器节点）在未授权频段的星型或网状拓扑下运行，使用 9MHz、915MHz 或 2.4GHz 频谱，最大数据速率为 250kbps[57]。除 ZigBee 之外，还有其他基于 IEEE 802.15.4 的协议也处于积极的开发和标准化阶段，包括 IPv6 over Low-power WPAN（6LoWPAN）和 Thread[20，65]。

表 3-3　适用于物联网设备的商用无线 M2M 收发器示例

技术	收发器[a]	电流消耗 /mA	
		发送（Tx）	接收（Rx）
低功耗蓝牙	Atmel 公司 SAM B11[b][7]	3（0 dBm）	4
	北欧半导体公司 nRF51822[b][72]	8（0 dBm）	10
	德州仪器公司 CC2640[b][98]	6（0 dBm）	6
ZigBee	Atmel 公司 SAM R21 系列[b][8]	14	12
	芯科科技公司 EM35x 系列[b][91]	31（+3 dBm）	27
	德州仪器公司 CC2630[b][97]	6（0 dBm）	6
无线网络	乐鑫系统公司 ESP32[b][31]	120（0 dBm）	90
	德州仪器公司 CC3200b[96]	229	59
蜂窝	u-blox 公司 SARA-U2 系列[c][104]	215（GPRS）	—
		580（HSDPA）	
	u-blox 公司 TOBY-L100c[105]	460（HSPA）	
		800（LTE）	—

续表

技术	收发器[a]	电流消耗 /mA	
		发送（Tx）	接收（Rx）
LoRa	先科电子公司 SX1272[c][87]	28（+13 dBm）	10
SigFox	Atmel 公司 ATA8520D[c][6]	33（+14.5 dBm）	10
低地轨道卫星	铱星 9603[c][46]	145	39
		1300（Peak）	156（Peak）

注：a. 按字母顺序排列。
b. 嵌入微控制器和收发器的系统级芯片。
c. 独立的收发器。

Wi-Fi 是最常用的基于 IEEE 802.11 的 WLAN 技术标准。Wi-Fi 以 2.4GHz 和 5GHz ISM 频段运行，旨在利用星型拓扑通过接入点（AP）作为网关[53]，为接入互联网的设备提供高速（10Mbps UP）无线链路。尽管表 3-3 所示收发器的能量要求更高，但通过 Wi-Fi 部署物联网设备具有明显的优势，这些设备可以在建筑和城市中采用成熟的 Wi-Fi 接入点，从而降低新网关基础设施的额外成本[101]。

使用全球移动通信系统（GSM）、通用分组无线业务（GPRS）、长期演进（LTE）技术的传统蜂窝网络使用许可的频谱作为 WWAN 提供对互联网的移动访问。由于蜂窝网络旨在优化高质量语音和高吞吐量数据传输，并且考虑在蜂窝基站之间进行切换，因此它们需要高功率收发器，因此通常不适合于物联网设备。考虑到这些劣势方面，第三代合作伙伴计划（3GPP）于 2016 年完成了三条蜂窝低功率 WAN（LPDWAN）的标准化工作：扩展覆盖 GSM（EC-GSM）、适用于机器类型通信的 LTE 增强功能（LTE-M）和窄带物联网（NB-IOT）[30]。这 3 种新兴技术旨在满足具有低成本和低功耗要求的物联网应用，且它们可以充分利用现有的 GSM 和 LTE 频谱和基站基础设施进行快速网络部署（只需进行软件升级）[37]。诺基亚建议，这些蜂窝物联网技术可以提供长达 35km（EC-GSM）或 100km（LTE-M 和 NB- 物联网）的长距离通信，最大数据速率为 140kbps（EC-GSM）、170kbps（NB- 物联网）或 1Mbps（LTE-M）[71]。尽管目前没有可用的商用收发器，但已经声称基于上述技术的收发器模块的成本将低至每台 5 美元，且采用电池可持续操作 10 年[30, 71, 113]。

LoRa 和 SigFox 是在亚 GHz 频段[58]中利用未加密频谱的新兴专有 LPWAN

技术。与蜂窝物联网技术类似，它们提供低功耗和低成本收发器，使物联网设备能够实现与星型拓扑相距很远的网关之间的长期通信。这样可以减少对大量网关的需要以降低基础体系结构成本[82]。

卫星 M2M 通信是一个有趣的连接类别，可为远程位置的物联网设备提供全球覆盖，这远超过上述 M2M 通信技术[42]的范围。传统上，在地面和飞机上访问卫星互联网需要一个碟形或相控阵天线，该天线指向地球静止轨道（GEO）上约 36000km 处的通信卫星，这意味着对非电网、电池供电的物联网设备[27]的功率和大小要求非常高。目前卫星 M2M 应用不是直接访问互联网，而是依赖于卫星在低地球轨道（LEO）中的卫星星座，组成了 2000km 或更低的不同轨道平面上的卫星轨道网，以提供与 GEO 相比相对较低的延迟和低带宽消息传输（通过专用地面站[62]）。新的 LEO 互联网星座由成百上千的卫星组成，卫星也在积极发展之中，这些海量的星座旨在提供高带宽和真正的全球覆盖[42, 69]。可以预见，未来的自主物联网设备可能会采用相对较低的低成本、低功率和小型的收发器，通过这种 LEO 星座实现互联网接入。

3.2.4.2 有线连接

虽然通常无线通信是首选，但由于物联网设备的普遍性质，使得扩展有线基础设施覆盖在技术或经济方面具有不可行性，但物联网模式中有线通信的重要性不应被削弱。在某些企业中，任务关键型应用程序用有线网络具有可靠性和安全性增强、数据速率更高和对无线电干扰具抗扰性等优点。有线通信技术的示例包括以太网、串行通信（如 EIA-232 和 EIA-485）[63]，电力线通信[41, 61]和 Modbus[26]。除以太网外，其他技术还需要额外网关来允许物联网设备访问互联网。

3.2.5 电源选项

上述分析表明，根据其工作模式和连接性，物联网设备的能源消耗存在显著变化。因此在设计物联网设备时必须充分考虑电源选项，以便满足其电源要求。一般而言，物联网设备的电源子系统需要从外部电源（如市电或独立发电机）、内部能源存储（如电池或电容器）或使用外部电源为存储进行充电的组合方法提供电力以满足设备的需求。由于处理器和许多基于晶体管的部件需要在稳定电压下运行，通常为 5V、3.3V 或 1.8V 直流电，在将电源分配给这些组件之前，需要调节输入电源。此外，如果设备采用内部储能，则必须对其充电和放电进行管理，以确保操作安全和性能。这些功能在电源管理单元中实现，如图 3–10 所示，指示电源和负载（处理器、输入输出外设和网络接口）之间的电源流动方向。研究 4 类供电方式，包括系留式电力传输、能量存储、无线能量传输和能量采集。必须强调的是，虽然 4 个不同类型的供电方式是独立引入的，但它们不是互斥的。相反，实用的物联网设备通常涉及同一类型或不同类型中的电源选项的混合使用。例如，能量存储通常与电源传输或电能采集技术成对出现，以延长器件寿命。

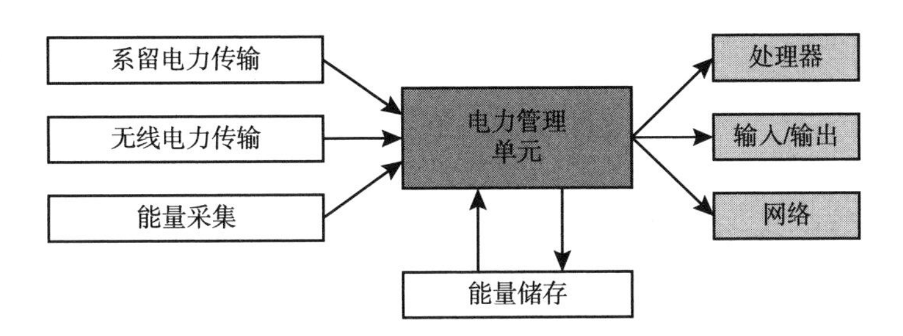

图 3–10　物联网设备中的电源流动方向

3.2.5.1　限制式功率传输

系留式电源（限制式功率传输）是一种统称，用于描述连接外部电源（例如市电电源插座）到设备的电源线使用的电力传输方法。如果电网中的市电（通常为 100~240V 交流电，取决于具体国家）用于物联网设备上，则需要使用庞大的交流 – 直流电转换器，将交流电转换为直流电，并按前文所述将电压降至所需水平。除了直接消耗电网功率，设备也可以采用利用直流配电的替代方法。使用一对导电电线（从中央变压器的整流直流输出延伸）以及更复杂的直流电“纳米电网”标准，如以太网供电和 USB 供电，即可实现上述目标[73]。尽管由于有线通信的原因，许多物联网设备可能无法进行系留式电源传输，但由于有线通信，系留式电源传输仍然是一种可靠的解决方案，可应对高电力需求，如实时视频监控摄像头，并对便携式和可穿戴设备的能量存储进行充电。

3.2.5.2　储能

嵌入能量存储是物联网设备电源供应中最常用的方法，因为设备通常位于电源电缆无法触及的地方。可将能量存储器分类为消耗式和可充电式。消耗式存储主要指不可充电的主电池，主要用于寿命有限的一次性、极低功耗的物联网设备中。可充电式存储包括两种主要类型，即二次电池（也称作充电电池）及电容。由于它们是可充电的，因此它们可以与电力传输或电能采集技术一起使用，以延长使用寿命。表 3–4 中列出了常用的能量存储类型及其重要参数，包括单电池额定工作电压、典型充电寿命周期和体积能量密度（对于大多数地面应用，物理尺寸是比重量更为重要的因素）。在所列的不同类型存储中，锂离子电池由于其高电压和能量密度特性，成为便携式和可穿戴消费电子、电动汽车和各种工业应用中的主要可充电能量存储选项[112]。最近，锂离子磷酸盐电池和超级电容获得广泛关注，尽管能量密度较低，但与传统电池的化学性质相比，它们拥有更好的循环寿命和电力特点，而被看作是新一代嵌入式系统能量存储和物联网设备。

表 3–4　常用的能量存储类型

蓄能	循环寿命	标称电压 /V	能量密度 /（Wh/L）
原电池			
碱性	—	1.5	461
锂金属	—	3.0	546
氧化银	—	1.55	530
二次电池			
镍金属氢化物（镍氢电池）	500~1000	1.2	430
锂离子电池	＞ 1000	3.7	570
磷酸铁锂[45，48]	＞ 2000	3.3	210
超级电容器[48，77]	＞ 100000	2.7	4.4

锂离子磷酸铁（$LiFePO_4$）电池也是一种锂离子（Li–ion）电池，与通常所说的锂离子电池的阴极化合物不同，通常的锂离子电池主要使用的是锂钴氧化物（$LiCoO_2$）或锂锰氧化物（$LiMnO_4$）[112]。据文献［59，112］中所说，$LiFePO_4$ 比锂离子电池更加安全环保，循环寿命更长。与 $LiCoO_2$ 和 $LiMnO_4$ 相比，$LiFePO_4$ 增强的安全属性提升了其阴极材料的热稳定性[119]。除其安全性高和寿命长的优点外，与锂离子电池 4.2~3.7V 的宽放电电压范围相比，$LiFePO_4$ 电池还具有约为 3.3V 的良好的标称电压和平面放电曲线[45]。这意味着 $LiFePO_4$ 电池有可能为 3.3V 的设备直接供电，以减少额外的电压调节器的开销。

超级电容也称为超电容器和双电层电容器（EDLC），继承了高功率密度和理论上无限制的充电周期等电容器的电气特性，但具有更高的电容，从几百毫法到数十法拉[77]。与辅助电池相比，超电容器的能量密度显著降低，自放电率（漏电流）更高。因此超电容器通常用于超低功率的物联网设备，或采用混合方式用电池来应对无线电收发器的高脉冲负载[48]。

3.2.5.3　无线电能传输

无线电能传输（WPT）指的是将电能从一个充电节点（也作为电源）传输到一个电能接收节点，因此属于物联网设备，节点之间没有任何物理接触。根据文献［116］中 Xie 等的研究，WPT 技术分为 3 类，即电感耦合、电磁（EM）辐射和磁共振耦合。

电感耦合是一种成熟的厘米级的 WPT 技术，工作原理是磁场感应。此技术可用于无线牙刷和便携式电子设备的 Qi 无线充电座中[116]。由于其要求距离很近，且需要在充电和电能接收节点之间精确对齐，因此人们认为电感耦合的用处只在于为便携式和可穿戴式物联网设备充电时可免去使用电源线，但对于其他自助设备则没有此作用。

电磁辐射无线电能传输需要依靠天线，分别在充电和电能接收节点上以电磁波形式发射和接收电能。电磁辐射无线电能传输可依据接收辐射能的方向分为两类，即全向型和单向型。全向型接收节点只需一个小型天线即可从任意方向接收传入波。接收器天线可以在 ISM 频段（从几厘米到几米）的范围内转换低功率的电磁波，从而为具有极低功率要求的设备通电。第 3.1.2 节中讨论的被动无线射频识别（RFID）标签是利用 RFID 读写器发出的电磁波将电能传输至标签过程，以便促进其数据交换的常见例子。低功率、自主物联网设备（如传感器节点）也可能由全向天线进行供电。另外，单向类型需要视线传输。单向辐射 WPT 通常设计为高功率、千米数量级的应用，使用大型微波或激光束接收器。因此不能将单向型视为物联网设备可能采用的供电选项。

磁谐振联轴器是最近开发的 WPT 技术，由 Kurs 等于 2007 年首次提出[52]。与上述两个全向型技术相比较，这一相对较新的技术依靠非辐射磁共振感应而在米数量级上显著提高效率和电能水平。将来此技术一旦成熟，将可能会有助于为各种物联网设备更加稳定有效地供电，如无电池自主传感器和执行器网络，以及同时为多台设备电池快速充电。

3.2.5.4 能量采集

能量采集是指从周围环境中提取能量并转化为电能。由于许多物联网应用（如环境监控和楼宇自动化）需要自动设备，这些自动设备将有限的能源储存空间部署到受限制或无线电源传输基础体系结构范围以外的位置，因此就地能量采集被视为有发展前景的供电解决方案，可延长此类受限设备的使用寿命，并通过使用小容量能量存储（如 $LiFePO_4$ 电池和超级电容）来降低成本并增强安全性。第 3.3 节中将介绍能量采集的一般原则和来源。第 3.4 节中将讲述在物联网设备中采用电能采集的注意事项。

3.3 能量采集原则

能量采集（EH）（也称为能量提取）是指将自然或人工环境中的能量转化为电能。如第 3.2 节中所述，虽然我们已实施各种类型的无线 M2M 通信技术来支持数十亿的物联网设备，但为部署在偏远地区的自主设备提供可靠电能仍是主要难题。考虑到其在现场生成电力和补充能量存储的能力，人们认为能量采集（EH）是此瓶颈的一个突出解决方案，可让这些设备的生命周期从几个月延长到数年甚至几十年，并最终实现自我维持运行。在本节中，将介绍常用的 EH 技术，了解 EH 供电系统设计和运行的原则。

3.3.1 能量采集技术

不同的 EH 传感器技术可用于将不同形式的能量转换为电能。一般而言，根据来源存在的能量形式，自主物联网设备的 EH 传感器可分为辐射型、机械型、热力型或磁力型[77]。下文介绍常用的传感器，表 3–5 是其在物联网设备中的适用性。有关传感器的工作原理和技术细节见文献［79］。

辐射能主要是传播的不同波长的电磁波，可以作为电能采集。光伏（PV）电池（也称为太阳能电池）可使用光伏效应将可见光转化为电能。太阳能和室内光能量采集一直是为自主传感器充电的常用方法[19, 74, 81, 120]。射频（RF）能量采集发电的方法是通过使用射频天线从无线电信号中获取电能[75, 108]，这与在第 3.2.5 节中介绍的电磁辐射无线电能传输类似。

机械能也可用于发电。自然及人造环境中的运动可以通过 3 种转换机制转换成电能：压电、电磁和静电[10]。压电发电机使用压电材料，例如锆钛酸铅

（PZT）和聚偏氟乙烯（PVDF），将机械应变转换为电能。压电发电机可获取机器和人类行走产生的振动[70, 93]；电磁传感器使用法拉第电磁感应定律产生电能；风力涡轮机就是此类换能器的示例[74]。静电转换是指当电容器充电板在振动下进行置换时，由于可变电容器的电容发生改变，从而将机械能转换为电能[100]。

表 3–5　用于物联网设备的能量采集传感器示例

能源	转换器	可能的应用场景
辐射能	光伏	太阳能供电无线传感器节点[74, 81]
		室内照明供电无线传感器节点[19, 120]
	射频	Wi-Fi 信号供电数字温度计[108]
		无线电信号供电的无线传感器节点[75]
机械能	压电	振动供电的无线建筑物健康监测器[70]
	电磁	振动供电的无线传感器节点[99]
		风力驱动无线传感器节点[74]
	静电	振动供电电池充电[100]
热能	热电	人体热能供电的可穿戴传感器[55]
		热梯度能无线传感器节点[28, 94, 111]
电磁能	感应圈	电流互感器供电的无线传感器节点[86]

热能在这一语境下指的是温差，可使用热电发生器（TEG）进行采集。TEG 是固态器件，当其处于温度梯度中时，就会利用塞贝克电子结构产生电能[10]。其应用举例包括供电可穿戴设备[55]、地面[28, 111]和卫星[94]传感器网络。

通过利用线圈的不同磁场中的电可以进行磁能采集。这可应用于使用电流互感器提取交流电源线的电能。该技术有很大潜力，可帮助电力公司在电网上部署传感器，从而以非侵入方式对架空线路和输电线路进行状况监测[86, 121]。

3.3.2　能量源表征

第 3.3.1 节中建议采用各种 EH 技术从自然和人工环境中获取能量。如表 3–6 所示，EH 源本质上具有极低的功率输出。除振幅之外，来自能量源的可获得能量还受其临时可用性的约束。依据 Kansal 等的研究，EH 源的特点是具有可控性和可预测性[50]。

表 3-6　常见能量采集源的一般电力密度

来源	可采集功率密度 / (μw/cm^2)
光	
太阳光	100000~150000
人造光	10~100
振动和运动	
人体	4
工业	100~200
热梯度	
人体	30
工业	1000~10000
射频	
手机信号塔	0.1

直观上来看，可控性是指应用设计人员能够控制某一来源的能量，包括其产生和量级。自然资源（如阳光、风和潮汐）显然是不可控制的。室内照明和射频等人工来源可能是可控的，也可能是不可控的。例如，如果 RF 换能器尝试获取周围环境中的蜂窝基站发出的电磁波，则该源被认为是不可控的，因为应用设计人员没有控制手机无线电传输的权限。另外，从压缩机机组的散热器中散逸出的热量可被视为是可控的，因为一定数量的能量在机组启动后才可用。因此，可控源也意味着是个可预测源。

可预测性是指能量源行为（主要指其可用性和量级）能以合理的精度进行建模。太阳光是一种可预测能量源，因其在特定位置的振幅和长期可用性是固定的，可根据已知的地球和太阳相关的天体力学来计算，且预测中的短期波动也可通过天气预报进行补充。与之相反，不可预测的能量源涉及不确定因素和随机事件。例如，由于在对象和结构故障之间产生影响而造成地震和应变，从而引起的机械振动。

基于可控性和可预测性标准，如图 3-11 所示，以及表 3-7 中列出的示例方案，能量源的特点可在两个维度中分为 4 类。

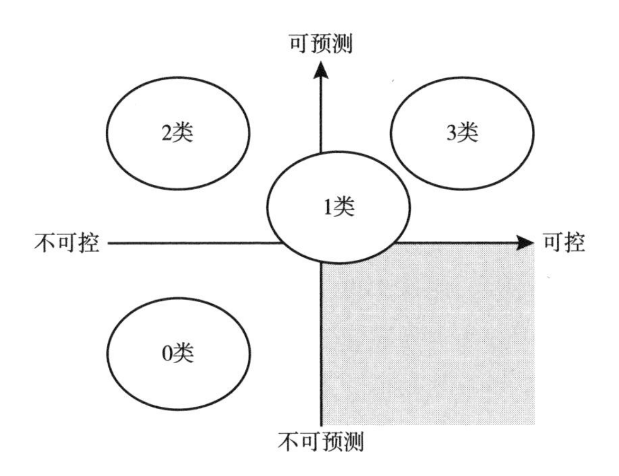

图 3–11　基于可控性和可预测性的能量源分类

表 3–7　物联网设备能量采集 0~3 类能量源举例

	方案	EH 转换器	操作模式
0 类	冲击激活建筑传感器	压电式	事件触发
1 类	低功耗环境传感器	射频式	时间触发
2 类	太阳能灌溉系统	光伏式	时间触发
3 类	电力传输电缆监控传感器	电流互感器	常连

（1）0 类能量源不可控且不可预测。如前文所述，不可控且不可预测的能量源表示其事件既不能由应用设计人员控制，也不能由没有复杂模型的 EH 系统预测。该类别包含自然能量源，包括地震时的震动，以及很少发生受随机性影响人为能量源，例如交通事故中车辆之间碰撞力造成的振动，在这种情况下，模式很难形成。要进行这一能量源的采集并运行在更多能源密集型时间触发、永远开启和事件阻塞模式下的物联网设备通电虽然不是不可能，但也是不切实际的。0 类能量源在无重复模式的情况下具有不稳定性。但 0 类能量源也可以用来供电，同时作为某些事件触发设备的中断信号。

（2）1 类能量源是部分可控源。部分可控源是指应用设计者不能完全控制其可用性。此类能量源包括与前文所述手机使用相关的自发传输引起的射频能量。在这种情况下可能会进行能量搜集，但能提取能量的数量可能比完全可控的能量源要少得多。因此，只有超低功耗的物联网设备在时间触发和事件触发的模式下运行，才可能采用此类能量源。例如，只有在能量存储级别足以让设备运行一个完整的周期时，这种设备才可能需要特殊的电能管理策略。

（3）2类能量源不可控，但可预测。与0类能量源相比，2类能量源可以使用简单模型或基于历史模式进行预测，因此实际上可通过更高的能量产量提高可靠性。大多数天然气、可再生能源（包括太阳能、风能和潮汐能）都属于此类。例如，可以使用由天气预报补充的季节性观测数据预测某一位置的太阳能和风能。考虑到其较高的能量产量，这种能量源可能会更快地补充设备能量存储的电荷，支持更广泛的工作模式，且具有更高的占空比。

（4）3类能量源是完全可控的。其可用性和输出可在设备设计之前确定，故而是理想的能量源。例如，来自空气压缩机、空调系统和其他机器的热量和振动能量。在这种情况下，能量采集的产量可有效近似为各种操作模式的物联网设备的供电。另外，只要能对设备能耗进行正确建模，无须使用能量存储的设计就会成为可能。

3.3.3 能量采集体系结构

EH供电系统有两种典型的体系结构类型，即采集-使用和采集-存储-使用[93]。它们是设备设计的基础，能够利用不同可用性模式的来自EH能量源的小型功率输出。

如图3-12所示，采集-使用体系结构指示来自EH装置（由传感器和电源转换器组成）的电能并为电力负载充电。由于此体系结构中不存在能量存储，因此需要EH装置自行供电。也就是说，在运行过程中，传送至负载的能量必须高于负载的最小能量要求。如第3.3.2节中所述的内容，这有助于弥补采集-使用体系结构的劣势，并为0~2类能量源提供了一个非实际体系结构。因为它对EH装置电源输出中的变化很敏感。此体系结构仅适用于采用3类能量源的某些应用。

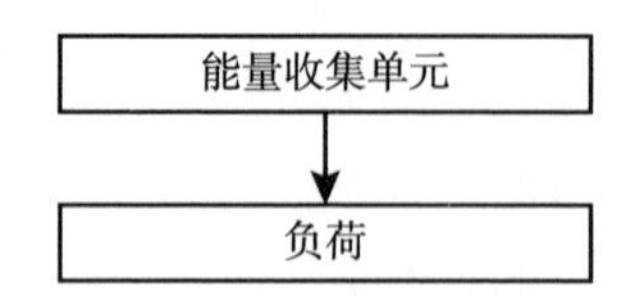

图3-12 采集-使用能量采集体系结构

与采集 – 使用的体系结构相比，采集 – 存储 – 使用的体系结构在从 EH 装置到负载的能量流之间引入了一个能量存储设备，如图 3–13 所示。能量存储通常是一个或多个可充电电池或超级电容，可通过两种方式实现负载的持续运行。一是存储可用作能量缓冲区，以便在 EH 装置的电能输出暂时下降时，保持对负载的稳定电能输出；二是存储可作为能量库，允许 1 类和 2 类能量源的使用。例如，可以在白天使用太阳能采集对存储进行充电，夜间为负载供电。具有 0 类和 3 类能量源的应用也可支持这种体系结构，因为存储（可能是电容器）可以缓冲已采集的电能，并在运行期间稳定负载的输出功率。

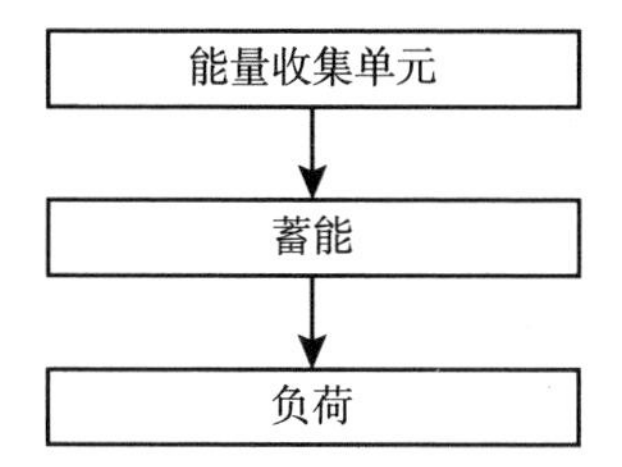

图 3–13　采集 – 储存 – 使用能量采集体系结构

3.3.4　能量中和

在物联网设备中采用 EH 的主要目的是利用传感器产生的少量电能来延长设备的使用寿命，理想情况下，实现自我维护，在能量方面实现“永久”操作。实现自我维持需要“能量中和”的概念，这意味着采集的能量始终等于或超过能耗。下文将利用 Kansal 等提出的数学模型来简要讨论两个前文中提到的 EH 体系结构——采集 – 使用和采集 – 储存 – 使用的能量中和要求和影响[50]。

能量采集装置的能量输出和负载的能耗要求在 t 时刻分别为 $P_{harvest}(t)$ 和 $P_{load}(t)$。

如第 3.3.3 节中所述，对于利用没有能量储存的采集 – 使用体系结构的 EH 系统，要求 EH 电能输出始终等于或超过电能输入要求，以实现节能操作，如以下公式所示：

$$P_{harvest}(t) \geqslant P_{load}(t) \forall t \tag{3-2}$$

由于缺乏中间的能源储存，当 $P_{harvest}(t) < P_{load}(t)$ 时，无法给系统充电，采集到的能量被浪费。如果 $P_{harvest}(t) > P_{load}(t)$，多余的能量还是不能加以利用。

对于采集 – 储存 – 使用的体系结构，能量中和标准变得不同。具有初始能量 E_0 的储存既可用作缓冲器，将电荷传送至低采集器输出时的负载，并用作储存多余电能的储存器。因此，假设理想的能量储存具有无限容量、没有泄漏，则可将此体系结构的节能条件模拟为：

$$E_0 + \int_0^T P_{\text{harvest}}(t)\,\mathrm{d}t \geqslant \int_0^T P_{\text{load}}(t)\,\mathrm{d}t \quad \forall T \in [0,\infty) \tag{3-3}$$

这一理想模式使 EH 系统只要满足储存充满电并且能为负载供电，哪怕是在 $P_{\text{harvest}}(t) < P_{\text{load}}(t)$ 时，也能实现能量中和的操作。

然而实际的能量储存不是理想的，因为它具有有限的容量 E，效率 η 低于 100%，能量泄漏率为 $P_{\text{leak}}(t)$。在这种情况下，能量中性操作的建模将变为：

$$E \geqslant E_0 + \int_0^T \left[\eta P_{\text{harvest}}(t) - P_{\text{load}}(t) - P_{\text{leak}}(t)\right]\mathrm{d}t \geqslant 0 \quad \forall T \in [0,\infty) \tag{3-4}$$

此模型意味着在利用采集 – 储存 – 使用体系结构设计 EH 系统时，必须考虑 EH 装置和储存的限制（除了满足负载需求配置文件的要求），以保障能量中和的实现。此外，向系统引入能量储存，可在运行时提高物联网设备的性能，如增加设备操作占空比，以利用储存中多余的采集能量[93]。

3.4 为物联网设计能量采集

在第 3.2 节和第 3.3 节中研究了与物联网设备和 EH 技术能耗相关的一般体系结构和原则。基于上述概念，本节将介绍在物联网设备中采用 EH 的一些实用设计注意事项和指导原则，重点关注自主式无线传感设备。由于此类物联网设备与无线传感器网络（WSN）节点的许多设计特征相似，而且在一般的嵌入式系统中，这些字段中的文献将得到全面检查，以协助解释设计过程。

与软件工程相似，物联网应用程序开发生命周期包括 3 个迭代和紧密耦合的阶段，即开发、部署和维护[13]。此工程流程需要跨学科的努力，涉及领域和技术知识[76]方面的专业知识，以便将业务需求映射到使用物联网设备和云服务运营的应用解决方案中。图 3–14 概述了使用自上而下的方法在物联网设备中实现 EH 集成建议的设计和实施工作流程，灵感源于嵌入式系统和物联网应用开发生命周期的既定方法[11, 76, 115]。

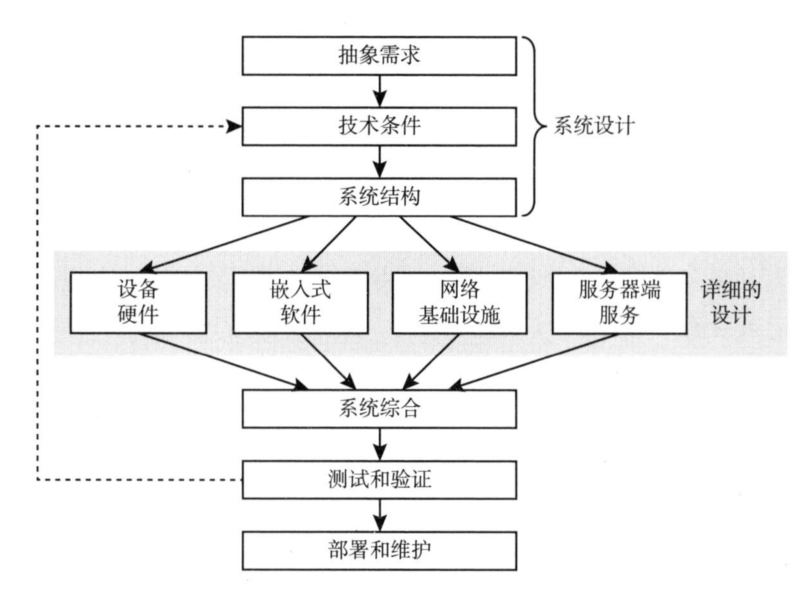

图 3-14 物联网应用开发的建议生命周期

本节的其余部分将主要重点解决与 EH 集成相关的重要问题，包括从系统、硬件和软件角度开发物联网设备。由作者提出的一种能量采集 Wi-Fi 传感器节点原型的设计过程，如图 3-15 所示，将作为解释上述工作流的例子。

图 3-15 能量采集 Wi-Fi 传感器节点原型

3.4.1 系统设计方面

如图 3-14 所示，系统设计包括：初始开发阶段的收集抽象应用要求、完善技术规范和设计系统体系结构。

任何系统的顶层设计目标都由一些抽象需求决定。在此语境中，需求可被视为功能性的或非功能性的[11]。直观看来，功能性的需求指的是相关系统的基本功能。也就是说，为了解决某一问题，系统必须做些什么。非功能性的需求指的是对系统设计和实施施加限制的其他因素，例如项目预算、部署位置、环境和法律合规性。

在对抽象要求进行分析时，有必要将其转换为更具体的技术规范，以便准确地记录系统[11]的可证实属性和行为，最关键的是其所需输入和输出、部署位置的物理限制、允许的物理尺寸和成本。换句话说，技术规范将系统的外部接口描述为环境和客户需求。对于想要在物联网设备中采用 EH 的应用，还需要通过了解周围环境以及测量太阳辐照度、风速、热梯度、背景射频信号强度等的变化模式，在此阶段调查预期部署地点以确定可选择的 EH 能量源。

根据编译的技术规范，需创建一个管理系统的设计和实施的系统体系结构，以定义较小的子系统和组件之间的交互层次结构。与技术规范相比，系统体系结构更侧重于系统的内部组织。在物联网设备层面，第 3.2.1 节中提出的体系结构可协助设计者分析各子系统之间所需的能量和数据流，以实现所需的输入和输出。通过建立系统体系结构，设计团队可以共同决定网络协议，协商开发框架或平台的选择，以及在服务之间实现信息交换的应用编程接口（API），以确保满足技术规范中的强制性要求。

在系统体系结构层面，物联网设备采用 EH 时需要格外注意两个方面：使用的应用程序逻辑和网络协议。如第 3.2.3 节中所述，操作模式对于确定物联网设备的能耗至关重要。因此，设计人员必须分析要求和规范，以尽量降低可能的能耗以及所需参数，如在时间触发的设备中工作占空比，以及激活事件触发设备的确切条件。网络通信也构成了显著的能耗影响，如第 3.2.4 节中所述。所以在决定选择协议时，低功耗网络应该是高优先级的，前提是可以满足部署站点和预算限制的物理限制。除了收发器电源考虑事项（如物理和数据链路层协议），还应选择应用层协议以进一步减少数据传输开销，进而降低能耗。例如，与传统超文本传输协议（HTTP）[3]相比，受限应用程序协议（COAP）和 MQ 遥测传输（MQTT）是降低开销的选择。此外，还应配置连接和数据传输超时，以避免设备在出现网络故障时反复重试和消耗过量电能。

如图 3–15 所示的上述例子设计的目的，包括使用自供电传感器节点在实验室中通过互联网对温度和湿度进行监控。由于在此应用中只需要每小时测量一次，所以可在时间触发的操作模式下使用低占空比对节点进行配置。尽管第 3.2.4 节中概述了其相对较高的收发器能量要求，但由于实验室已配备 Wi-Fi AP，因此计划使用此基础设施而非投资其他网络。使用实验室窗口旁边的 PV 板收集太阳能是唯一可行的 EH 选择，用来维持节点上 Wi-Fi 收发器的运行。为了进一步降低电能要求，该节点旨在采用 MQTT 以将测量的数据转换为云服务，其中数据记录和可视化应用程序是托管的。图 3-16 是原型的硬件体系结构。

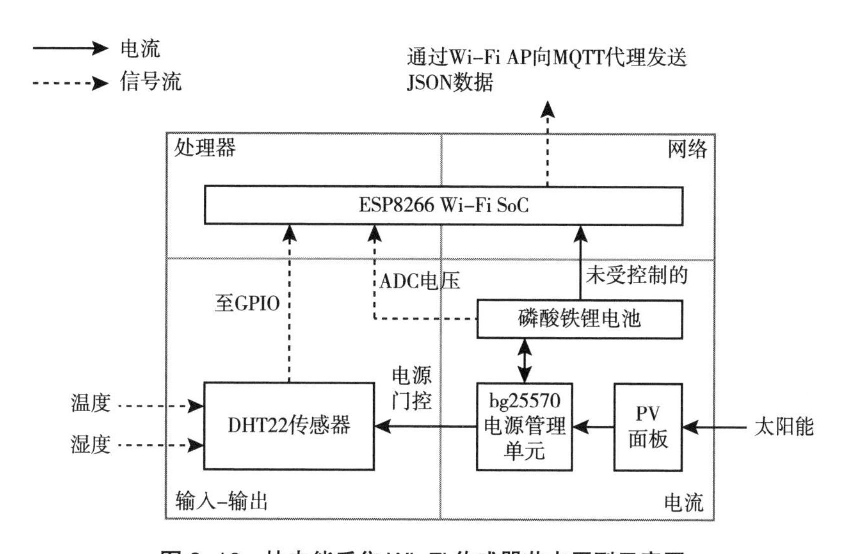

图 3-16　块电能采集 Wi-Fi 传感器节点原型示意图

建立系统体系结构有助于问题的分离，在这种情况下，可以根据每个人不同的专业知识领域对后续的详细设计任务进行分区并分配给不同的开发人员[11]。考虑到物联网应用开发周期，详细的设计任务至少可分为 4 类，即设备硬件、嵌入式软件、网络基础设施（如网关和上游 IP 网络）和服务器端服务，如图 3-14 所示。关于以上 4 个方面，第 3.4.2 和第 3.4.3 节中主要侧重于解决在设备硬件和嵌入式软件方面，在物联网设备上实施 EH 的详细问题，而详细设计类型的其余部分与物联网设备以外的领域相关，所以不属于本章的范围。在部署应用程序之前，详细设计最终将被整合入完整的解决方案，并根据规范进行测试和验证，以确保该解决方案满足这些要求，并进行必要的修改。

3.4.2 设备硬件方面

最大限度地减少能量采集物联网设备的能耗是实现能量中和操作的关键。虽然网络通信传输的选择可能受应用要求的限制，但具有睡眠模式选项的低能耗处理器和低能耗输入输出外围设备始终应是首选。在选择设备的主要组件之后，需要对每个操作周期的设备进行审核，因为实际上在一个周期内功耗是有变化的，这与第3.2.3节中介绍的两种简化状态模型相反。通常，在设备操作的不同时间内，周期内的功耗可分为4个不同的状态[66]。更为复杂的功耗建模方法在文献［43，110］中也可找到。

图3–17是4种状态下的操作周期中的功耗变化。在 t_0 时，设备唤醒，处理器和输入输出外围设备从睡眠模式唤醒到正常操作模式。消耗 P_{wake} 的这一过程通常只需要很短时间，然后在 t_1 时，网络接口也会启动，尝试与网关建立连接，并在消耗 P_{rx} 的“接收模式”下运行。同时，处理器还可以获得所需的感受器数据，并执行任何所需的计算，以便在 t_2 之前处理数据。在完成传感器操作和局部计算后，网络接口将在 t_2 时切换到消耗 P_{tx} 的更高功率的“传输模式”，完成必要的传输。传输成功后，网络接口切换回接收模式并等待服务器响应，然后设备执行所需的执行器操作。当设备完成所有计划任务时，它会通过休眠处理器、输入输出外设和网络接口再次进入睡眠模式，以实现最小功耗水平 P_{level}。事实上，这些状态可能会略有不同，而不是保持恒定的功率水平，特别是在 P_{tx} 和 P_{rx} 下，这时在网络活动期间，可能偶尔会发生短暂的高电能爆发。

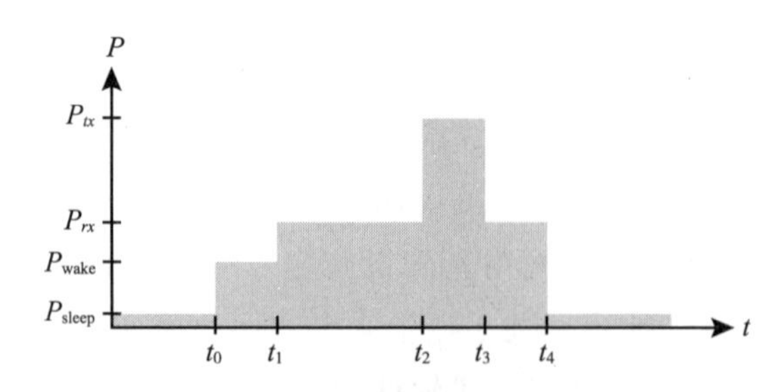

图3–17 操作周期内设备功耗情况

3.4.2.1 能耗概况

由于系统中不同组件的异质配置和条件，上面介绍了系统智能功耗水平的变化。这就需要制定功耗分析，以估计整个运营周期内的整体功耗。在实践中，可以通过测量原型设备的运行特性或通过计算机仿真来识别组件在周期中改变其模式的方式来实现这一点[66]。通过适当的功耗配置文件，物联网设备的能源需求，尤其是每个操作周期的功耗，就可以用公式 3-5 来评估。不同的有功功率状态（例如图 3-17 中的 P_{wake}、P_{rx}、P_{tx}）及各周期内相应的持续时间均应在使用公式时加以考虑。

$$E_{cycle}=E_{sleep}+E_{active}=P_{sleep}t_{sleep}+\sum P_{active}t_{active} \tag{3-5}$$

Wi-Fi 传感器节点原型包含一个 Espressif Systems ESP8266 SoC 和 DHT22 数字温度和湿度传感器组成，该系统嵌入了 32 位 MCU 和 Wi-Fi 收发器，如图 3-16 所示。如图 3-18 所示，在节点操作期间使用示波器检查带有所需程序代码的电流消耗（恒定 3.3V 电源）。表 3-8 中列出了该节点的功耗特点。需要注意的是，原型节点的操作周期模型与图 3-17 中所示的操作周期模型不同。Wi-Fi 收发器在开始时尝试连接到一个接入点，因此图 3-18 中可以看到电涌。

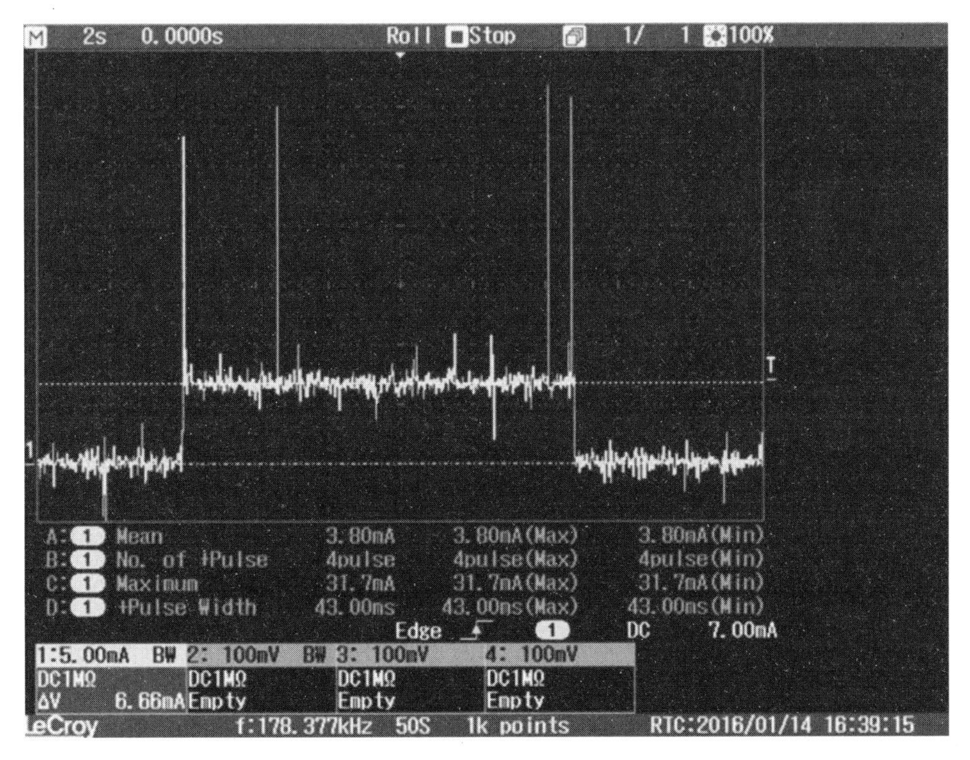

图 3-18　Wi-Fi 传感器节点原型工作周期的电流消耗

表 3-8 Wi-Fi 传感器节点原型的功耗配置文件

阶段	持续时间[a]	近似功率	能耗
睡眠	3591s	190μW	E_{sleep} = 682mJ
活跃	8320ms		E_{active} = 2.35J
唤醒	320ms	860mW	273mJ
传感器和网络操作[b]	8000ms	260mW[c]	2.08J
全周期	~3600s		E_{cycle} = 3.03J

注：a. 平均值；

b. 此情况下的 P_{rx} 和 P_{tx} 近似；

c. 传输过程中补偿高功率爆发。

3.4.2.2 能量采集传感器和储存尺寸计算

功耗配置文件确定了处于“活跃”和“睡眠”阶段设备的基本能量要求。接下来应选择 EH 传感器和存储规模（假定为采集 - 储存 - 使用体系结构），以满足指定的设备寿命、成本和规模要求，以及第 3.3.4 节中介绍的能量中和限制，而避免意外的设备停机或故障。EH 能量源功率输出，因此可以使用在文献［44，79］中研究的方法来估算可采集的能量。然后通过平衡设备能耗和可采集的能量来估算能量存储所需的最小容量。应添加足够的设计余量，以便即使在最坏的情况下，使用的 EH 能量源不可用时，设备仍能运行[50]。

例如，根据表 3-8 和公式（3-5），原型节点每天大约消耗 3.03×24=72.72J，以测量和传输每小时的环境温度和湿度。一般而言，为了实现能量中和的运行，光伏板和储能的规模必须以可以采集和储存 72.72J 的方式进行调整，加上每天平均产生的能量损失。此外，为了确保原型节点能在阴天时维持正常运行（阴天在香港的部署地点内是十分常见的），也需要更大的能量存储来充当能量库。对于此应用，0.7Wh 的 $LiFePO_4$ 电池与额定为 1W 的光伏板配对，经证实后者平均每天仅能采集约 6mW 的太阳能。假设光伏板能够以每天 4h 的速度为电池充电，则采集的能量（6mW×4h×3600s =86.4J）会边缘性达到能量中和目标。另外，在充满电的情况下，0.7Wh 的电池相当于 2520J 的存储，还可为原型节点供电约一个月（2520J–72.72J/Day =34.6Day）。本例简要介绍了根据物联网设备的功耗情况估算 EH 传感器和储能容量要求的简单方法。

3.4.2.3　电源管理单元设计注意事项

一般情况下，平均 EH 传感器输出的电流（以及许多传感器的电压）非常小，这样就无法直接用传感器电流为储能结构充电，或为物联网设备提供这一不稳定电能以实现直接消费。任何实际的 EH 系统都需要电能管理单元（PMU）来执行电能转换和能量管理。在物联网设备的实际设计中，PMU 通常作为专用集成电路（IC）封装，如在原型节点中应用的德州仪器的 bq25570[95]。电能管理单元的集成电路将 EH 传感器和能量存储接口用于管理电能流，这也是电能管理单元为处理器提供能量可用性指示的常用方法。图 3–19 是电能管理单元在转动 EH 传感器的间歇功率时起到的几个作用，来稳定负载消耗的电能。下文中将简要介绍其中的每个特征。

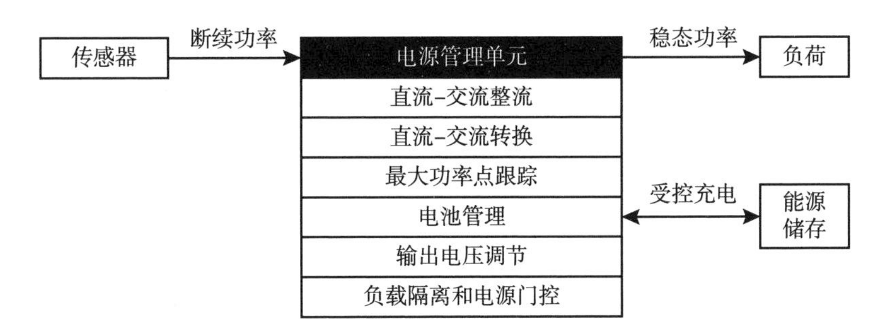

图 3–19　能量采集系统中电源管理单元的角色

EH 传感器可输出直流电（如 PV 和 TEG）或交流电（如射频和压电）电能。交流传感器电流必须首先通过二极管整流器整流为直流电。PMU 的最关键作用是使用开关模式直流到直流升压转换器将毫伏级输入电压升压至更高水平，或降压转换器以降低电压，从而使采集的电能转换成适当的直流电压水平。这通常具有最大的功率点跟踪（MPPT），一种通过将从换能器传输到最佳点[80]的升压转换器来实现功率传输最大化的技术。通过内置电池管理系统（BMS），升压转换器的稳定输出功率可用于对连接的能量存储进行充电，即充电电池、超级电容或两者的混合使用。BMS 负责管理和保护存储的充电和放电，主要通过监控存储电压水平是否超过或低于安全阈值。由于能量存储的标称电压不能与处理器、输入输出外设和网络接口的所需电压级别相同，因此在将电源分配给这些组件之前，需要使用开关模式输出电压调节器来进一步调节电压水平。此外，PMU 还可提供负载开关能力，以允许使用能量门控，这意味着当不需要操作时可从电源断开部分负载（如传感器和执行器），并通过处理器[4, 47]进行控制。由于此类负载长期产生相当大的能量影响，因此消除这些能量开销可能会降低能量存储，甚至降低对 EH 传感器的要求，从而节省成本并简化设计。

为了在物联网设备中集成 EH，选择合适的电能管理单元是一个关键步骤，因为不同的电能管理单元可能具有不同范围的可允许输入功率、升压转换器和 BMS 阈值水平参数，它们针对特定类型或型号的 EH 传感器进行了优化。应用程序设计者需要在开发过程中查找和设计一些关键的参考参数。

（1）输入电压范围：保持 PMU 运行的允许电压范围。特别是 DC-DC 升压转换器。这必须是与所选 EH 传感器的输出电压相匹配。如果输入电压下降到最低输入电压以下，PMU 将被关闭。

（2）冷启动电压：这是指将 PMU 从断电状态启动的最低电压。冷启动电压通常明显高于最低输入电压。如果临时失去 EH 源的话，设计师需要确保设备能够在这种模式下重新启动。

（3）最大输入功率：所选的 EH 传感器产生的最大功率不应超过这个限制。

（4）MPPT：如果 PMU 的 MPPT 设置是固定的，有必要确保它接近所选 EH 换能器的最佳点。否则，设计者需要计算并重新编制相应的 MPPT 设置，以便最大限度地从换能器中提取能量。

（5）静态电流：PMU 本身消耗的电流。在计算上述功耗曲线时必须考虑到这一点。

（6）储能电压：如果高于或低于配置的阈值电压，PMU 会断开储能的连接，以达到安全的目的。这些设置应与使用中的储能设备相匹配，以确保储能设备在运行期间得到适当的保护。

（7）稳压输出：如果 PMU 不能为处理器、I/O 外围设备和网络接口的消耗提供足够的稳压输出电压和电流，则可能需要一个额外的稳压器，以便负载直接从储能器中获取电力。必须对储能器的放电进行监测，以避免安全问题，如欠电压和过电流。

3.4.3 嵌入软件方面

仅靠低功率硬件是很难实现自身持续发展的。在设备上运行的嵌入式软件也在促进自身能量中和操作方面发挥着至关重要的作用。与 EH 集成相关的基于软件的电能管理策略一般涉及两个领域：能量预测和负载调整[84]。

通过预测未来 EH 摄入水平的能量预测是在 EH 供电系统中制定电能管理策略的重要部分。显然，这仅适用于可预测的 EH 能量源，主要是具有准周期模式（如太阳能和风能）的 2 类能量源。通过识别当前和未来的设备能量存储和 EH 能量源的能量可用性，设备可以执行负载调整以改变其操作，来确保其整个生命周期中的能量中和。表 3–9 简要说明了文献中介绍的几种能量预测算法。

表 3–9　能量采集系统的能量预测算法示例

预测因子	简要描述
指数加权移动平均值（EWMA）[50]	将一个采集周期分成多个时间段，并通过应用 EWMA 滤波器补偿异常波动以平滑估计值。不需要存储历史数据来减少内存使用
天气条件移动平均值（WCMA）[12]	通过采用过去几天的结果来改进 EWMA 滤波，以补偿受天气影响的波动
天气预报机器学习[88, 89]	基于天气预报，应用机器学习来分析和预测未来的能源可用性。这对于在受约束的设备上实现是不实际的
太阳投影[60]	提供短期日照预测值的分布。这对于在受约束的设备上实现是不实际的
Pro–energy[18]	利用过去的观察来预测短期（几分钟到 30 分钟）和中期（几小时）可用性

负载适配技术通过改变设备的工作占空比（主要指在时间触发的设备中）达到寿命延长和性能最大化。例如，当检测到的能量水平降低时，设备将降低其占空比以节约能量，并在有足够能量的情况下重新升高。另外，当可用能量过剩时，设备还可以调整占空比以提高其性能（如将数据测量间隔从 1h 降至 30min）[50]。这些技术一般可通过两种方法进行分类，即仅节能和采集感知[84]。仅节能的负载调整只考虑存储中的能量水平，而采集感知方法还会考虑到预测的 EH 可用性，以制定更最优的适配决策。图 3–20 所示是一些可在文献中找到的负载适配技术示例。

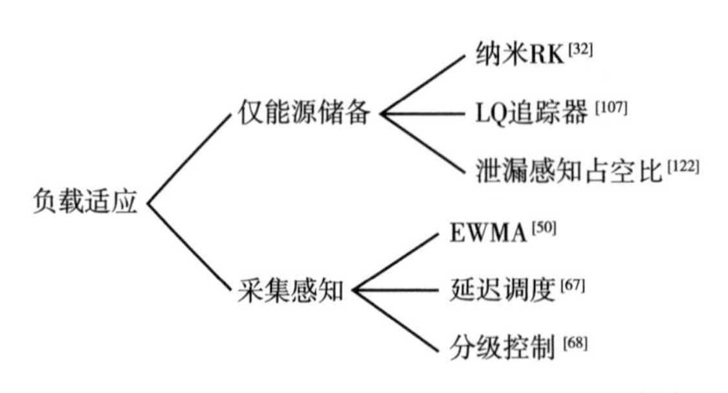

图 3-20 能源采集系统负载适配技术示例[84]

3.4.4 设计注意事项总结

提出的设计工作流程的中心理念是，在开发生命周期的早期阶段，需要考虑在物联网设备中采用 EH。从系统角度看，涉及 EH 集成的关键步骤包括确定部署现场可能的 EH 能量源，并通过采用低功耗通信技术和适当的设备操作模式来最大限度地降低设备能耗。至于设备硬件方面，使用低功耗硬件组件和分析设备的功耗是最重要的部分。分析功耗有助于适当调整 EH 传感器和能量储存，以满足自我持续发展目标和应用程序要求。从嵌入式软件来看，EH 系统也可能需要电能管理策略，包括在第 3.4.3 节中介绍的能量预测和负载适配技术，来进一步优化其能耗。根据第 3.2.1 节中提出的设备体系结构的 4 个子系统，下面汇总了一些主要的设计注意事项。

处理器　使用低功率 MCU 的超低功率睡眠模式。

最小化每个操作周期的活跃模式持续时间，以实现最低可能的占空比。

避免在设备上执行要求苛刻的计算，改为在云中执行这些计算。

采用基于软件的电能管理策略，如能量预测和负载适配技术，以最大限度地提高设备能效。

输入输出　使用低功耗传感器和执行器。

在不使用输入输出设备时，应用电源门控技术将其断开。

网络　尽可能地采用低功率的 M2M 通信技术和高能效的网络协议。

配置连接和数据传输超时设置以预防网络故障期间的意料之外的电能流失。

	使用低功率网络收发器并适当调整其功率级别以进一步减少能耗。
电能	准确描述设备的功耗。
	适当调整 EH 传感器和能量储存，以满足设备能量要求和应用限制，例如物理尺寸和成本。
	在 EH 传感器和能量储存的选择上留出合理的设计余量。
	同时兼顾能量存储周期和性能下降，并确保存储可以在整个设计的生命周期内安全地维持设备的运行。
	选择适当的 PMU 对其进行适当配置，以匹配所用 EH 传感器的特性。
	确保设备可以从 EH 能量源临时丢失的情形中恢复。

3.5　结论与未来发展

万物互联（IoE）已成为一项不可避免的技术趋势，但实际上，为即将到来的数十亿的联网设备提供有效的电力仍然是一项重大挑战。从万物互联的最终愿景开始，本章首先定义物联网（IoT）的特征，这是万物互联的重要支柱。通过对 M2M 通信技术和电能选项进行全面的调查，研究了通过分布式设备实现物联网的能源相关挑战。此外，本章提供综合的方法来分析物联网设备的能耗，进而说明这些设备采用能量采集（EH）的可能性，这被认为是应对能源相关挑战的突出解决方案。

从概念和原则到设计注意事项，本书试图通过建立概念性体系结构并提供设计 EH 供电、自我维护和自主物联网设备的指导原则，弥补最新研究和实际工程需要之间的差距。考虑到扩大设备覆盖范围以实现预期的万物互联未来，预计在物联网领域，整合 EH 技术将成为一个重要的研究主题。除了使研究人员和从业者能够将介绍的技术应用于使家庭和城市更智能的物联网应用中，还希望本书能够从两方面为未来的研究和开发奠定基础：能量采集中间件和地球以外的应用。

3.5.1　能量采集中间件

在物联网设备中集成 EH 的当前方法需要系统各个方面的额外工作，尤其是根据第 3.4 节中讨论的硬件和软件方面。这必然会导致设计和实施基于 EH

的设备产生额外的成本和复杂性。如果中间件层内置在设备和云服务器的常用物联网开发框架和平台中，开发商就会更愿意采用EH。在设备环境中，中间件是指硬件与应用程序逻辑之间的抽象层[13]，通常是在微控制器上运行的操作系统，如Contiki[23]和RIOT[85]。通过将上述电能管理策略集成到操作系统环境中，开发EH供电的物联网设备可以更方便更快捷。另外，服务器端的EH中间件也是一个可能的新发展方向。通常EH电能管理算法仅在嵌入式设备上计算，这些设备在受约束的设备上呈现更复杂的能量级别和EH可用性预测。借助新的物联网模式，可以采用一种新方法将要求苛刻的计算转到云端。然后，在云端设计的各个物联网设备的能量策略可通过空中更新而得以在设备上实施。虽然一些研究人员已经尽力为设备[24]和服务器[89]提出类似的想法，但需要进一步的标准化和集成工作来系统性地集成此概念，并确保实现跨异构物联网设备和平台工作。

3.5.2 地球以外的应用

尽管本章中介绍的EH供电物联网设备专用于多种地面上的应用，但它们与轨道卫星、星际探测器和陆轨卫星的许多设计限制和功能相似：这两者都必须自身供电以在较长时间内自主运行，且部署后的电池更换和硬件维修是不可能的，尽管太空飞船需要存在于更强的辐射和热环境中[34]。为准备即将到来的前往火星和太阳系中其他星体的太空之旅，人们认为低成本自主传感器将在侦察任务中起着至关重要的作用，以在载人任务之前测量地表环境[102]。自身供电的自主系统对于微卫星（也称为CubeSats）也是不可或缺的[40]，可到达更远的外层空间。人们希望由EH供电的小型物联网设备的飞速增多有助于改善地球上的生活，同时促进人类的发展，帮助人类探索和定居于宇宙中的其他星体。

参考文献

1. Abdelwahab, S., B. Hamdaoui, M. Guizani, et al. 2014. Enabling smart cloud services through remote sensing: An internet of everything enabler. *IEEE Internet of Things Journal* 1(3): 276– 288.

2. Akyildiz, I.F., W. Su, Y. Sankarasubramaniam, et al. 2002. Wireless sensor networks: A survey. *Computer Networks* 38(4): 393–422.

3. Al-Fuqaha, A., M. Guizani, M. Mohammadi, et al. 2015. Internet of Things: A survey

on enabling technologies, protocols, and applications. *IEEE Communications Surveys & Tutorials* 17(4): 2347–2376.

4. Arms, S.W., et al. 2005. Power management for energy harvesting wireless sensors. In *Proceedings of SPIE*, ed. V.K. Varadan, San Diego.

5. Ashton, K. 2009. That "Internet of Things" thing. http://www.rfidjournal.com/articles/view? 4986. Accessed 9 Nov 2016.

6. Atmel Corporation. 2015. ATA8520D [datasheet]. http://www.atmel.com/Images/Atmel- 9390-Smart-RF-ATA8520D_Datasheet.pdf. Accessed 30 Nov 2016.

7. Atmel Corporation. 2016. SAMB11 ultra low power BLE 4.1 SoC [datasheet]. http://www. atmel.com/Images/Atmel-42426-SmartConnect-SAMB11-SOC_Datasheet.pdf. Accessed 30 Nov 2016.

8. Atmel Corporation. 2016. SMART SAM R21 [datasheet]. http://www.atmel.com/Images/ Atmel-42223. Accessed 30 Nov 2016.

9. Atzori, L., A. Iera, and G. Morabito. 2010. The Internet of Things: A survey. *Computer Networks* 54: 2787–2805.

10. Beeby, S., and N. White. 2010. *Energy harvesting for autonomous systems*. Norwood: Artech House.

11. Berger, A.S. 2002. *Embedded systems design: An introduction to processes, tools, and techniques*. Berkeley: CMP Books.

12. Bergonzini, C., D. Brunelli, and L. Benini. 2010. Comparison of energy intake prediction algorithms for systems powered by photovoltaic harvesters. *Microelectronics Journal* 41(11): 766–777.

13. Bischoff, U., and G. Kortuem. 2007. Life cycle support for sensor network applications. In *Proceedings of the 2nd International Workshop on Middleware for Sensor Networks (Mid- Sens '07), November 2007*, 1–6. New York: ACM.

14. Bormann, C., M. Ersue., and A. Keranen. 2014. RFC 7228 - terminology for constrained-node networks. Internet Engineering Task Force. https://tools.ietf.org/html/rfc7228. Accessed 14 Nov 2016.

15. Brad, S. 2016. Greener datacenters for a brighter future: Microsoft's commitment to renewable energy. https://blogs.microsoft.com/on-the-issues/2016/05/19/greener- datacenters-brighter-future-microsofts-commitment-renewable-energy/. Accessed 19 Nov 2016.

16. Brill, J. 2015. How does the Amazon Dash Button work? http://www.forbes.com/sites/ quora/2015/04/01/how-does-the-amazon-dash-button-work/#1d5b4f820280. Accessed 20 Nov 2016.

17. Buyya, R., A. Beloglazov, and J. Abawajy. 2010. Energy-efficient management of data cen- ter resources for cloud computing: A vision, architectural elements, and open challenges. arXiv:1006.0308. Accessed 20 Nov 2016.

18. Cammarano, A., et al. 2012. Pro-Energy: A novel energy prediction model for solar and wind energy-harvesting wireless sensor networks. In *2012 IEEE 9th International*

Conference on Mobile Ad Hoc and Sensor Systems (MASS 2012), October 2012, 75–83. Las Vegas: IEEE.

19. Carvalho, C., and N. Paulino. 2014. On the feasibility of indoor light energy harvesting for wireless sensor networks. *Procedia Technology* 17: 343–350.

20. Centenaro, M., L. Vangelista, A. Zanella, et al. 2015. Long-range communications in unlicensed bands: The rising stars in the IoT and smart city scenarios. *IEEE Wireless Communications* 23(5): 60–67.

21. Chen, Y.-K. 2012. Challenges and opportunities of Internet of Things. In *17th Asia and South Pacific Design Automation Conference, January 2012*, 383–388. Sydney: IEEE.

22. Cheng, M.-Y. et al. 2013. Event-driven energy-harvesting wireless sensor network for structural health monitoring. In *38th Annual IEEE Conference on Local Computer Networks, October 2013*, 364–372. Sydney: IEEE.

23. Contiki. 2016. Contiki: The open source operating system for the Internet of Things. http:// www.contiki-os.org. Accessed 19 Nov 2016.

24. DallOra, R., et al. 2014. SensEH: From simulation to deployment of energy harvesting wireless sensor networks. In *39th Annual IEEE Conference on Local Computer Networks Workshops, September 2014*, 566–573. Edmonton: IEEE.

25. Dargie, W., and C. Poellabauer. 2010. *Fundamentals of wireless sensor networks*. Chichester: Wiley.

26. Datta, S.K., et al. 2014. An IoT gateway centric architecture to provide novel M2M services. In *2014 IEEE World Forum on Internet of Things, March 2014*, 514–519. Seoul: IEEE.

27. De Sanctis, M., E. Cianca, G. Araniti, et al. 2016. Satellite communications supporting Internet of Remote Things. *IEEE Internet of Things Journal* 3(1): 113–123.

28. Dilhac, J.-M., and M. Bafleur. 2014. Energy harvesting in aeronautics for battery-free wireless sensor networks. *IEEE Aerospace and Electronic Systems Magazine* 29(8): 18–22.

29. European Technology Platform on Smart Systems Integration. 2008. Internet of Things in 2020: A roadmap for the future. http://www.smart-systems-integration.org/public/documents/publications/Internet-of-Things_in_2020_EC-EPoSS_Workshop_Report_ 2008_v3.pdf. Accessed 3 Oct 2016.

30. Ericsson. 2016. Cellular networks for massive IoT. https://www.ericsson.com/res/docs/ whitepapers/wp_iot.pdf. Accessed 3 Dec 2016.

31. Espressif Systems. 2016. ESP32 datasheet. https://espressif.com/sites/default/files/documentation/esp32_datasheet_en.pdf. Accessed 30 Nov 2016.

32. Eswaran, A., et al. 2005. Nano-RK: An energy-aware resource-centric RTOS for sensor net-works. In *26th IEEE International Real-Time Systems Symposium (RTSS'05), December 2005*, 256–265. Miami: IEEE.

33. Evans, D. 2012. The Internet of Everything - how more relevant and valuable connections will change the world. https://newsroom.cisco.com/video-content?type=webcontent&articleId= 1111241. Accessed 9 Nov 2016.

34. Fortescue, P.W., J.P.W. Stark, and G. Swinerd (eds.). 2011. *Spacecraft Systems Engineering*, 4th ed. Chichester: Wiley.

35. Frank, R. 2013. *Understanding smart sensors*, 3rd ed. Norwood: Artech House.

36. Gomez, C., J. Oller, and J. Paradells. 2012. Overview and evaluation of Bluetooth Low Energy: An emerging low-power wireless technology. *Sensors* 12: 11734–11753.

37. Gozalvez, J. 2016. New 3GPP standard for IoT [mobile radio]. *IEEE Vehicular Technology Magazine* 11(1): 14–20.

38. Greenberg, A., J. Hamilton, D.A. Maltz, et al. 2008. The cost of a cloud. *ACM SIGCOMM Computer Communication Reviews* 39(1): 68–73.

39. Gubbi, J., R. Buyya, S. Marusic, et al. 2013. Internet of Things (IoT): A vision, architectural elements, and future directions. *Future Generation Computer Systems* 29(7): 1645–1660.

40. Heidt, H., J. Puig-Suari, A. Moore, et al. 2000. CubeSat: A new generation of picosatellite for education and industry low-cost space experimentation. http:// digitalcommons.usu.edu/ smallsat/2000/All2000/32/. Accessed 19 Nov 2016.

41. Hersent, O., D. Boswarthick, and O. Elloumi. 2011. *The Internet of Things: Key applications and protocols*. Chichester: Wiley.

42. Hu, Y., and V.O.K. Li. 2001. Satellite-based Internet: A tutorial. *IEEE Communications Mag- azine* 39: 154–162.

43. Karl, H., and A. Willig. 2007. *Protocols and architectures for wireless sensor networks*. Hoboken: Wiley.

44. Khatib, T., A. Mohamed, and K. Sopian. 2012. A review of solar energy modeling techniques. *Renewable and Sustainable Energy Reviews* 16(5): 2864–2869.

45. Hua, A.C.-C., and B.Z.-W. Syue. 2010. Charge and discharge characteristics of lead-acid battery and LiFePO4 battery. In *The 2010 International Power Electronics Conference - ECCE ASIA -, June 2010*, 1478–1483. Sapporo: IEEE.

46. Iridium Communications Inc. 2016. Iridium 9603 transceiver. https://www.iridium.com/ Products/Details/Iridium-9603?section=tech. Accessed 20 Nov 2016.

47. Jayakumar, H., et al. 2014. Powering the Internet of Things. In *ISLPED'14. Proceedings of the 2014 International Symposium on Low Power Electronics and Design*, 375–380. New York: ACM.

48. Jessen, J., et al. 2011. Design considerations for a universal smart energy module for energy harvesting in wireless sensor networks. In *2011 Proceedings of the 9th Workshop for Intelligent Solutions in Embedded Systems, July 2011*, 35–40. Regensburg: IEEE.

49. Jing, Q., A.V. Vasilakos, J. Wan, et al. 2014. Security of the Internet of Things: Perspectives and challenges. *Wireless Networks* 20(8): 2481–2501.

50. Kansal, A., J. Hsu, S. Zahedi, et al. 2007. Power management in energy harvesting sensor networks. *ACM Transactions on Embedded Computing Systems* 6: 32.

51. Kopetz, H. 1991. Event-triggered versus time-triggered real-time systems. In

Operating systems of the 90s and beyond, Dagstuhl Castle, July 1991. Lecture notes in computer science, eds. Karshmer A, and Nehmer J, vol 563, 86–101. Berlin: Springer.

52. Kurs, A., A. Karalis, R. Moffatt, et al. 2007. Wireless power transfer via strongly coupled magnetic resonances. *Science* 317(5834): 83–86.

53. Lee, J.-S., et al. 2007. A comparative study of wireless protocols: Bluetooth, UWB, ZigBee, and Wi-Fi. In *IECON 2007–33rd Annual Conference of the IEEE Industrial Electronics Society, November 2007*, 46–51. Taipei: IEEE.

54. Lei, C.-U., K.L. Man, H.-N. Liang, et al. 2013. Building an intelligent laboratory environment via a cyber-physical system. *International Journal of Distributed Sensor Networks* 2013: 1–9.

55. Leonov, V. 2013. Thermoelectric energy harvesting of human body heat for wearable sensors. *IEEE Sensors Journal* 13(6): 2284–2291.

56. Lewandowski, S.M. 1998. Frameworks for component-based client/server computing. *ACM Computing Surveys* 30(1): 3–27.

57. Liang, N.-C., et al. 2006. Impact of node heterogeneity in ZigBee mesh network routing. In *2006 IEEE International Conference on Systems, Man and Cybernetics, October 2006*, 187–191. Taipei: IEEE.

58. Lien, S.-Y. 2014. Machine-to-machine communications: Technologies and challenges. *Ad Hoc Networks* 18: 3–23.

59. Loechte, A., F. Hoffmann, C. Krimphove, et al. 2014. Is $LiFePO_4$ technology ready for Internet of Things? *Advances in Internet of Things* 4(1): 1–4.

60. Lu, J., and K. Whitehouse. 2012. SunCast: Fine-grained prediction of natural sunlight lev- els for improved daylight harvesting. In *2012 ACM/IEEE 11th International Conference on Information Processing in Sensor Networks, April 2012*, 245–256. Beijing: IEEE.

61. Majumder, A., and J. Caffery. 2004. Power line communications: An overview. *IEEE Poten-tials* 23(4): 4–13.

62. McMahon, MM., and R. Rathburn. 2005. Measuring latency in Iridium satellite constellation data services. http://dodccrp.org/events/10th_ICCRTS/CD/papers/233.pdf. Accessed 4 Dec 2016.

63. Min, D., et al. 2012. Design and implementation of the multi-channel RS485 IoT gateway. In *2012 International Conference on Cyber Technology in Automation, Control, and Intelligent Systems, April 2012*, 366–370. Bangkok: IEEE.

64. Mineraud, J., O. Mazhelis, X. Su, et al. 2016. A gap analysis of Internet-of-Things platforms. *Computer Communications* 89: 5–16.

65. Minoli, D. 2013. *Building the internet of things with IPv6 and MIPv6: The evolving world of M2M communications*. Hoboken: Wiley.

66. Moschitta A., and I. Neri. 2014. Power consumption assessment in wireless sensor networks. http://www.intechopen.com/books/ict-energy-concepts-towards-zero-power-information-and-communication-technology/power-consumption-assessment-in-wireless-

sensor-networks. Accessed 19 Nov 2016.

67. Moser, C., et al. 2007. Adaptive power management in energy harvesting systems. In *2007 Design, Automation and Test in Europe Conference and Exhibition, April 2007*, 1682. Nice: IEEE.

68. Moser, C., et al. 2008. Robust and low complexity rate control for solar powered sensors. In *2008 Design, Automation and Test in Europe, March 2008*, 230–235. Munich: IEEE.

69. Mosher, D. 2016. SpaceX just asked the FCC to launch 4,425 satellites. Business Insider. http:// www.businessinsider.com/spacex-internet-satellite-constellation-2016-11. Accessed 4 Dec 2016.

70. Musiani, D., et al. 2007. Active sensing platform for wireless structural health monitoring. In *IPSN'07. Proceedings of the 6th International Conference on Information Processing in Sensor Networks, April 2007*, 390. New York: ACM.

71. Nokia. 2016. LTE evolution for IoT connectivity white paper. http://info.networks.nokia.com/ LTE-M-Optimizing-LTE-for-the-Internet-of-Things-LP.html. Accessed 4 Dec 2016.

72. Nordic Semiconductor. 2014. nRF51822 product specification v3.3. http://infocenter.nordicsemi.com/pdf/nRF51822_PS_v3.3.pdf. Accessed 30 Nov 2016.

73. Nordman, B., and K. Christensen. 2013. Local power distribution with nanogrids. In *2013 International Green Computing Conference Proceedings, June 2013*, 1–8. Arlington: IEEE.

74. Park, C., and P. Chou. 2006. AmbiMax: Autonomous energy harvesting platform for multi- supply wireless sensor nodes. In *2006 3rd Annual IEEE Communications Society on Sensor and Ad Hoc Communications and Networks, September 2006*, 168–177. Reston: IEEE.

75. Parks, A.N., et al. 2013. A wireless sensing platform utilizing ambient RF energy. In *2013 IEEE Topical Conference on Biomedical Wireless Technologies, Networks, and Sensing Systems, January 2013*, 154–156. Austin: IEEE.

76. Patel, P., and D. Cassou. 2015. Enabling high-level application development for the Internet of Things. *Journal of Systems and Software* 103: 62–84.

77. Penella-Lpez, M.T., and M. Gasulla-Forner. 2011. *Powering autonomous sensors*. Dordrecht: Springer.

78. Porter, M.E., and J.E., Heppelmann. 2014. How smart, connected products are transform- ing competition. *Harvard Business Review*. https://hbr.org/2014/11/how-smart-connected- products-are-transforming-competition. Accessed 9 Nov 2016.

79. Priya, S., and D.J. Inman (eds.). 2009. *Energy harvesting technologies*. Boston: Springer.

80. Raghunathan, V., and P.H, Chou. 2006. Design and power management of energy harvesting embedded systems. In *ISLPED'06. Proceedings of the 2006 International*

Symposium on Low Power Electronics and Design, Tegernsee, October 2006, 369. New York: ACM.

81. Raghunathan, V., et al. 2005. Design considerations for solar energy harvesting wireless embedded systems. In *IPSN'05. 4th International Symposium on Information Processing in Sensor Networks, April 2005*, 457–462. Los Angeles: IEEE.

82. Raza, U., P. Kulkarni, and M. Sooriyabandara. 2016 Low power wide area networks: A survey. arXiv:1606.07360. Accessed 19 Nov 2016.

83. Reddy, T. (ed.). 2010. *Lindens handbook of batteries*, 4th ed. New York: McGraw-Hill.

84. Renner, C., S. Unterschtz, V. Turau, et al. 2014. Perpetual data collection with energy-harvesting sensor networks. *ACM Transactions on Sensor Networks* 11(1): 1–45.

85. RIOT. 2016. RIOT–the friendly operating system for the Internet of Things. https://riot-os. org. Accessed 19 Nov 2016.

86. Roscoe, N.M., and M.D. Judd. 2013. Harvesting energy from magnetic fields to power condition monitoring sensors. *IEEE Sensors Journal* 13(6): 2263–2270.

87. Semtech Corporation. 2015. SX1272 datasheet. http://www.semtech.com/images/datasheet/ sx1272.pdf. Accessed 30 Nov 2016.

88. Sharma, N., et al. 2010. Cloudy computing: Leveraging weather forecasts in energy harvesting sensor systems. In *2010 7th Annual IEEE Communications Society Conference on Sensor, Mesh and Ad Hoc Communications and Networks, June 2010*, 1–9. Boston: IEEE.

89. Sharma, N., et al. 2011. Predicting solar generation from weather forecasts using machine learning. In *2011 IEEE International Conference on Smart Grid Communications, October 2011*, 528–533. Brussels: IEEE.

90. Shnayder, V., et al. 2004. Simulating the power consumption of large-scale sensor network applications. In *SenSys'04. Proceedings of the 2nd International Conference on Embedded Networked Sensor Systems, November 2004*, 188. New York: ACM.

91. Silicon Laboratories. 2013. EM351/EM357 high-performance, integrated ZigBee/802.15.4 system-on-chip. http://www.silabs.com/Support%20Documents/TechnicalDocs/EM35x. pdf. Accessed 30 Nov 2016.

92. Stankovic, J.A. 2014. Research directions for the Internet of Things. *IEEE Internet of Things Journal* 1(1): 3–9.

93. Sudevalayam, S., and P. Kulkarni. 2011. Energy harvesting sensor nodes: Survey and impli-cations. *IEEE Communications Surveys & Tutorials* 13(3): 443–461.

94. Takacs, A., et al. 2012. Energy harvesting for powering wireless sensor networks on-board geostationary broadcasting satellites. In *2012 IEEE International Conference on Green Computing and Communications, November 2012*, 637-640. Besancon: IEEE.

95. Texas Instruments. 2015. bq25570 nano power boost charger and buck converter for energy harvester powered applications (rev. E). http://www.ti.com/lit/ds/symlink/bq25570. pdf. Accessed 5 Dec 2016.

96. Texas Instruments. 2015. CC3200 SimpleLink Wi-Fi and Internet-of-Things solution, a single- chip wireless MCU (rev. F). http://www.ti.com/lit/ds/symlink/cc3200.pdf. Accessed 30 Nov 2016.

97. Texas Instruments. 2016. CC2630 SimpleLink 6LoWPAN, ZigBee wireless MCU (rev. B). http://www.ti.com/lit/ds/symlink/cc2630.pdf. Accessed 30 Nov 2016.

98. Texas Instruments. 2016. CC2640 SimpleLink Bluetooth wireless MCU (rev.B). http://www. ti.com/lit/ds/symlink/cc2640.pdf. Accessed 30 Nov 2016.

99. Torah, R., P. Glynne-Jones, M. Tudor, et al. 2008. Self-powered autonomous wireless sen- sor node using vibration energy harvesting. *Measurement Science and Technology* 19(12): 125202.

100. Torres, E.O., and G.A. Rincon-Mora. 2009. Electrostatic energy-harvesting and battery- charging CMOS system prototype. *IEEE Transactions on Circuits and Systems I: Regular Papers* 56(9): 1938–1948.

101. Tozlu, S., M. Senel, W. Mao, et al. 2012. Wi-Fi enabled sensors for Internet of Things: A practical approach. *IEEE Communications Magazine* 50(6): 134–143.

102. Ulmer, C., S. Yalamanchili and L. Alkalai. 2003. Wireless distributed sensor networks for in-situ exploration of Mars. http://citeseerx.ist.psu.edu/viewdoc/download?doi=10.1.1.116. 324&rep=rep1&type=pdf. Accessed 7 Dec 2016.

103. Ungurean, I., et al. 2014. An IoT architecture for things from industrial environment. In *2014 10th International Conference on Communications, May 2014*, 1–4. Bucharest: IEEE.

104. u-blox. 2016. SARA-U2 series - data sheet. https://www.u-blox.com/sites/default/files/ SARA-U2_DataSheet_(UBX-13005287).pdf. Accessed 30 Nov 2016.

105. u-blox. 2016. TOBY-L1 series - data sheet. https://www.u-blox.com/sites/default/files/ products/documents/TOBY-L1_DataSheet_(UBX-13000868).pdf. Accessed 30 Nov 2016.

106. Van Son, V. 2013. Bringing new wind to Iowa. http://newsroom.fb.com/news/2013/11/ bringing-new-wind-to-iowa/. Accessed 20 Nov 2016.

107. Vigorito, C.M., et al. 2007. Adaptive control of duty cycling in energy-harvesting wireless sensor networks. In *2007 4th Annual IEEE Communications Society Conference on Sensor, Mesh and Ad Hoc Communications and Networks, June 2007*, 21–30. San Diego: IEEE.

108. Volakis, J.L., U. Olgun, and C.-C. Chen. 2012. Design of an efficient ambient WiFi energy harvesting system. *IET Microwaves, Antennas and Propagation* 6(11): 1200–1206.

109. Vullers, R., R. Schaijk, H. Visser, et al. 2010. Energy harvesting for autonomous wireless sensor networks. *IEEE Solid-State Circuits Magazine* 2(2): 29–38.

110. Wang, Q., et al. 2006. A realistic power consumption model for wireless sensor network devices. In *2006 3rd Annual IEEE Communications Society on Sensor and Ad Hoc Communications and Networks, September 2006*, 286–295. Reston: IEEE.

111. Wang, W., V. Cionca, N. Wang, et al. 2013. Thermoelectric energy harvesting for

building energy management wireless sensor networks. *International Journal of Distributed Sensor Networks* 2013: 1–14.

112. Wang, Y., P. He, H. Zhou, et al. 2011. Olivine $LiFePO_4$: Development and future. *Energy and Environmental Science* 4(3): 805–817.

113. Wang, Y.-P., X., Lin, A. Adhikary, et al. 2016. A primer on 3GPP Narrowband Internet of Things (NB-IoT). arXiv:1606.04171. Accessed 20 Nov 2016.

114. Welbourne, E., L. Battle, G. Cole, et al. 2009. Building the Internet of Things using RFID: The RFID ecosystem experience. *IEEE Internet Computing* 13(3): 48–55.

115. Wolf, M. 2016. *Computers as components: Principles of embedded computing system design*, 4th ed. Burlington: Morgan Kaufmann.

116. Xie, L., S. Yi, Y.T. Hou, et al. 2013. Wireless power transfer and applications to sensor networks. *IEEE Wireless Communications* 20(4): 140–145.

117. Xu, B., L. Xu, H. Cai, et al. 2014. Ubiquitous data accessing method in IoT-based information system for emergency medical services. *IEEE Transactions on Industrial Informatics* 10(2): 1578–1586.

118. Xu, L.D., W. He, and S. Li. 2014. Internet of Things in industries: A survey. *IEEE Transactions on Industrial Informatics* 10(4): 2233–2243.

119. Yamada, A., S.C. Chung, and K. Hinokuma. 2001. Optimized $LiFePO_4$ for lithium battery cathodes. *Journal of Electrochemistry Society* 148(3): A224.

120. Yu, H., and Q. Yue. 2012. Indoor light energy harvesting system for energy-aware wireless sensor node. *Energy Procedia* 16: 1027–1032.

121. Yuan, S., Y. Huang, J. Zhou, et al. 2015. Magnetic field energy harvesting under overhead power lines. *IEEE Transactions on Power Electronics* 30(11): 6191–6202.

122. Zhu, T., et al. 2009. Leakage-aware energy synchronization for wireless sensor networks. In *MobiSys'09. Proceedings of the 7th International Conference on Mobile Systems, Applications, and Services, June 2009*, 319. New York: ACM.

第 4 章 详解物联网体系结构：概念、相似性和差异性

雅斯敏·古特，乌韦·布赖滕布歇尔，迈克尔·法尔肯塔尔，保罗·弗里曼特尔，奥利弗·考普，弗兰克·莱曼，卢卡斯·莱因富特

摘要： 物联网正获得越来越多的关注。物联网的总体目标是使物理世界与数字世界互联。因此，物理世界由传感器测量并转换为可处理的数据，数据必须转换成由执行器执行的命令。由于人们对物联网越来越感兴趣，为支持物联网而设计的平台已大幅增加。由于不同的方法、标准和使用情形，物联网平台具有多样性和异质性，这就导致在理解、选择和使用适当的平台时遇到困难。本章通过对几个最先进的物联网平台进行详细分析来解决这些问题，以便更好地理解：①底层概念；②相似之处；③它们之间的差异。本章还将说明不同平台的各个组件可以映射到抽象的参考体系结构，并分析此映射的有效性。

4.1 简介

物联网的愿景描述了未来许多日常物体通过全球网络互联的未来。它们收集和共享自身及周围环境的数据，以实现广泛的监控、分析、优化和控制[27]。以前，这还只是一个愿景，在最近几年才缓慢地发展成为现实。现在电子产品不断降低的价格、尺寸和能量要求允许极小的设备以非干扰的方式安装在周围环境中。许多设备使用低能耗的通信技术将这些测量结果发送到其他更强大的组件中，例如蓝牙网关、移动电话或 Wi-Fi 热点。越来越多的设备集成了远程无线技术，如 LORA 或现有的 2G 和 3G 网络。本地边缘处理器、集线器或网络服务依次分析和处理物联网传感器数据，以创造新的知识，这些知

识可用于通过执行器对环境作出反应。简而言之，物联网可以看作一个巨大的网络－物理控制环路。在此情况下，术语“M2M 通信”（M2M[9]）通常用于描述此类设置。

多年来公司和研究机构一直在针对不同的使用案例创建不同的物联网系统。智能家居就是此类物联网系统的一例[30]。其他方面也正存在着类似的发展，如互联汽车[20]、智慧城市[31]、需求侧管理[22]、智慧电网[11]以及智慧工厂系统[24]。

虽然本地处理这些系统产生的数据是可行的，但是在需要低延迟的情况下，基于云的平台可用于处理和分析更大的数据集[7]。因此，在过去几年中已经创建了超过 100[29] 个此类平台。例如，AWS 物联网、FIWARE、OpenMTC 和 SmartThings。

这些平台有各种形状和大小。在标准化工作的过程中，目前还没有关于物联网的普遍认可的标准[8]。相反，这些平台的发展通常在筒仓中[38]。这些不同的环境不仅影响了概念和技术的选择，还影响了术语的选择。因此平台环境变得非常异质。但是这些解决方案大致相同：它们允许连接到不同的设备，访问和处理数据，以及使用通过活动获得的知识来创建自动控制。

这些方法的异质性为必须选择其中一个解决方案的人员带来了新的问题。当每个解决方案使用不同的技术和术语时，为使用案例而寻找合适的平台就变得非常耗时。必须仔细阅读并理解每个平台的说明和文件，以便作出决定。这不仅需要时间，还需要技术知识才能理解和比较不同的概念。

映射到现有体系结构描述并提供统一术语的参考体系结构有助于此选择过程。它不仅可以更轻松地在平台之间进行比较，还能提供一个实用的框架作为新开发的起点。因此，我们在下一节中根据现有平台定义了物联网参考体系结构。物联网参考体系结构特意保持抽象，使其适用于多种情况。这是 Guth 等首次在我们的工作中引入的[17]。现有的工作对描述进行了改进、对 8 个物联网平台的分析进行扩展并对相关工作进行了更全面的调查，以此来扩展以前的工作。

本章的其余部分结构如下。第 4.2 节中是参考体系结构，描述了不同的组件及其可能的通信方式。第 4.3 节中将体系结构与 8 个现有平台进行比较，以证明其一般适用性。为深化并阐明平台之间的差异，通过将参考体系结构的映射描述到更多的物联网解决方案上来，扩展了以前的工作，还提供了一个汇总的比较。第 4.4 节中调查了参考体系结构与其他现有方法之间的差异。最后的第 4.5 节总结、概括并大致描述了未来可能的工作。

4.2　参考体系结构

本节介绍一种物联网参考体系结构（图 4–1），它提供了统一的术语，映射到现有的体系结构描述。首先从底部开始定义图 4–1 中显示的所有组件。本书中提出的概念与所介绍平台即物联网参考体系结构的元素。

4.2.1　传感器

传感器是一种硬件组件，可通过响应物理刺激（如热、光、声音、压力、磁性或特定运动）捕获物理环境中的信息[25]。例如，通过测量房间的湿度，位于该房间内的传感器可获取房间的湿度级别。传感器使用电信号将捕获的信息传输到其连接到的设备。此连接可通过有线或以无线方式建立。有线连接包括将传感器集成到设备中。可以利用软件配置传感器，但传感器无法自行运行软件。

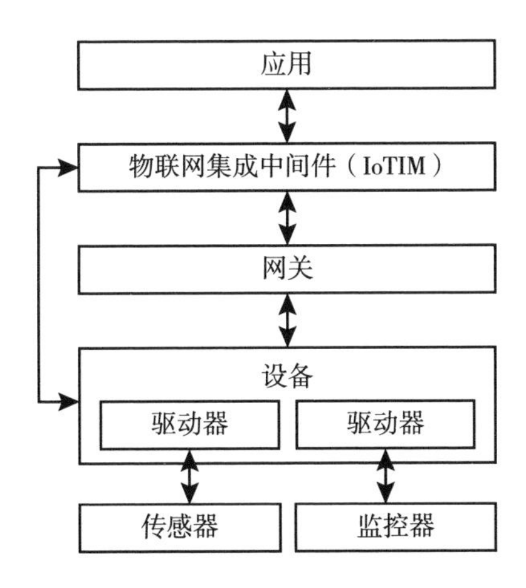

图 4–1　基于文献［17］的物联网参考体系体系结构

4.2.2　执行器

执行器是操作物理环境的硬件组件。执行器从连接的设备接收命令，并将这些电气信号转换为某种类型的物理动作。例如，在房间内打开或关闭通风的执行器会通过影响室内湿度的方式改变室内物理环境。与传感器类似，与设备的连接可通过有线或无线来建立，有线连接包括将其集成到设备中。另外，可以利用软件配置执行器，但执行器无法自行运行软件。

4.2.3 设备

设备是一种硬件组件，它通过有线或无线方式连接到传感器和/或执行器，或是甚至集成了这些组件。设备具有运行软件和建立与物联网集成中间件连接的处理器和存储容量。例如，Netatmo 气象站的室外模块是具有集成传感器的设备。因此设备是物理环境到数字世界的入口点。驱动程序是在设备上运行的软件，支持对异质传感器和执行器的统一访问。设备可以是独立的或连接到另一个更大的系统中。物联网集成中间件就属于此类系统。

4.2.4 网关

如果设备无法直接连接到其他系统，则将其连接到网关。网关提供所需的技术和机制，用于在不同的协议、通信技术和负载格式之间进行转换。它在设备和其他系统之间转发通信。例如，Netatmo 气象站的室内模块是带有集成传感器的设备，充当 Netatmo 气象站的室外模块的网关。例如，当网关收到来自设备的专用二进制文件中的消息时，它会将二进制格式转换为更通用的格式如 JSON，并通过 IP 将数据转发到目标系统。如有必要，网关同样可以将从系统发送到设备的命令转换为各个设备支持的通信技术、协议和格式。

4.2.5 物联网集成中间件

物联网集成中间件（IoTIM）可作为不同类型的传感器、执行器、设备和应用的集成层，负责：①接收来自连接设备的数据；②处理接收的数据；③向连接的应用程序提供接收的数据；④控制设备。例如，处理时评估条件 - 动作规则，并根据此评估向执行器发送命令。如果设备支持通过以太网或 Wi-Fi 等适当的通信技术、相应的传输协议（如 HTTP 或 MQTT）以及兼容的负载格式（如 JSON），则设备可以直接与物联网集成中间件进行通信。否则，设备通过与物联网集成中间件的网关进行通信。物联网集成中间件不限于上述功能。它可能包含特定网络物理系统所需的所有功能，如时间 – 系列数据库或图形控制面板。此外，它还可以管理设备和用户以及接收的数据的聚合和利用率。例如，SmartThings 平台可与 Netatmo 设备一起使用。通常可使用应用程序编程接口访问“物联网集成中间件”。例如，基于 HTTP 的 REST 应用程序编程接口。

4.2.6　应用

“应用”组件是使用“物联网集成中间件”来深入了解物理环境和 / 或操纵物理世界的软件。通过请求“传感器”数据或通过“执行器”控制物理动作来实现其功能。例如，控制大楼温度的软件系统就是一种连接到“物联网集成中间件”的“应用”。“应用”也可以是另一个“物联网集成中间件”。

4.2.7　小结

本节介绍了由 6 个组件类型组成的参考体系结构。实施体系结构时可以省略组件。如果平台只用于衡量物理世界的变化，就可能是这种情况。例如，如果系统仅用于测量和收集数据，则在空气中收集二氧化碳水平的平台可能没有连接“执行器”。省略组件的另一个示例是具有连接设备的平台，这些设备具备与“物联网集成中间件”直接通信所需的技术，因此不需要“网关”来进行适当的消息交换。

4.3　物联网平台比较

本节中，物联网参考体系结构映射到 4 个开源平台和 4 个专有的物联网解决方案。选择的开源平台为 FIWARE、OpenMTC、SiteWhere 和 Webinos。专有解决方案为 AWS 物联网、IBM 的 Watson 物联网平台、微软的 Azure 物联网中心和三星的 SmartThings。在比较过程中，组件的功能及其命名是与参考体系结构进行比较的关键方面。这里将详细介绍每个平台的比较。此外，还将提供一个综合比较，讨论主要的几个方面。本节中，通过对这 4 个平台进行详细分析：Webinos、IBM 的 Watson 物联网平台、微软的 Azure 物联网中心和三星的 SmartThings，扩展了之前 Guth 等提出的分析[17]。此外，在更详细的参考体系结构映射方面，完善了对 FIWARE、OpenMTC、SiteWhere 和 AWS 物联网[17]的早期分析。另外，在第4.3.9节中增加了平台的详细比较表。

4.3.1 FIWARE

图4–2所示为开源平台FIWARE的体系结构和到物联网参考体系结构的映射。FIWARE由欧盟和欧洲委员会出资，提供基于OpenStack的增强功能云，其功能和目录托管于云上。FIWARE目录包含表示丰富组件库的通用启用码（GEs）。图4–2中的体系结构仅显示物联网部件的GEs。FIWARE只区分设备和NGSI设备。由于FIWARE文档描述了设备可能具有集成传感器和执行器，因此所有设备组件均由设备、传感器和执行器组件组成。设备可以直接与物联网后端或通过网关进行通信，该网关位于物联网边缘。物联网网关和物联网NGSI网关都支持和管理使用物联网后端设备的通信。物联网边缘属于物联网参考体系结构的网关。物联网后端和数据环境代理提供了FIWARE的主要功能，因此被物联网集成中间件封装。FIWARE的文档介绍了如何通过数据环境代理将更多的应用连接到平台。虽然应用组件未在FIWARE体

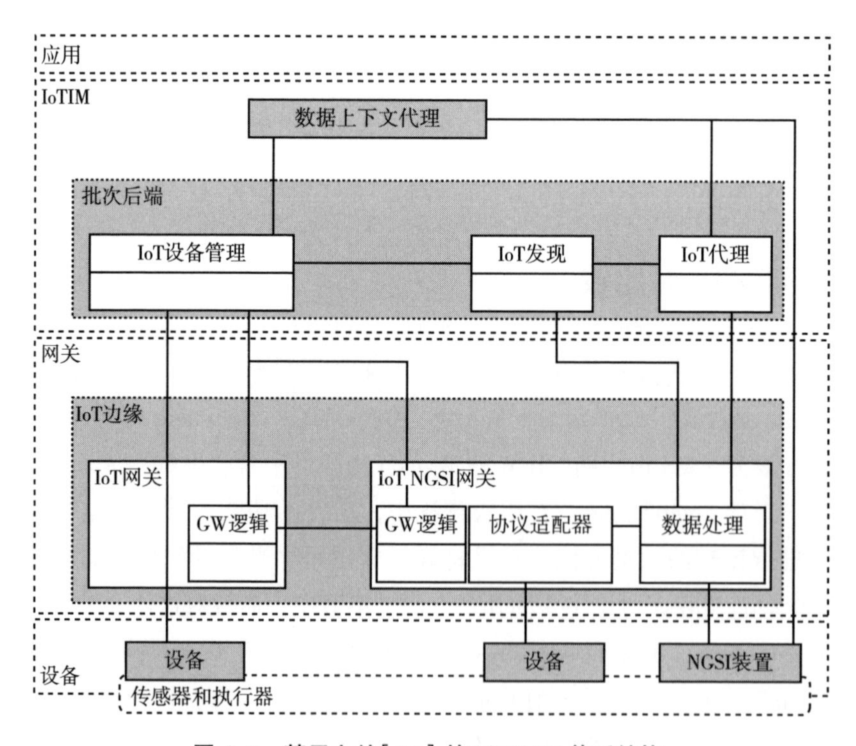

图4–2　基于文献［12］的FIWARE体系结构

系结构图中表示出来，但根据此说明，将在数据环境代理的顶部放置应用组件。

关于 FIWARE，物联网参考体系结构涵盖了该体系结构的每个组件。如上所述，设备组件的定义与我们的定义不同，因此传感器、执行器和设备组件部分重叠。不过，仍有适用于定义的适当映射。

4.3.2 OpenMTC

图 4–3 为 OpenMTC 的体系结构，这是一个开源的、支持云端的物联网平台，并与物联网参考体系结构进行比较。OpenMTC 由以下组件组成：前端和后端，前端和后端之间的传感器和执行器组件，位于顶部和后端之间的连接，后端上方和前端右边的应用，以及将其他 M2M 平台连接到后端的组件。显然，传感器和执行器组件就是前述的传感器和执行器。OpenMTC 的文档进一步说明了传感器和执行器组件以及前端最低级别可实现通信，是与参考体系结构等效的设备。前端的核心功能和连接组件，前端和后端之间的连接以及后端连接组件提供了所有需要的功能来实现设备与中间件之间的通信，如消息传输。因此这些组件就是前述的网关。由于 OpenEPC 组件（提供前端与后端之间的连接）提供了其他功能（如应用规则和过滤），因此也包含物联网集成中间件。此外，物联网集成中间件封装了 OpenMTC 后端的连接、核心功能和应用支持组件，这些组件提供了平台的主要功能。应用支持组件提供所有功能，以将更多应用连接到中间件。因此参考体系结构的应用组件涵盖了应用和其他 M2M 平台组件。

考虑到 OpenMTC 的体系结构可以映射到物联网参考体系结构上，但设备、传感器和执行器组件以及网关和物联网集成中间件部分重叠，这仍然适用于参考体系结构的定义。

4.3.3 SiteWhere

图 4–4 为开源物联网平台 SiteWhere 到参考体系结构的架构和映射。设备和命令到设备组件的数据由参考体系结构的设备组件构成。此外，它们也是前述的传感器和执行器组件，因为它们并未在体系结构中明确描述。由于设备可以通过不同的协议与平台进行通信，因此在设备和平台[32]之间存在网关的概念，但未显示为单独的组件。该平台的主要功能由 SiteWhere Tenant 引擎

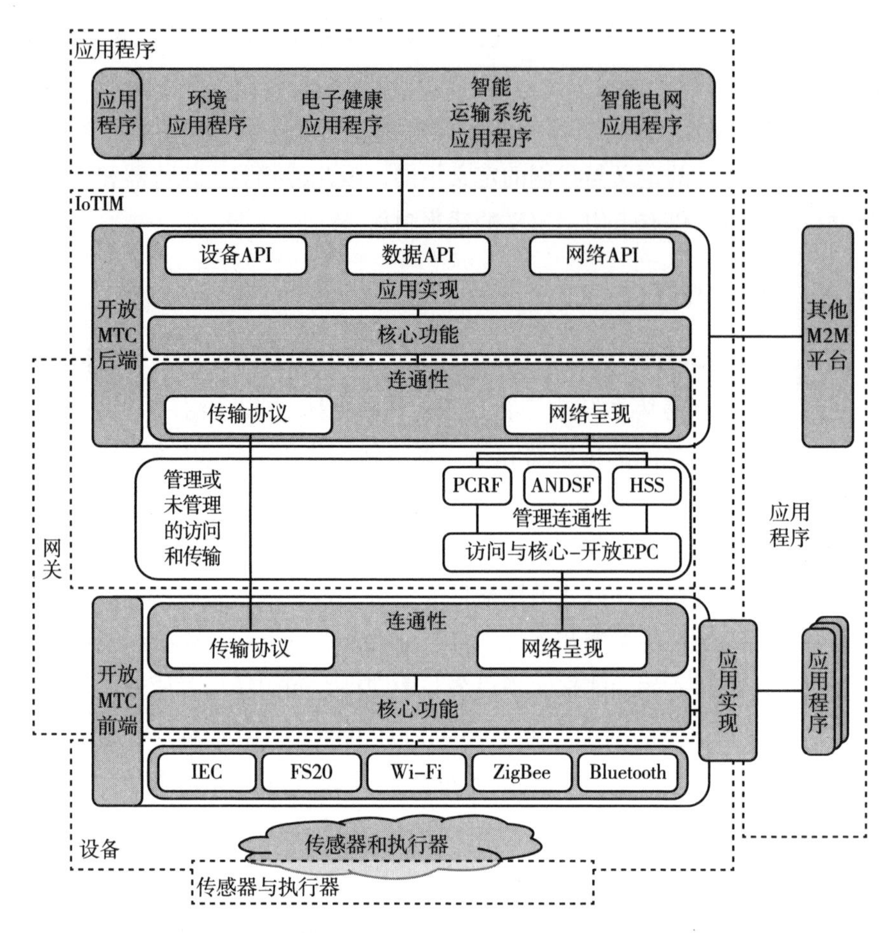

图 4-3　基于文献[13]的 OpenMTC 体系结构

提供，包括设备管理和通信引擎。因此这些组件由参考体系结构中的物联网集成中间件组成。REST 应用程序编程接口和集成组件支持将更多应用连接到平台。

考虑到 SiteWhere 的体系结构，物联网参考体系结构的每个组件都被表示出来。尽管某些组件是重叠的，但对物联网参考体系结构组件的定义仍然不变。

4.3.4　Webinos

Webinos 中间件和体系结构是由欧盟 FP7 项目赞助的物联网和移动设备的开源中间件。Webinos 的目标是为个人设备提供一个安全的框架，以便通

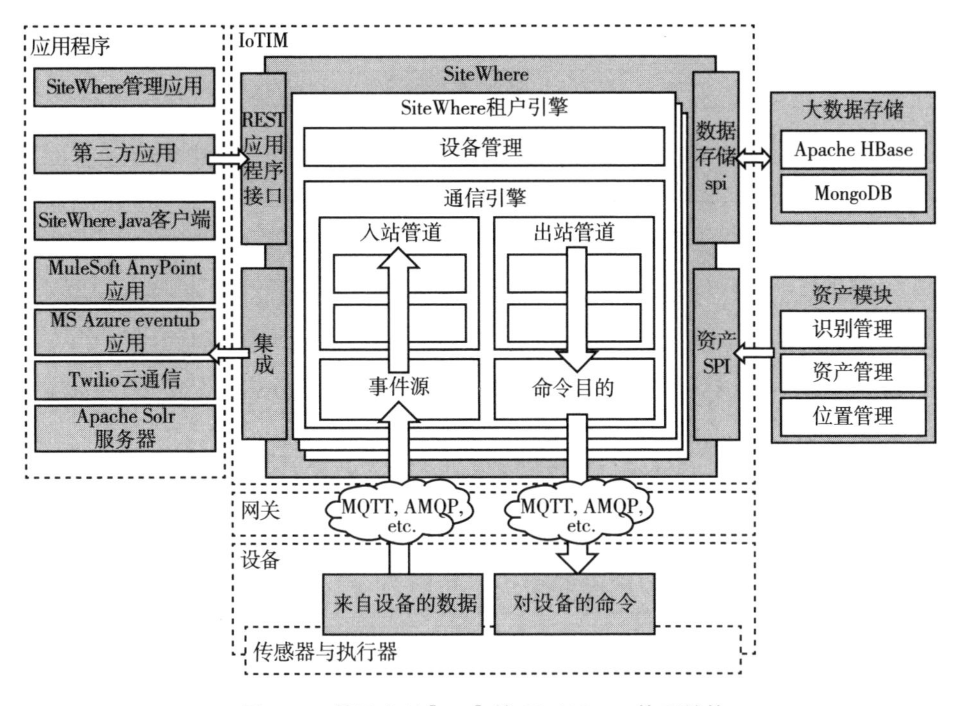

图 4–4　基于文献［32］的 SiteWhere 体系结构

过通信方式向第三方和其他个人发布数据。因此它以人为中心，采用与物联网平台不同的方法。图 4–5 为将 Webinos 方法映射到物联网参考体系结构的过程。Webinos 体系结构的主要组件是个人区域中心（PZH）和个人区域代理（PZP）。PZH 提供网关，其中每个设备都能连接到。PZH 还通过充当消息集线器来提供设备之间的本地通信，在这方面，它起到了物联网集成中间件的功能。PZH 本身并不支持任何在本地运行的应用，但它提供的应用程序编程接口允许构建第三方应用并与设备进行通信，这是体系结构中物联网集成中间件层的核心功能。每个设备都运行本地组件 PZP，该组件聚合传感器数据，执行器命令，并与 PZH 进行通信。Webinos 的一个独特方面是，当多个 PZP（在多台设备上）连接到同一 PZH 时，它们就能以对等方式进行通信。PZP 和 PZH 同步以允许此种情况。

物联网参考体系结构的每个组件都在 Webinos 系统中得以体现。由于 PZH 和 PZP 在功能上重叠，因此与参考体系结构的分离更加复杂。但是有一个明确的映射，某些组件正在执行网关和物联网集成中间件的功能，如图 4–5

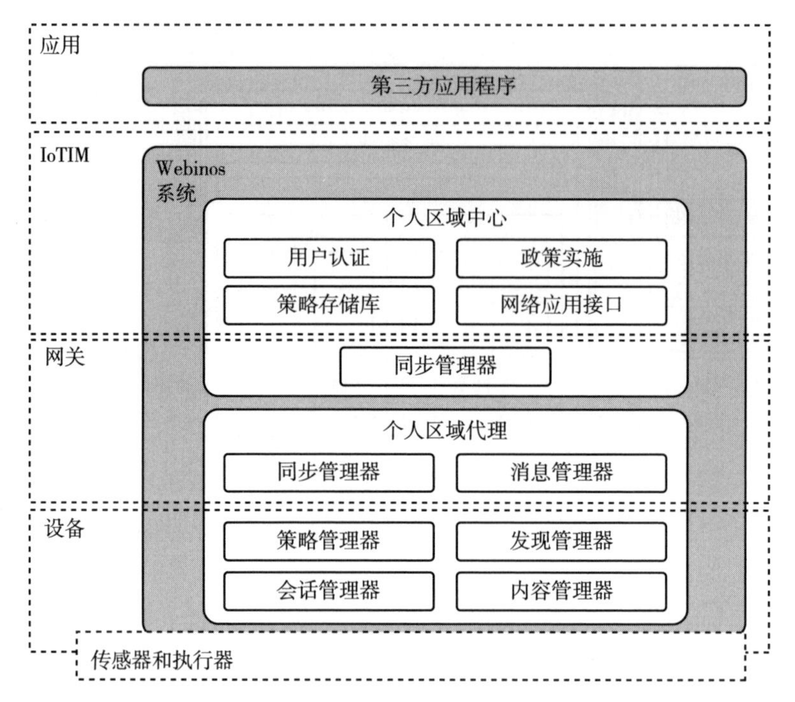

图 4–5 基于文献［15，34］的 Webinos 体系结构

所示。例如，由于 PZP 可以以对等方式进行通信而不充当中介，因此必须将部分网关功能分配给 PZP。每个 PZP 均部署在设备上。同样，Webinos 系统不会明确地说明设备、传感器和执行器之间的差异，但在 Webinos 中对传感器和执行器都有充分的支持，因此它支持参考体系结构。

虽然参考体系结构并未明确处理 Webinos 的以人为中心的方法，但可以清楚地将每个人的 Webinos 系统映射到参考体系结构的一个单独实例中。

4.3.5 亚马逊网站服务器物联网

图 4–6 为亚马逊网站服务器物联网的体系结构（AWS 物联网）及其在参考体系结构上的映射。“亚马逊网站服务器物联网”是物联网的托管云平台，其追求物的概念，而非设备概念。AWS 使用与具有集成传感器和执行器的设备同义的物体，这个物体组件由设备、传感器和执行器组件构成。此外，在体系结构中没有表示网关组件，但依据文献［2］，它位于物体和消息中介组件之间。消息中介、物体阴影、物体注册表、规则引擎和安全和身份组件为

该平台的主要功能。因此属于物联网参考体系结构的物联网集成中间件组件。应用组件封装了已经集成的数据处理服务，如 AWS Lambda 或亚马逊动态，此外，物联网应用组件还支持连接更多的应用。

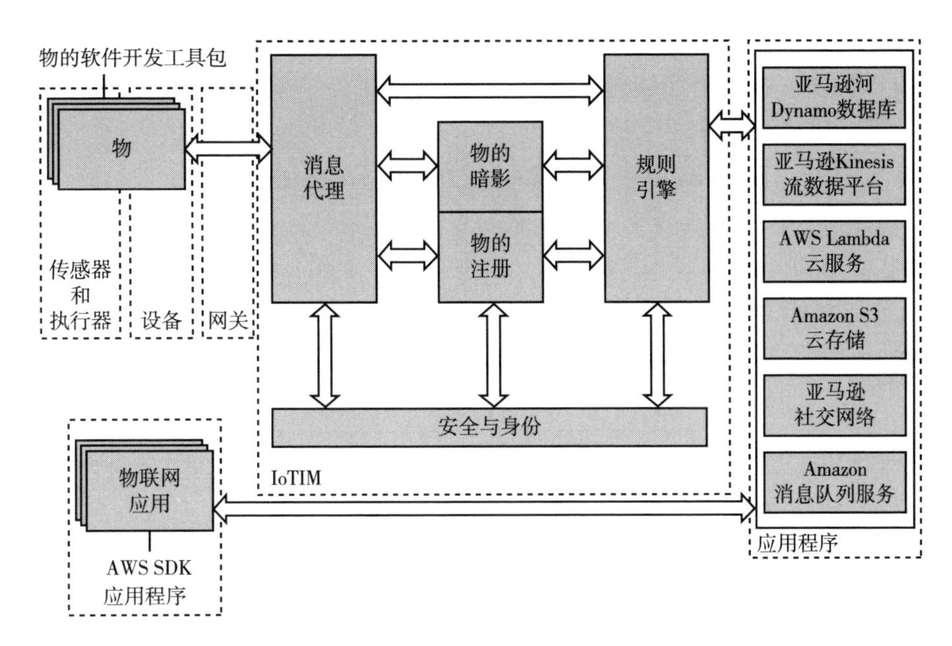

图 4-6 基于文献［2］的 AWS 物联网体系结构

考虑到 AWS IoT，物联网参考体系结构的每个组件都已重新进行了预测。尽管 AWS 遵循不同的设备概念，但仍然适用于前述的组件定义。

4.3.6 IBM 的 Watson 物联网平台

图 4-7 为 IBM 基于云的 Watson 物联网平台的体系结构。图中不含设备、传感器和执行器。由于连接组件负责将设备连接到平台，因此设备、传感器和执行器组件部分与连接组件重合。此外，连接组件负责相应的消息转换，因而与网关组件重合。连接组件还提供了进一步的事件处理功能，因此也与物联网集成中间件重合。此外，分析、风险管理和信息管理组件提供了平台的核心功能，因此与物联网集成中间件重合。Bluemix 基于开放标准的服务组件和灵活的部署组件构成了该平台的基础。应用组件包含物联网行业解决方案和第三方应用组件，因为它们支持进一步的应用连接。

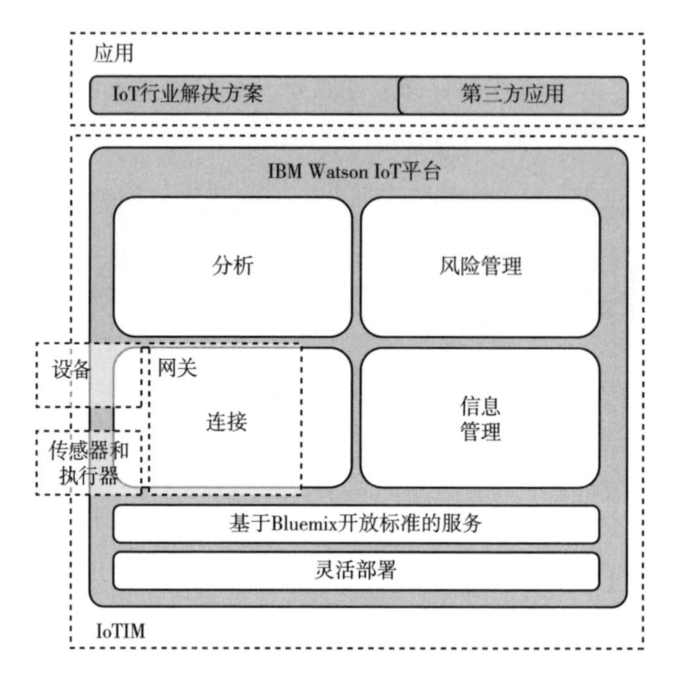

图 4-7　基于文献［19］的 IBM Watson 物联网平台体系结构

考虑到IBM的Watson物联网平台，前述的物联网术语可映射到该平台上。尽管设备、传感器、执行器和网关组件没有专门表示出来，但它们是连接组件的一部分。

4.3.7　微软的 Azure 物联网中心

Azure 物联网中心是由微软开发的一种基于云的托管服务。图 4-8 是其体系结构和到物联网参考体系结构的映射。主要组件是物联网集线器，所有剩余组件均与此相连。由于微软仅在支持 IP 和个人局域网（PAN）设备之间进行分离，因此这些映射到前述的设备、传感器和执行器组件。支持 IP 的设备可以直接或通过与物联网集线器的云协议网关进行通信，因此 PAN 设备还需要一个本地网关来执行本地管理服务，如管理访问和信息流。因此网关组件与云协议和本地网关重合。该解决方案的核心功能由物联网集线器、事件处理和洞察、设备业务逻辑、连接监控以及应用设备调配和管理组件提供，因此与物联网集成中间件重合。此外，应用程序设备配置和管理组件还可以连接更多的应用程序。

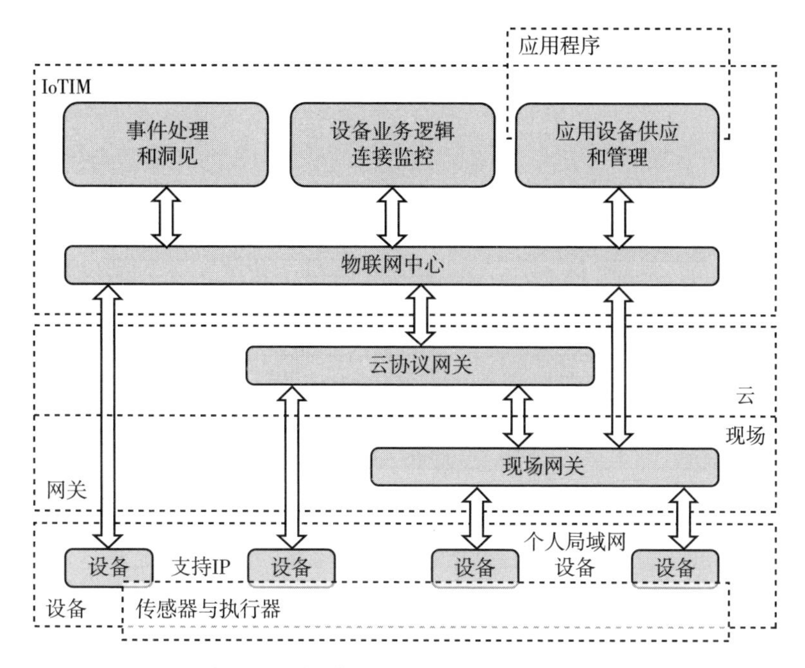

图 4–8 基于文献［6］的微软 Azure 物联网中心体系结构

关于微软 Azure 物联网中心，前述的物联网参考体系结构中的每个组件都得以体现。某些组件相互重叠，并且不区分设备、传感器和执行器，但仍然适用于前述的物联网参考体系结构组件的定义。

4.3.8 SmartThings

SmartThings 是三星公司为智能家居环境提供的物联网平台。图 4–9 为与前述的物联网参考体系结构对应的体系结构和映射。它由 3 个核心元素组成，即设备类型处理程序、预订处理和应用管理系统，包括 SmartApp 管理和执行，所有后续组件都与此相连。SmartThings 将传感器、执行器、设备、用户和物体集中在一个组件中。它们进一步区分了此合成组件和其他客户端（– 设备）组件。由于客户端（– 设备）可能还包含传感器和执行器，因此两个组件均与前述的设备组件重合，传感器和执行器组件部分重合。由于设备类型处理程序将事件消息转换为标准化的 SmartThings 事件，并且集线器连接和客户端可连接性使设备连接到平台，这些组件就是网关。平台的核心功能由预订处理和应用管理系统提供，包括 SmartApp 管理和执行组件。因此它们与参考体系结构的物联网集成中间件重合。事件流、网站 UI、核心应用程序编程接口、外部系统和物理图形组件为可能连接到平台的应用。

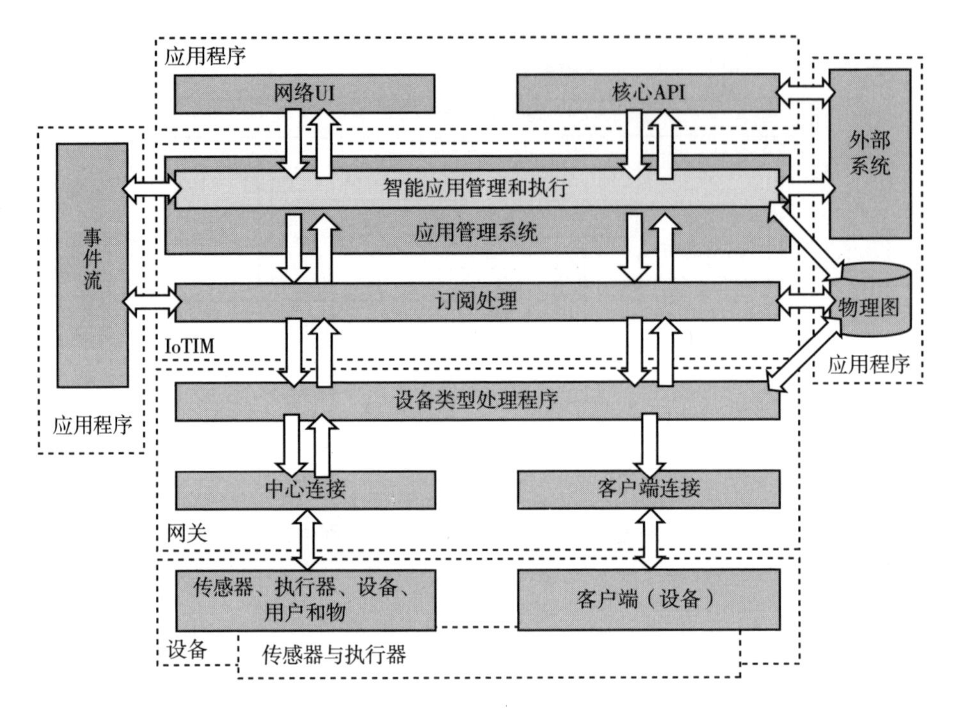

图 4–9　基于文献［33］的 SmartThings 体系结构

关于 SmartThings，物联网参考体系结构涵盖了体系结构的每个组件。如上所述，传感器、执行器和设备组件互相重叠，因其被用于 SmartThings 合成组件中。然而，这符合定义。

4.3.9　小结

综观上述各项比较，在每个平台中都有我们所说的物联网参考体系结构。表 4–1 为上述比较的汇总概览：每行由参考体系结构组件定义，每列为各物联网平台，单元格为与参考体系结构组件匹配的物联网平台的每个组件。

只有 OpenMTC 和 SmartThings 的体系结构为传感器和执行器组件。除微软 Azure 物联网中心外，所有其余平台都只提及其文档中的组件。设备组件未在 OpenMTC 和 IBM 的 Watson 物联网平台的体系结构中表示，但在文档中有

表 4–1　物联网平台比较

平台	FIWARE	OpenMTC	SiteWhere	Webinos	Aws IoT	IBM Watson IoT Platform	Ms Azure IoT Hub	Samsung SmartThings
传感器 / 监控器	—*	传感器和监控器	—*	—*	—*	—*	—*	传感器和监控器和设备和用户和物
设备	设备 / NGSI 设备	—*	来自设备的数据 + 对设备的命令	PZP：政策 + 会话 + 发现 + 内容管理器	物	—*	设备	传感器和监控器和设备和用户和物 + 客户端（设备）
网关	IoT 边缘	前端：核心功能 + 连通性 + 后端：连通性	—*	PZP：同步 + 消息管理器 +PZH：同步管理器	—*	连接	云协议网关 + 现场网关	中心和客户端连通性 + 设备类型处理程序
物联网集成中间件	IoT 后端 + 数据内容代理	后端：连通性 + 核心功能 + 应用程序实现	SiteWhere 租户 引擎	PZH：用户认证 + 政策库 + 政策执行 +Wed API	消息代理 + 物的暗影 + 物的注册 + 规则引擎 + 安全和身份	分析 + 风险管理 + 连接 + 信息管理 + 基于 Buemix 开放标准的服务 + 灵活部署	IoT 中心 + 事件处理和洞见 + 设备业务逻辑，连接监控 + 应用程序设备供应和管理	应用程序管理系统 + 订阅处理
应用程序	—*	应用 + 其他 M2M 平台	集成 – + REST– 组件	第三方应用程序	亚马逊服务 +IoT 应用程序	IoT 行业解决方案 + 第三方应用	应用程序设备供应和管理	事件流 +Web UI + 核心 API + 外部系统 + 物理图

注：* 没有在架构图中表示，但在文档中进行了描述。

所提及。其余平台代表其体系结构中的设备组件。此外，平台 FIWARE、AWS 物联网和微软 Azure 物联网中心进一步区分了包括某种类型逻辑功能的“智能”设备。之后这些“智能”设备与所述的设备、网关和物联网集成中间件组件所重合，它们分别对应于集成逻辑功能级别。因为物联网平台组件的定义和粒度之间存在差异，所以将其映射到明确分离的组件上，以澄清概念和使用的粒度。除了 SiteWhere 和 AWS 物联网，所有平台都在其体系结构中代表了网关概念。尽管如此，SiteWhere 和 AWS 物联网的文档也包含了网关的功能。显然，每个平台都代表了体系结构中的核心功能，如物联网集成中间件。差异在于构成物联网集成中间件功能的粒度和组件数量。此外，每个平台都支持连接其他应用。FIWARE 不代表其体系结构中的相应组件，但文档中提到了该组件。

4.4 相关工作

本节中，物联网参考体系结构与以前发布的物联网体系结构、体系结构参考模型、域模型和分类有关。

Bauer 等[5]描述设备与应用层（作为物联网参考体系结构的一部分）之间的 7 个功能组件。这些组件包括：管理、服务组织、物联网流程管理、虚拟实体、物联网服务、安全和通信。在此工作中，通信组件可以映射到所提供物联网参考体系结构的网关，其余组件分别构建物联网集成中间件。与本书相反，传感器、执行器、设备和应用组件并未明确定义。

Fremantle[14]介绍了由 5 个层组成的物联网参考体系结构。设备层包括设备、传感器和执行器，但未详细说明另外两者。相关的传输层与前述的网关的概念大体类似。聚合 / 总线层以及事件处理和分析层对应物联网集成中间件。因此它们提供物联网平台的核心功能。最后，由于客户端和外部通信，本书中所提供的更多应用被称为客户端和外部通信。本书目标是提供清晰的术语来了解不同物联网平台的共性和差异，而由于此物联网参考体系结构缺乏所有组件的明确定义，因此目标与本书不同，不如本书参考体系结构有效。

思科[10]介绍了 7 层的物联网参考模型。本书所显示的设备、传感器和执行器由思科参考模型的物理设备和控制器组成，而网关层等于其连接概念。边缘（雾）计算、数据累积和数据提取层对应于物联网参考体系结构的物联网集成中间件，而应用层大致对应于物联网集成中间件和应用组件的结合。最后，将任意应用连接到物联网集成中间件的能力体现在思科的概念协作和流程中。由于在参考模型中，思科介绍的概念并未得到明确的定义，而本书中介绍的概念可通过将思科参考模型映射到物联网参考体系结构，用于准确地确定思科所提概念的含义。

Zheng 等提出的 3 层建筑概念[37]与参考体系结构中概述的概念类似，也是 Wu[35]、Atzori[4]和 Aazam[1]等的工作基础。感知层的抽象概念描述从物理世界获得的数据，并与传感器、执行器和设备的组合相对应。收集的数据和传输到集成中间件的预处理由网络层覆盖，该层对应于物联网参考体系结构中设备和网关的相互关系。应用层也是一种更为粗粒度的概念，体现了该平台的核心功能。因此，它映射到物联网集成中间件和应用。Atzori[3, 4]和 Xu[36]等进一步提出的方法是类似的分层体系结构，并从面向服务的体系结构（SOA）的角度分析物联网的领域。虽然他们专注于物联网体系结构的设计，但缺乏清晰明确的概念定义，这也是他们介绍和依据的内容。这些内容都不将他们的概念映射到现有技术和平台上，这是本书的一个贡献。

Kim 等[21]调查了各种物联网应用，并从中提取了通用的平台模型。他们介绍了物体的概念，这与本书所述设备密切相关。如果出现物体无法与平台直接通信的情况，由网关提供与平台的连接。服务用户以及服务和软件提供商通过 RESTful 应用程序编程接口连接到平台。如果平台不需要复杂的数据处理，则服务使用也可以直接连接到设备，如收集计量数据。除用户之外，此模型的所有组件都属于参考体系结构。

Krco 等[23]讨论的物联网参考模型基于 Haller 等[18]的物联网领域模型。它介绍了概念增强实体、用户、设备、资源和服务。这些概念的定义是给定的，但不够明确，无法将不同的物联网平台映射到彼此，以促进他们的理解。例如，一方面，设备被描述为硬件组件，它集成了传感器和 / 或执行器，因此负责监测和与真实世界的对象交互；另一方面，设备还能够连接到更多的 IT 系统。此例显示设备的概念仅仅是大致定义，因此不清楚设备是否也会起到网关的作用，或者是否没有预见这样的间接寻址，这意味着设备始终与平台直接通信。

Mineraud 等[26]依据 6 个标准审查 39 个现有物联网平台，包括实例数据所有权或开发人员支持。关于体系结构，他们区分了基于云的和本地的物联网平台，但没有像本书这样提供详细的体系结构分析。

Gubbi 等[16]介绍了物联网平台组件的高级分类法。它包含组件的硬件、中间件和演示。硬件覆盖传感器、执行器和嵌入式通信硬件，而中间件则涵盖了用于数据分析的按需存储和计算工具，演示提供可视化和解释工具。但是，分类标准粗粒度不够详细，不利于清楚了解概念，造成不同的解读。

4.5 小结

物联网慢慢地从愿景变为现实，物联网平台通过提供重要的构造模块，在这一变革中发挥核心作用。缺乏标准化和开发导致了异质平台环境。本书认为由于这种异质性，比较和选择其中一个平台是一项艰巨的任务。它们不仅使用不同的概念和技术，而且还没有明确定义术语。这些平台的许多概念和部分都是用同义词或同音词来描述的，或者只是粒度不同。

为了帮助解决这些问题，本书引入了一个基于现有平台的物联网参考体系结构。本书定义了每个组件，并说明了它们之间的通信。这些组件不必彼此孤立存在，而是可以合并。将参考体系结构与 8 个现有平台进行了比较，其中 4 个为开放源。据显示，体系结构组件映射到了现有平台的组件。在比较或评估这些不同的平台时，物联网参考体系结构可作为一个有用的工具。此外，它还可通过提供基本的基础来构建新的物联网平台。

未来的书中可能会给出参考体系结构的技术定义。此外，本书将为决策支持方法奠定基础，根据用户提供的偏好选择物联网平台。这将有助于用户确定适合自身情况的合适的物联网解决方案。

致谢：此研究已通过 BMWi 的项目 SmartOrchestra（01MD16001F）和 NEWAR（03ET4018）获得了德国政府的资助。

参考文献

1. Aazam, M., I. Khan, A.A. Alsaffar, and E.N. Huh. 2014. Cloud of things: Integrating internet of things and cloud computing and the issues involved. In *International Bhurban conference on applied sciences and technology*. IEEE.

2. Amazon Web Services: AWS IoT Documentation. 2016. https://aws.amazon.com/de/

documentation/iot/.

3. Atzori, L., A. Iera, and G. Morabito. 2010. The Internet of Things: A survey. *Computer Networks* 54(15): 2787–2805.

4. Atzori, L., A. Iera, G. Morabito, and M. Nitti. 2012. The Social Internet of Things (SIoT)— When social networks meet the Internet of Things: Concept, architecture and network characterization. *Computer Networks* 56(16): 3594–3608.

5. Bauer, M., M. Boussard, N. Bui, J.C.M. De Loof, S. Meissner, A. Nettsträter, J. Stefa, M. Thoma, and J.W. Walewski. 2013. IoT reference architecture. In *Enabling things to talk: Designing IoT solutions with the IoT architectural reference model*. Berlin: Springer.

6. Betts, D. 2016. Microsoft Azure—Übersicht über Azure IoT Hub. https://azure.microsoft.com/ de-de/documentation/articles/iot-hub-what-is-iot-hub/.

7. Bonomi, F., R. Milito, P. Natarajan, J. Zhu. 2014. Fog computing: A platform for internet of things and analytics. In *Big data and internet of things: A roadmap for smart environments*, 169–186. Springer.

8. Borgia, E. 2014. The Internet of Things vision: Key features, applications and open issues. *Computer Communications* 54: 1–31.

9. Boswarthick, D., O. Elloumi, and O. Hersent, (eds.). 2012. M2M Communications. Wiley.

10. Cisco: The Internet of Things Reference Model. 2014. http://cdn.iotwf.com/resources/71/IoT_ Reference_Model_White_Paper_June_4_2014.pdf.

11. Farhangi, H. 2010. The path of the smart grid. *IEEE Power and Energy Magazine* 8(1): 18–28.

12. FIWARE: FIWARE Wiki. 2016. https://forge.fiware.org/plugins/mediawiki/wiki/fiware/ index.php/Main_Page.

13. Fraunhofer FOKUS: OpenMTC Platform Architecture. 2016. http://www.open-mtc.org/index. html#MainFeatures.

14. Fremantle, P. 2015. A reference architecture for the Internet of Things. http://wso2.com/wso2_ resources/wso2_whitepaper_a-reference-architecture-for-the-internet-of-things.pdf.

15. Fuhrhop, C., J. Lyle, and S. Faily. 2012. The webinos project. In *Proceedings of the 21st international conference on World Wide Web*, 259–262. ACM.

16. Gubbi, J., R. Buyya, and S. Marusic. 2013. Internet of Things (IoT): A vision, architectural elements, and future directions. *Future Generation Computer Systems* 29(7): 1645–1660.

17. Guth, J., U. Breitenbücher, M. Falkenthal, F. Leymann, and L. Reinfurt. 2016. Comparison of IoT platform architectures: A field study based on a reference architecture. In *Proceedings of the international conference on cloudification of the Internet of Things (CIoT)* IEEE.

18. Haller, S.A.S., M. Bauer, and F. Carrez. 2013. A domain model for the Internet

of Things. In *Proceedings of the IEEE international conference on green computing and communications and IEEE Internet of Things and IEEE Cyber, physical and social computing*. IEEE.

19. IBM: IBM Internet of Things Architecture Overview. 2016. https://www.iot-academy.info/ mod/page/view.php?id=478.

20. Kargupta, H. 2012. Connected cars: How distributed data mining is changing the next generation of vehicle telematics products. In *International conference on sensor systems and software*. Springer.

21. Kim, J., J. Lee, J. Kim, and J. Yun. 2014. M2M service platforms: Survey, issues, and enabling technologies. *IEEE Communications Surveys & Tutorials* 16(1): 61–76.

22. Kopp, O., M. Falkenthal, N. Hartmann, F. Leymann, H. Schwarz, and J. Thomsen. 2015. Towards a cloud-based platform architecture for a decentralized market agent. In *Informatik 2015*, Lecture Notes in Informatics (LNI). Gesellschaft für Informatik e.V. (GI).

23. Krcˇo, S., B. Pokric´, and F. Carrez. 2014. Designing IoT and architecture(s). In *Proceedings of the IEEE World Forum on Internet of Things (WF-IoT)*. IEEE.

24. Lucke, D., C. Constantinescu, and E. Westkämper. 2008. Smart factory–A step towards the next generation of manufacturing. In *Manufacturing systems and technologies for the new frontier*, 115–118. Springer.

25. Merriam-Webster: Full definition of sensor. 2016. http://www.merriam-webster.com/dictionary/sensor.

26. Mineraud, J., O. Mazhelis, X. Su, and S. Tarkoma. 2016. A gap analysis of Internet-of-Things platforms. *Computer Communications* 89–90: 5–16.

27. Miorandi, D., S. Sicari, F. De Pellegrini, and I. Chlamtac. 2012. Internet of things: Vision, applications and research challenges. *Ad Hoc Networks* 10(7): 1497–1516.

28. Open Mobile Alliance Ltd.: NGSI Context Management. 2012. http://technical.openmobilealliance.org/Technical/release_program/docs/NGSI/V1_0-20120529-A/OMA-TS-NGSI_Context_Management-V1_0-20120529-A.pdf.

29. Postscapes: IoT Cloud Platform Landscape. Vendor List. 2016. http://www.postscapes.com/internet-of-things-platforms/.

30. Ricquebourg, V., D. Menga, D. Durand, B. Marhic, L. Delahoche, and C. Loge. 2006. The smart home concept: Our immediate future. In *1st IEEE international conference on e-learning in industrial electronics*. IEEE.

31. Schaffers, H., N. Komninos, M. Pallot, B. Trousse, M. Nilsson, and A. Oliveira. Smart cities and the future internet: Towards cooperation frameworks for open innovation. In *The future internet assembly*. Springer.

32. SiteWhere LLC.: SiteWhere System Architecture. 2016. http://documentation.sitewhere.org/architecture.html.

33. SmartThings, Inc.: SmartThings Documentation. 2016. http://docs.smartthings.com/en/latest/ architecture/index.html.

34. Webinos Project: webinos project deliverable—Phase II architecture and components. 2012.Technical report.

35. Wu, M., T.J. Lu, F.Y. Ling, J. Sun, and H.Y. Du. 2010. Research on the architecture of Internet of Things. In *Proceedings of the 3rd International Conference on Advanced Computer Theory and Engineering (ICACTE)*. IEEE.

36. Xu, L.D., W. He, and S. Li. 2014. Internet of things in industries: A survey. *IEEE Transactions on Industrial Informatics* 10(4).

37. Zheng, L., H. Zhang, W. Han, X. Zhou, J. He, Z. Zhang, Y. Gu, and J. Wang. 2009. Technologies, applications, and governance in the Internet and of Things. In *Internet of Things—Global Technological and Societal Trends*. River Publishers.

38. Zorzi, M., A. Gluhak, S. Lange, and A. Bassi. 2010. From today's INTRAnet of things to a future INTERnet of things: A wireless- and mobility-related view. *IEEE Wireless Communications* 17(6): 44–51.

第 5 章
雾计算：分类、调查和未来

雷多万・马赫穆德，拉马莫哈纳罗・科塔吉里，拉吉库马尔・布亚

摘要： 近年来，物联网设备 / 传感器的数量不断增加。为了支持大部分地理位置分散的物联网设备 / 传感器实时型应用的计算需求，引入了一种新的计算方法，名为“雾计算”。通常，雾计算位于更靠近物联网设备 / 传感器的位置，并扩展了基于云的计算、存储和网络设备。本章将全面分析雾计算面临的挑战，在物联网设备 / 传感器与云数据中心之间充当中间层，并在此领域查看当前的发展情况。根据所确定的挑战及其关键特点，呈现了雾计算的分类标准。还将现有内容映射到分类标准，以便识别雾计算领域的当前研究缺口。此外，根据观察结果提出了未来的研究方向。

5.1 简介

雾计算是一种分布式计算模式，可充当云数据中心和物联网设备 / 传感器之间的中间层。它提供计算、网络和存储设施，以便基于云的服务可以更靠近物联网设备 / 传感器[1]。2012 年，思科公司首次推出了雾计算概念，以解决传统云计算中物联网应用的挑战。物联网设备 / 传感器高度分散在网络边缘，具有实时和延迟敏感的服务需求。由于云数据中心地理位置集中，因此它们通常无法处理数十亿的地理分布式物联网设备 / 感受器的存储和处理需求。因此人们经历着网络拥堵、服务交付延迟高、服务质量差[2]的处境。

通常，雾计算环境由传统网络组件如路由器、交换机、机顶盒、代理服务器、基站等组成。并且可以放置在物联网设备 / 传感器附近，如图 5–1 所示。这些组件提供不同的计算、存储、网络等功能并支持服务应用的执行。因此，网络组件使雾计算能够创建基于云服务的大型地理分布。此外，雾计算有助

于实现位置感知、移动性支持、实时交互、可扩展性和互操作性[3]。因此，雾计算可以在服务延迟、功率消耗、网络流量、资金和运营费用、内容分发等方面高效运行。因此，与单独使用云计算[4]相比，雾计算更好地满足了对物联网应用的需求。但是，雾计算的概念与现有的计算模式非常相似。本章中，详细地论述了雾计算与其他计算模式的根本差异。还分析了雾计算的不同方面，包括相应的资源体系结构、服务质量、安全问题等，并从文献综述中回顾最新的研究工作。本书基于云计算中的关键特性和相关挑战提出了一种分类法。将现有内容映射到分类法上，以定义此领域的创新和限制。根据观察结果，还提出了未来发展方向，以便进一步改善雾计算。本章的其他内容按如下方式组织。第 5.2 节讨论了雾计算与其他相关计算方法之间的差异，随后分别在第 5.3 节和第 5.4 节中描述了雾计算面临的挑战，并提出了分类法。从第 5.5 节到第 5.10 节中，将现有的研究映射到建议的分类法。在第 5.11 节中分析了研究差距，并向未来的雾计算研究提供了一些前景广阔的方向。最后总结调查结果，并对本章内容进行小结。

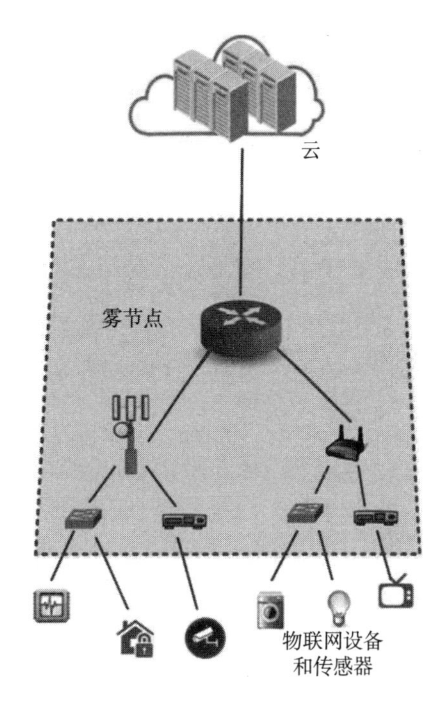

图 5–1　雾计算环境

5.2　相关计算范例

随着云计算的兴起，计算技术进入了一个新时代。许多计算服务供应商，包括谷歌、亚马逊、IBM、微软等目前正在将这种流行的计算范例作为实用程序。他们已启用基于云的服务，如基础设施即服务（IaaS）、平台即服务（PaaS）、软件即服务（SaaS）等，处理无数企业和教育的相关问题。但是大部分云数据中心地理位置集中且位于终端设备 / 用户的近处。因此，实时和延迟敏感远程云数据中心响应的计算服务请求常常会出现大型往返延迟、网络拥堵、服务质量下降等现象。要解决除集中式云计算之外的这些问题，最近提出了一个新概念，名为“边缘计算”[5]。

边缘计算的基本理念是将计算设施引入更靠近数据来源的位置。更精确的是，边缘计算支持在边缘网络[6]进行数据处理。边缘网络基本上由终端设备（如手机、智能对象等）、边缘设备（如边界路由器、机顶盒、桥梁、基站、无线接入点等）、边缘服务器等组成，这些组件可配备必要的功能来支持边缘计算。作为一种本地化的计算范例，边缘计算可以更快地响应计算服务请求，最常用的是阻止向核心网络发送大量原始数据。但是，一般来说，边缘计算不会将 IaaS、PaaS、SaaS 和其他基于云的服务自发地关联起来，而是更多地集中在终端设备侧[7]。

考虑到边缘和云计算的概念，计算技术中已经引入了多种计算模式。其中，移动边缘计算（MEC）、移动云计算（MCC）被视为云和边缘计算的潜在扩展。

作为一种以边缘为中心的计算范例，移动边缘计算在研究领域已经产生了显著的反响。移动边缘计算被认为是蜂窝基站现代发展的主要推动因素之一。它提供了可结合使用的边缘服务器和蜂窝基站[8]。移动边缘计算可与远程云数据中心相连或不相连。因此，除了终端移动设备，移动边缘计算还支持网络[9]中的 2 或 3 层分层应用部署。此外，移动边缘计算还为客户提供了自适应和更快的启动蜂窝服务，提高了网络效率。近年来，移动边缘计算有显著改进，使它能够支持 5G 通信。此外，它旨在灵活地访问用于内容分发和应用程序开发的无线网络信息[10, 11]。

移动云计算是另一个计算趋势。由于智能移动设备的激增，现在终端用户希望在手持设备（而不是传统计算机）中运行必要的应用程序。但是，大多数智能移动设备都受到能源、存储和计算资源的限制[12]，因此在关键情况下，在移动设备之外执行计算密集型应用比本地执行这些应用更加可行。在这种情况下，移动云计算提供必要的计算资源来支持远程执行卸载的移动应用，使其更接近终端用户[13, 14]。在移动云计算中，大多数名为 Cloudlet[15]的轻量级云服务器都放置在边缘网络上。云与终端移动设备和云数据中心一起开发了一个用于丰富移动应用[9]的 3 个分层应用部署平台。简而言之，移动云计算融合了云计算、移动计算和无线通信，以增强移动用户体验质量（QoE），并为网络运营商和云服务提供商创造新的商机。与移动边缘计算和移动云计算一样，雾计算也可以启用边缘计算。但是，除了边缘网络，雾计算也可以扩展到核心网络[3]。更准确地说，边缘和核心网络（如核心路由器、区域服务器、WAN

交换机等）组件可用作雾计算中的计算基础设施（图 5-2）。因此，通过雾计算可以轻松地观察到多层应用部署和大量物联网设备 / 传感器的需求缓解。此外，与 Cloudlet 和蜂窝边缘服务器相比，边缘网络上的雾计算组件可放置在离物联网设备 / 传感器更近的位置。由于物联网设备 / 传感器分布得非常密集，并且需要对服务请求进行实时响应，此方法能够在物联网设备 / 传感器附近存储和处理物联网数据。因此，实时物联网应用的服务交付延迟将很大程度降至最低。与边缘计算不同，雾计算可以扩展基于云的服务，如 IaaS、PaaS、SaaS 等也适用于网络的边缘。由于具有上述功能，所以与其他相关计算模式相比，人们认为雾计算是更具潜力和良好结构的物联网。

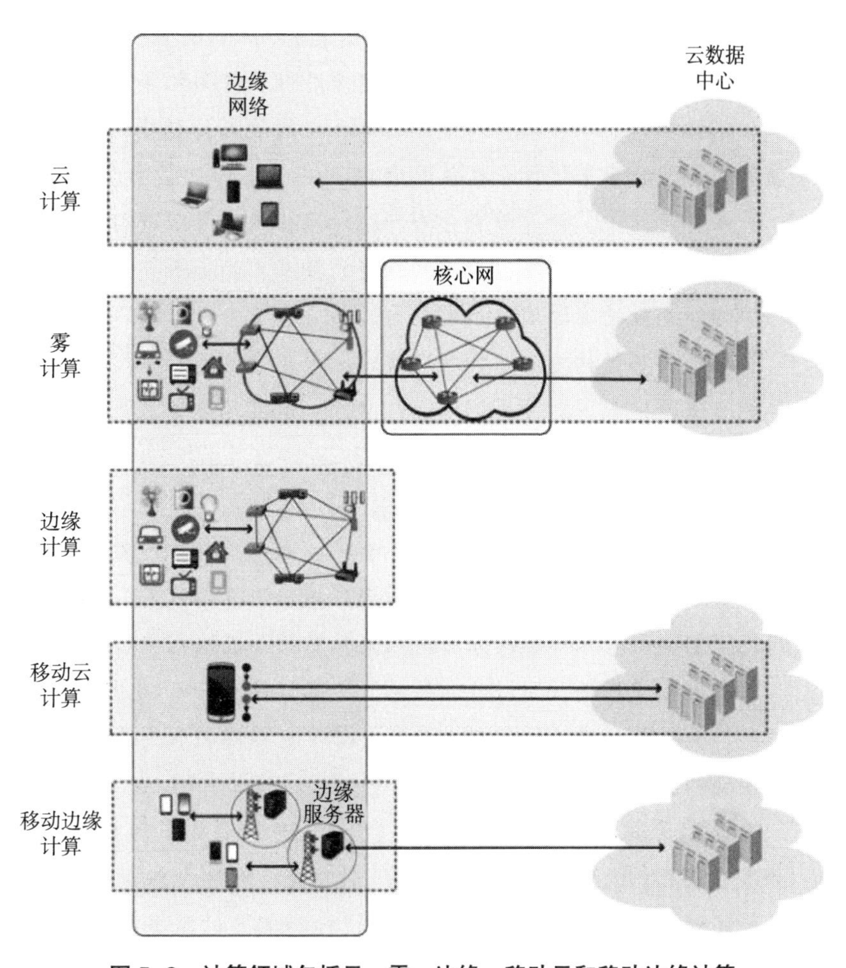

图 5-2　计算领域包括云、雾、边缘、移动云和移动边缘计算

5.3 雾计算面临的挑战

在处理网络边缘与物联网相关的问题时，雾计算被认为是云计算模式的有希望的扩展。但是在雾计算中，计算节点具有异质性，呈分布式。此外，雾计算服务必须处理受约束环境的不同方面。安全保障也是雾计算中的主要优势。通过从结构、面向服务和安全的角度分析雾计算的特点，可以按如下方式列出此领域所面临的挑战。

- 结构问题

  来自边缘和核心网络的不同组件可用作潜在的雾计算基础体系结构。通常这些组件配备了各种处理器，但不适于通用计算。除了传统的活动，使用通用计算对组件进行资源调配非常困难。

  根据操作要求和执行环境，选择合适的节点、相应的资源配置和部署地点在雾计算中也至关重要。

  在雾计算中，计算节点分布在边缘网络中，可以进行虚拟化或共享。在这种情况下，应确定适当的技术、指标等，对于节点间协作和高效的资源建模非常重要。

  雾计算的结构方向与物联网兼容。但是其他网络系统的雾计算能力保障，如内容分发网络（CDN）、车辆网络等，将非常具有挑战性。

- 面向服务

  并非所有的雾节点资源都是丰富的。因此，与常规数据中心相比，在资源受限的节点中开发的大规模应用并不容易。在这种情况下需要引入雾计算中分布式应用开发的潜在编程平台。

  需要指定在物联网设备/传感器、雾计算和云基础设施之间分配计算任务和服务的策略。在雾计算中也很难引入通过网站接口实现的数据可视化。

  在雾计算中，服务级别协议（SLA）通常受许多因素影响，如服务成本、能耗、应用程序特征、数据流、网络状态等。因此，在特定情况下，很难指定服务调配指标和相应的服务级别目标（SLO）。此外，还需要保留其实际设计的雾节点的基本服务质量。

- 安全方面

  由于雾计算基于传统网络组件而设计，因此容易受到安全攻击。

  很难确保对隐私服务和维护进行的身份验证，诸如雾计算等大范围分布范式。

  实施以数据为中心的完整性机制可能会影响雾计算的服务质量。

  除上述挑战，服务可扩展性、最终用户体验质量、情景感知和移动性支持是雾计算非常关键的性能指标，在实时交互中很难处理。

5.4　分类法

图 5–3 所示为雾计算分类标准。根据第 5.3 节中提出的挑战，该分类法在雾计算中提供了现有工程的分类。更精确地说，该分类法重点介绍了雾计算中的以下方面。

- 雾节点配置。具有异质性体系结构和配置的计算节点，能够在网络边缘为雾计算提供基础体系结构。
- 节点协作。用于管理边缘网络中不同雾节点之间节点协作的技术。
- 资源 / 服务设置度量。有助于在不同约束下高效地配置资源和服务的因素。
- 服务级别目标。通过将雾计算部署为云数据中心和终端设备 / 传感器之间中间层而获得的服务级别目标。
- 适用的网络系统。雾计算作为其他计算模式的扩展引入了不同的网络系统。
- 安全问题。在不同情况下，雾计算中考虑的安全问题。

现有工程中的系统和相应解决方案通常涵盖不同类别的分类。但是，由于此分类是基于雾计算的关联功能而设计的，因此它不反映解决方案的相对性能。实际上，审核的现有工作将协调不同的执行环境、网络拓扑、应用特征、资源体系结构等，并针对不同的挑战。因此，从结构、服务和安全方面确定雾计算的最佳方法是很困难的。

在以下部分中（从第 5.5 节到第 5.10 节），我们将雾计算中的现有工作映

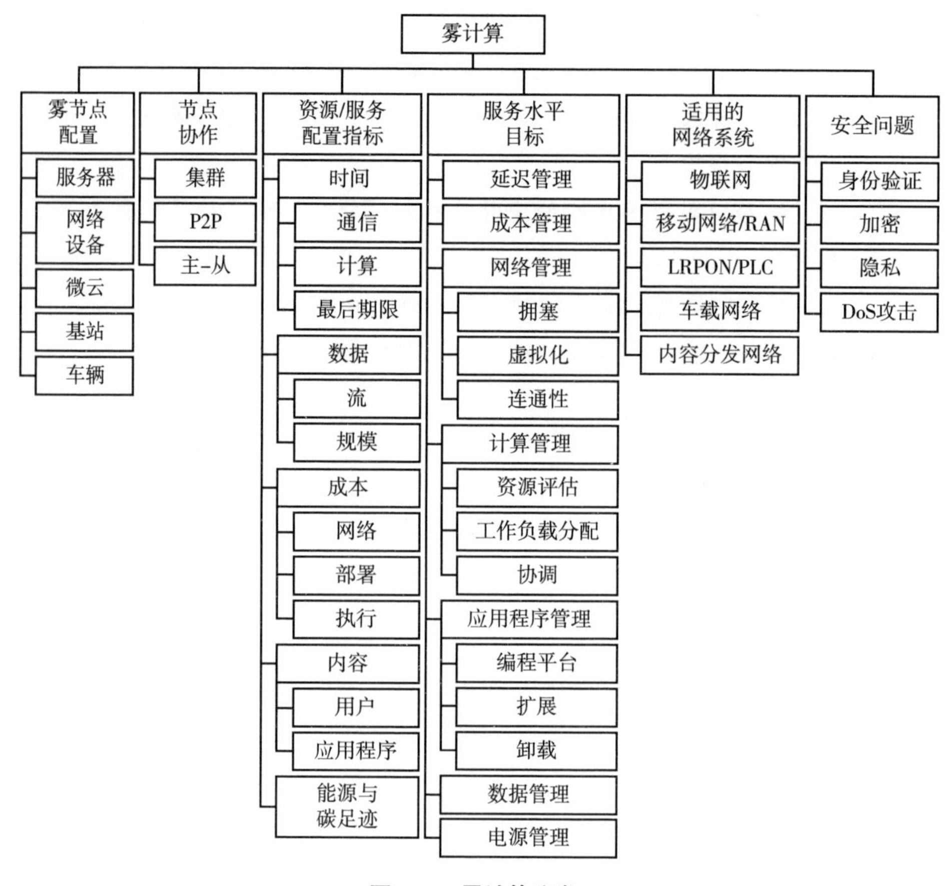

图 5-3　雾计算分类

射到提出的分类法中，并详细讨论不同的事实。

5.5　雾节点配置

文献中提到了5种类型的雾节点及其配置，即服务器、网络设备、Cloudlets、基站、车辆。

5.5.1　服务器

雾计算服务器部署的地理位置是分散的，部署在非常常见的位置，如公共汽车终点站、购物中心、道路、公园等。与轻型云服务器一样，这些雾计算服务器是虚拟化的，配备了存储、计算和网络设备。有许多工作都认为雾服务器是雾计算的主要功能组件。

在一些基于物理尺寸的论文中，雾服务器被称为微型服务器、微型数据中心[16、17]、纳米服务器[18]等。而其他工作则基于诸如缓存服务器[19]、计算服务器、存储服务器[20]等功能对雾服务器进行分类。基于服务器的雾节点体系结构增强了雾计算中的计算和储存能力。但它限制了执行环境的普遍性。

5.5.2　网络设备

诸如网关路由器、交换机、机顶盒等设备，除了进行传统的网络活动（路由、数据包转发、模拟到数字信号等），还可以充当雾计算的潜在基础设施。在某些现有的工作中，网络设备被设计为有特定的系统资源，包括数据处理器、可扩展的主内存和辅助内存、编程平台等[21，22]。

在其他工作中，除了传统网络设备外，还介绍了多个专用网络设备，如智能网关[23]、物联网中枢[24]作为雾节点。分布式网络设备部署有助于雾计算的广泛分布，尽管设备的物理多样性会显著影响服务和资源调配。

5.5.3　Cloudlets

人们认为 Cloudlets 是微云，位于终端设备、Cloudlet 和云层次结构的中间层。基本上，云设计用于将基于云的服务扩展到移动设备用户，并且可以补充移动云计算[12]。在一些资料[25，26]中 Cloudlets 被称为雾节点。基于云的雾计算高度虚拟化，可同时处理大量终端设备。在某些情况下，由于结构限制，云能够在边缘充当集中组件之后进行部署。在这种意义上，集中计算的局限在雾计算中仍然非常重要，这些雾计算无法支持物联网。

5.5.4　基站

基站是移动和无线网络中非常重要的组件，可实现无缝通信和数据信号处理。在最近的工作中，配备了某些存储和计算能力的传统基站被认为适用于雾计算[27，28]。类似于传统基站，路侧单元（RSU）[29]和小蜂窝接入点[30]等，也可用作潜在的雾节点。

基站优先于基于雾计算的云无线接入网络（CRAN）、车载临时网络（VAN）等。但是，具有基站的高密度雾环境形式会受到网络干扰，并且部署成本高。

5.5.5 车辆

在具有计算设施的网络边缘移动或停放的车辆可用作雾节点[31, 32]。作为雾节点的车辆可以形成分布式、高度可扩展的雾环境。但是，在这种环境下，隐私和容错保障以及所需的 QoS 维护将非常困难。

5.6 节点协作

文献中规定了 3 种技术（集群、点对点和主从式）用于雾计算中的节点协作。

5.6.1 集群

位于边缘的雾节点可以通过在自身之间形成集群来维护协作执行环境。可以基于雾节点的同质性[26]或其位置[31]来形成集群。在节点之间形成集群时，还可以获得更高优先级的计算负载平衡[33]和功能子系统开发[34]。

基于集群的协作同时利用多个雾节点的功能非常有效。但是，静态集群难以在运行时进行扩展，且集群的动态组很大程度上取决于现有负载和雾节点的可用性。在这两种情况下，网络开销都起着至关重要的作用。

5.6.2 点对点

在雾计算中，节点间的点对点（P2P）协作非常普遍。P2P 协作可在层次[21]和平面[35]中进行。除基于近距离的情况外，雾节点之间的 P2P 协作可分为家用、本地、非本地等[18]。通过 P2P 协作，只会将一个节点的输出显示为另一个节点的输入[36]，节点[25]之间也共享虚拟计算实例。

对 P2P 协作中雾节点的扩充非常简单，节点可重复使用。但是在 P2P 节点协作中，可靠性和访问控制相关问题是主要的。

5.6.3 主从式

在一些资料中，主从式节点协作已经被提及。通过基于主从的协作，通常会有一个主要的雾节点控制功能、处理负载、资源管理、数据流等的下拉从属节点[16]。

此外，基于主从式与集群的方法和 P2P 节点交互可以在雾计算环境中形成一个混合的协同网络[22, 29]。但由于这种功能分解，在实时数据处理中，主雾节点和从属雾节点需要高带宽让彼此通信。

5.7　资源 / 服务调配指标

在现有的雾计算中，许多因素包括时间、能量、用户应用环境等，都在资源和服务调配方面发挥着重要作用。

5.7.1　时间

在雾计算范式中，时间被视为高效资源和服务调配的一个重要因素。

计算时间是指执行任务所需的时间。计算应用的时间很大程度上取决于应用正在运行的资源配置，或者任务表[20]，并且可以根据现有负载进行更改。此外，任务计算时间有助于确定在雾计算[18]中显著影响资源和电能管理的应用活动和空闲时段。

通信时间基本上定义了在雾计算环境中交换数据元素的网络延迟。文献中从两个方面对其进行了讨论：雾节点的终端设备 / 传感器[37]、雾节点到雾计算节点[20]。所需的通信时间反映的是帮助选择合适的雾计算节点来执行任务的网络环境。

最后期限明确了系统可允许的服务交付的最大延迟。在一些论文中，满足任务完成的截止日期已经被认为是测量系统服务质量的内置参数[30, 32]。基本上，服务交付截止时间在确定延迟敏感和延迟允许的特定应用特征方面起着重要作用。

此外，其他基于时间的指标（如终端设备 / 传感器的数据传感频率、多租户体系结构中的服务访问时间、预期的服务响应时间等）的影响可以在雾计算的高效服务和资源调配中得到研究。

5.7.2　数据

在以数据为中心的指标中，雾计算文献中输入数据大小和数据流特征非常常见。

数据大小指必须通过雾计算进行处理的数据量。一些资料中已经讨论了有关请求的计算空间需要的数据大小[35]。另外，从分布式设备 / 传感器收集的海量数据也包含大数据的特点[22]。在这种情况下，根据数据负载调配资源和服务是一种有效的方法。此外，数据大小在决定相应计算任务的本地或远程处理方面起着重要的作用[38]。

数据流定义了数据传输的特征。通过雾计算环境的数据流可以是事件驱动的[16]或实时的[36]且可能会影响资源和相关的服务调配。另外，数据流量的突然变化有时会促进节点之间的动态负载平衡[33]。

此外，异质数据体系结构的有效性、数据语义规则、数据完整性要求也可以对雾计算的资源和服务调配进行研究。

5.7.3 成本

在某些情况下，从服务提供商和用户的角度来看，成本相关因素在雾计算资源和服务调配中变得非常重要。

雾计算环境中的网络成本与带宽要求和相关费用直接相关。在多个文献数据中，从终端设备 / 传感器和交换机间上传成本已被视为网络成本[28]的要素，在其他文献中，由于带宽原因导致的网络延迟被称为网络成本[39]。

部署成本基本上与在雾计算环境中的基础设施位置相关费用有关联。在一些文献中，经济高效的基础体系结构部署已被视为支持高效资源和服务调配。基础体系结构部署成本可从两方面进行讨论：将雾计算节点置于网络中[40]和在雾计算节点中创建虚拟计算实例[28]。

执行成本是指在运行应用或处理任务时雾节点的计算费用。尽管在其他计算模式下，执行成本广泛用于资源调配和计费，但在雾计算中，此指标已很少使用。在这些工作中，依据任务完成时间和单位时间资源使用成本[39]计算了总执行成本。

除了上述成本，与安全保护相关的费用、用户愿意支付服务的最高价格，还可以考虑在雾计算中为资源和服务调配考虑迁移成本。

5.7.4 能耗和碳排放量

在一些文献中，在调配雾计算的资源和服务时更为优先关注能量相关问题。其中强调了基于家庭的雾计算环境中所有设备的能耗[34]和雾计算 – 云端互动的不同阶段的节能效果[41]。在另一文献中，出于资源调配的目的而考虑了不同节点的碳排放率[42]。

因为终端设备 / 传感器是能量受限的，终端组件（如电池剩余寿命）的能耗等因素，以及通信介质的能量特性都可以在调配雾资源中进行研究。

5.7.5　环境

环境指的是某一实体在不同情境中的状况或条件。在基于雾计算的研究工作中已经讨论了用户和应用级别的环境，供资源和服务调配使用。

用户环境，如用户特征、服务使用历史记录、服务放弃概率等，可用于将来为该用户分配资源[43]。用户服务反馈，如净推荐值（NPS）和用户需求[44]也可用于服务和资源调配目的[45]。在其他工作中，用户密度[27]、移动性[31]和网络状态[19]也被视为服务调配。

应用环境可被视为不同应用的操作要求。操作要求包括任务处理要求（CPU 速度、存储、内存）[23、29、46]、联网要求[24、25]等，并且可能会影响资源和服务设置。在其他工作负载中，不同应用的任务负载[26, 35]也被视为应用环境。

此外，雾计算中的环境信息可以在执行环境、节点特性、应用体系结构等方面讨论，也在调配资源和服务方面扮演重要角色。因此，仔细调查每个环境信息的影响是非常重要的。

5.8　服务级别目标

在现有的文献中提出了若干独特的雾计算节点结构、应用编程平台、数学模型和优化技术，实现了一定的 SLO。其中 SLO 的大部分是面向管理的，涵盖延迟、功耗、成本、资源、数据、应用程序等相关问题。

5.8.1　延迟管理

雾计算中的延迟管理基本阻碍了最终的服务交付时间，超出了可接受的阈值。此阈值可以是服务请求或应用质量服务要求的最大容许延迟。

为确保适当的延迟管理，在某些工作高效启动节点协作之前，可以在施加的延迟约束[30]内执行通过协作或关联节点的计算任务。在另一些文献中，客户端和雾计算节点之间的计算任务分配，从而最大限度地减少了服务请求的总计算和通信延迟[20]。

此外，在低延迟雾计算网络的另一个工作体系结构中，延迟管理[37]也是如此。其基本目的是从雾计算网络中选择该节点，从而在服务交付中提供最低延迟。

5.8.2 成本管理

雾计算中的成本管理可依据资本支出（CAPEX）和运营支出（OPEX）进行讨论。

雾计算中资本支出的主要提供者是分散部署的雾计算节点及其相关网络的成本。在这种情况下，适当的放置和优化数量的雾计算节点在最小化雾计算中的资本支出方面起着重要作用。在调查此问题之前，在文献[40]中提出了一个雾计算网络体系结构，通过优化雾计算节点部署的位置和数量，最大限度地减少了雾计算的总资本支出。

在另一文献[28]中，雾计算节点被视为启动 VM 的虚拟化平台。在这些 VM 中执行数据处理操作不会产生成本，而且成本可能因提供商而异。因此，可以利用不同雾节点 / 提供商的成本多样性来最大限度地降低雾计算的运营成本。就这一事实而言，本书中提出寻找合适的用于托管 VM 的雾计算节点集的解决方案，旨在将雾计算中的运营成本降至最低。

5.8.3 网络管理

雾计算中的网络管理包括核心 - 网络拥塞控制、软件定义网络（SDN）/ 网络功能虚拟化（NFV）的支持、无缝连接保障等。

网络拥塞主要是由于网络上的开销不断增加。像在物联网中一样，终端设备 / 传感器高度分散在边缘，终端组件与云数据中心的交互可将核心网络上的开销增加到一个很大的范围。在这种情况下将发生网络拥塞，降低系统的性能。基于对此事实的了解，在文献[23]中提出了一个针对服务请求提供本地处理的雾计算节点分层体系结构。因此，尽管收到大量的服务请求，云还是会获得一致版本的请求，从而导致网络拥堵。

传统网络系统的虚拟化已经引起了大量的研究关注。SDN 被认为是虚拟化网络工作的关键促成因素之一。SDN 是一种网络技术，可将控制平面从网络设备上分离，并在单独的服务器软件上运行。SDN 的一个重要方面是为 NFV

提供支持。基本上，NFV 是一种体系结构概念，它可虚拟化传统网络功能［网络地址转换（NAT）、防火墙、入侵检测、域名服务（DNS）、缓存等］。因此可通过软件执行这些操作。在基于云的环境中，SDN 和 NFV 对于其广泛服务有很大影响。为此，在多个研究工作中[16, 29, 38]提出了采用雾计算的新网络结构来实现 SDN 和 NFV。

连接可确保终端设备与云、雾、台式计算机、移动设备、终端设备等其他实体的无缝通信，尽管存在物理多样性。因此，网络中的资源发现、通信以及计算能力的维护变得更容易。关于雾计算的一些文献中已经解决了这一问题，并提出了雾计算节点的新体系结构，如物联网枢纽[24]及雾计算网络，如用于连接管理和资源发现的车辆雾计算[31]。此外，为了保障设备之间的安全连接，还开发了用于雾计算的策略驱动框架[25]。

5.8.4　计算管理

在实现的 SLO 中，确保雾计算中正确计算资源管理是非常有影响力的。雾计算资源管理包括资源估算、工作负载分配、资源协调等。

雾计算中的资源估算有助于根据某些策略分配计算资源，以便可以分配适当的资源以进行进一步的计算，可以实现所需的服务质量，并可以准确地提供服务价格。在现有文献中，资源评估策略是根据用户特征、用户体验质量、服务访问设备的功能等制定的[17, 43, 45]。

雾计算中的工作负载分配应该以这样一种方式完成，即可以最大限度地降低资源利用率，并最大限度地缩短计算闲置期。更精确地说平衡了不同组件上的平衡负载。在基于雾计算的研究工作[20]中，引入了基于调度的工作负载分配策略，以平衡雾计算节点和客户端设备上的计算负载。因此这两个部分的开销都变得经济实惠，并增强了用户体验质量。在另一文献［41］中，建议对工作负载分配框架进行平衡，以平衡雾 - 云交互中的延迟和功耗。

两个不同的雾计算资源之间的协调非常重要，因为它们是异质的和资源受限的。由于雾计算的分散性，在大多数情况下，大规模应用分布在不同的雾计算节点中。在这种情况下，如果没有适当的雾计算资源协调，将很难达到所需性能。考虑到这一事实，在文献［36］中建议基于有向图的资源协调模型进行雾资源管理。

5.8.5 应用管理

为了确保在雾计算中进行适当的应用管理，高效的专业技术是非常重要的。此外，可扩展性和计算减负功能对应用管理也有重大贡献。

编程平台提供接口、库、运行时的环境等必要组件，以开发、编译和执行应用程序。由于雾计算的动态性，为大规模应用提供适当的编程支持非常困难。为了克服这一问题，引入了一个名为移动雾计算[21]的新编程平台。移动雾计算提供简化的编程模型，用于在异构分布式设备上开发大规模应用。另外，在应用执行过程中，除了协调资源，基于分布式数据流方法的编程平台还设计用于雾计算中的应用开发。

扩展点到应用的适配功能，即使在应用用户激增和出现不可预测事件后仍能保持其服务质量，还可以在应用计划和用户服务访问中应用扩展技术。为了支持数据流应用的可扩展调度，最近在雾计算中提出了服务质量感知自适应调度程序[26]的体系结构。此计划程序可以随着用户和资源的增加而扩展应用，而不会询问有关环境的全局信息。而且，由于计划程序的自适应功能，自动重新配置资源和以分布式方式放置应用变得更加容易。此外，根据服务访问实体的距离、位置和服务质量要求，在雾计算[27]中也提出了一种针对用户服务访问模式选择的自适应技术。

卸载技术有助于资源受限的终端设备向某些资源丰富的设备发送计算任务以供执行。计算卸载在移动云环境中非常常见。然而，最近作为其他网络系统的雾计算兼容性的一部分，在数篇论文中重点强调了对雾计算中移动应用的支持卸载。在这些论文中，对移动应用[35]和资源可用性[39]的分布式计算卸载技术进行了讨论。

5.8.6 数据管理

数据管理是要实现雾计算高效性能所需的另一个重要 SLO。在不同的研究工作中，雾计算中的数据管理已经从不同的角度进行了讨论。在文献［23，44］中，对数据预处理的适当数据分析服务和资源分配进行了优化，以用于雾计算中的数据管理策略。此外，还可以考虑来自分布式终端设备 / 传感器的低延迟聚合，以实现高效的数据管理[22]。终端设备 / 传感器的存储能力还不够。在这种情况下，雾计算中的存储扩增对于保留端图元数据可能会有影响。因此，除了应用管理，在雾计算中移动设备的存储扩展也作为数据管理不可或缺的一部分加以讨论。

5.8.7 电能管理

雾计算可为不同网络系统提供电能管理即服务的有效平台。在文献［34］中提出了一种用于雾计算的服务平台，可通过在自定义的消费者控制在家中的物联网网络中实现电能管理。另外，雾计算也可以在某些情况下管理集中式云数据中心的用电。云数据中心消耗的电力很大程度上取决于正在运行的应用类型。在这种情况下，雾计算可通过为托管多个需要能量的应用提供基础体系结构来补充云数据中心。因此将尽可能减少云数据中心的能耗，最终确保云数据的正确电能管理[18]。此外，通过在雾计算中管理电能，碳排放量也可得到控制[42]。

5.9 适用的网络系统

雾计算在物联网中起着重要作用。而在最近的研究中，雾计算在其他网络系统（移动网络、内容分发网络、无线接入网络、车载网络等）中的适用性也已凸显出来。

5.9.1 物联网

在物联网中，每台设备相互连接并能相互交换数据。可从不同的视角描述物联网环境。除了将物联网指定为设备与设备交互的网络[21, 24, 36]，在几个基于雾计算的研究中，该交互已根据行业[46]和家庭[34]的执行环境进行了分类。此外，无线传感器和执行器网络[16]、网络物理系统[28]、嵌入式系统网络[20]等在设计用于雾计算的系统和服务模型时，也被认为是物联网的不同形式。

5.9.2 移动网络 / 无线接入网络

移动网络是另一种在研究工作中探索雾计算适用性的网络系统。基本上，在研究 5G 移动网络[30, 33, 37]中雾计算兼容性的工作中，重点强调了这一点。与现有蜂窝系统相比，5G 在服务交付方面实现了更高速的通信、信号容量和更低的延迟。除了5G，雾计算还可应用于其他移动网络，如3G、4G等。此外，在另一文献［41］中，对移动通信中的雾–云的功耗延迟工作负载进行了详细研究。无线接入网络（RAN）通过无线连接促进网络中的其他实体通信。名为CRAN的云辅助无线接入网络已经引起了大量的研究关注。为了补充CRAN，基于雾计算的无线接入网的潜力也在文献［38］中得到了探讨。

5.9.3 长距无源光网络/电力线通信

本书介绍了长距离无源光网络（LRPON），以支持对延迟敏感且带宽密集的家庭、行业和面向无线的回程服务。此外，覆盖大面积区域，LRPONS简化了网络集成过程。在文献［40］中，雾计算已与LRPON进行了集成，以优化网络设计。

电力线通信（PLC）是一种广泛使用的智能电网通信方法。在PLC中，同时传输数据和交流（AC）电路。文献［22］中详细讨论了采用雾计算技术的PLC。

5.9.4 内容分发网络

内容分发网络（CDN）由分布式代理服务器组成，这些代理服务器可为最终用户提供内容，从而确保高性能和可用性。在基于雾计算的研究工作中[19, 42]，雾计算节点被视为支持通过雾计算进行内容分发的内容服务器。由于雾计算节点沿网络的边缘以分散的方式放置，因此最终用户可以在非常短的延迟内访问基于雾计算的内容服务。因此，更容易确保高性能地进行内容传输。

5.9.5 车载网络

车载网络支持在车辆之间自主创建用于数据交换和资源扩充的无线通信。在此网络系统中，车辆提供计算和网络能力。多本书中[29, 31, 32]将位于边缘网络的车辆视为雾计算节点，以促进基于雾计算的车辆网络。

5.10 安全问题

雾计算安全漏洞非常高，因为它位于终端设备/传感器与云数据中心之间的底层网络中。在现有的文献中，在用户身份验证、隐私、安全数据交换、

DoS 攻击等方面已经讨论了雾计算中的安全问题。

5.10.1　身份验证

基于雾计算的服务中的用户身份认证在抵制垃圾邮件的过程中发挥着重要作用。由于雾计算是以“现收现付”的方式使用的，因此在任何意义上都不允许对服务进行无效的访问。除了用户身份验证，在文献［25］中还针对安全的雾计算环境观察到设备身份验证、数据迁移身份验证和实例身份验证。

5.10.2　隐私

雾计算处理来自终端设备 / 传感器的数据。在某些情况下，这些数据与用户的情况和兴趣密切相关。因此，正确的隐私保障被认为是雾计算中最重要的安全问题之一。在文献［31］中就基于雾的车辆计算中的隐私问题进行了进一步调查。

5.10.3　加密

可以说，雾计算补充了云计算。在某些情况下，雾计算中已处理的数据必须转发到云。由于这些数据通常包含敏感信息，因此需要在雾计算节点中对其进行加密。考虑到这一事实，在文献［23］中将数据加密层包括在提出的雾计算节点体系结构中。

5.10.4　DoS 攻击

由于雾计算节点是资源受限的，因此很难处理大量并发请求。在这种情况下，雾计算的性能可能会很大程度降低。若要在雾计算中造成如此严重的服务中断，拒绝服务（DoS）攻击可扮演重要角色。通过同时发出大量无关的服务请求，雾计算节点会在较长的时间内忙碌。因此，托管有用服务的资源变得不可行。在文献［24］中雾计算的 DoS 攻击已得以解释澄清，并进行了讨论。

5.11　差距分析和未来发展方向

雾计算位于终端用户附近，扩展了基于云的设施。在大部分分布式终端设备 / 传感器中，雾计算扮演着非常重要的角色。因此，近年来雾计算已经成为学术界和商业视角的主要研究领域之一。在表 5–1 中，重点介绍了一些从现有的雾计算文献中突显出来的论文。虽然已经在现有文献中发现了雾计算的许多重要理论，但还有一些其他问题需要解决，才能进一步改进此领域。本节讨论从现有文献到未来研究方向的不同。

表 5–1 雾计算技术综述

工作	雾节点	节点协作	预配指标	服务等级目标	适用网络	安全因素
Lee 等 [16]	服务器	主 – 从	数据（流）	网络管理	物联网	—
Aazam 等 [17]	服务器	—	内容（用户）	资源管理	物联网	—
Jalali 等 [18]	服务器	对等	时间（计算）	电源管理	内容分发网络	—
Zhu 等 [19]	服务器	—	内容（用户）	应用管理	内容分发网络	—
Zeng 等 [20]	服务器	对等	时间（通信，计算）	资源管理	物联网	—
Hong 等 [21]	网络设备	对等	数据（大小）	应用管理	物联网	—
Nazmudeen 等 [22]	网络设备	主 – 从	数据（大小）	数据管理	可编程逻辑控制器	—
Aazam 等 [23]	网络设备	—	数据（大小）	网络管理	物联网	数据加密
Cirani 等 [24]	网络设备	—	内容（应用）	网络管理	物联网	Dos 攻击
Dsouza 等 [25]	微云	对等	内容（应用）	网络管理	物联网	身份验证
Cardellini 等 [26]	微云	集群	内容（应用）	应用管理	物联网	—
Yan 等 [27]	基站	集群	内容（用户）	应用管理	无线接入网	—
Gu 等 [28]	基站	对等	成本（部署 – 通信）	资源管理	物联网	—
Truong 等 [29]	基站	主 – 从	内容（应用）	网络管理	车辆网络	—
Oucis 等 [30]	基站	集群	时间（截止日期）	延迟管理	移动网络	—
Hou 等 [31]	车辆	集群	内容（用户）	资源管理	车辆网络	隐私
Ye 等 [32]	车辆	—	时间（截止日期）	应用管理	车辆网络	—
Oueis 等 [33]	基站	集群	数据（流）	资源管理	移动网络	—

续表

工作	雾节点	节点协作	预配指标	服务等级目标	适用网络	安全因素
Faruque 等[34]	网络设备	集群	能耗	电源管理	物联网	—
Shi 等[35]	网络设备	对等	内容（应用）	应用管理	移动网络	—
Giang 等[36]	网络设备	对等	数据（流）	应用管理	物联网	—
Intharawijitr 等[37]	服务器	—	时间（通信，计算）	延迟管理	移动网络	—
Peng 等[38]	基站	对等	数据（大小）	网络管理	无线接入网	—
Hassan 等[39]	网络设备	集群	成本（执行，通信）	应用管理	移动网络	隐私
Zhang 等[40]	微云	对等	成本（部署）	成本管理	长距离无源光网络	—
Deng 等[41]	网络设备	对等	数据（大小）	应用管理	移动网络	—
Do 等[42]	网络设备	—	能耗	二氧化碳管理	内容分发网络	—
Aazam 等[43]	服务器	—	内容（用户）	资源管理	物联网	—
Datta 等[44]	网络设备	对等	内容（用户）	数据管理	车辆网络	—
Aazam 等[45]	服务器	—	内容（用户）	资源管理	物联网	—
Gazis 等[46]	网络设备	—	内容（应用）	资源管理	物联网	—

5.11.1　环境感知型资源 / 服务调配

环境感知有助于在雾计算中实现高效的资源和服务调配，它以不同形式接收雾计算中的环境信息，例如：

- 自然环境：位置、时间（峰值、最低值）等。
- 应用环境：延迟敏感度、应用体系结构等。
- 用户环境：移动性、社交联系、活动等。
- 设备环境：可用资源、剩余电池续航时间等。
- 网络环境：带宽、网络流量等。

虽然几个基于雾计算的研究文献已被视为估算资源方面的环境信息，但仍未探讨环境信息的许多重要方面。研究在资源和服务管理中应用情景信息的不同技术可能是基于雾计算的研究的一个潜在领域。

5.11.2 可持续、可靠的雾计算

雾计算的可持续发展很大程度上优化其经济和环境的影响。但是雾计算的整体可持续体系结构受制于服务质量、服务重用性、能效资源管理等诸多问题。另外，雾计算的可靠性可以就雾计算节点的一致性、高性能服务的可获得性、安全交互、容错等方面进行讨论。在现有文献中，对可持续、可靠的雾计算进行了小范围的讨论。强烈建议在此领域进行进一步研究，以获得雾计算的理想性能。

5.11.3 雾计算节点互操作结构

通常，雾计算节点是具有计算设施的专用网络组件。更确切地说，除了执行传统网络活动（如数据包转发、路由、交换等），雾计算节点还执行计算任务。在某些实时交互关联的情况下，雾计算节点更多的是作为计算组件起作用，而非网络组件。在其他情况下，雾计算节点的网络功能比起其计算功能更为突出。因此，可以根据需要自行定制雾计算节点的可互操作体系结构是非常有必要进行研究的。现有文献中虽然已经提出了许多独特的雾计算节点体系结构，但仍需要调查研究雾计算节点的真正可互操作体系结构。

5.11.4 分布式应用部署

雾计算节点分布在边缘，并非所有节点都是高度资源占用的。在这种情况下，单个雾计算节点上的大规模应用部署经常是不可行的。大型应用的模块化开发及其在资源有限的雾计算节点上的分布式部署可以是一个有效的解决方案。在现有的雾计算中，提出了几个用于分布式应用开发和部署的编程平台。但是，有关分发应用部署的问题，例如延迟管理、数据流管理、服务质量保障、实时应用的以边缘为中心的关联等问题，都尚未得到合理的解决。

5.11.5 雾计算中的电能管理

雾计算节点必须同时处理来自终端设备 / 传感器的大量服务请求。普通解决方案之一是根据需求在环境中部署雾计算节点。但是，这种方法将在很大程

度上增加计算活动雾计算节点的数量，这最终会影响系统的总功耗。因此响应大量服务请求时，需要在雾计算中进行适当的电能管理。然而在现有的文献中，人们认为雾计算将云数据中心的能耗降至最低，尚未调查雾计算网络中的能量使用情况。此外，为了在雾计算环境中管理电能，通过将任务从一个节点迁移到另一个节点，可以在某些情况下实现雾计算节点的集成。对最佳任务迁移解决方案的调查也可以是基于雾计算研究的一个潜在领域。

5.11.6 雾计算资源中的多租户支持

可以将雾计算节点的可用资源虚拟化并分配给多个用户。在现有的文献中，雾计算资源的多租户支持和根据其服务质量要求规划的计算任务都得到了详细的调查研究。未来可针对现有文献的局限性进行研究。

5.11.7 雾计算的定价与计费

雾计算可以提供类似于云计算的实用程序服务。在云计算中，通常会根据使用的水平规模对用户收费。与云计算不同，雾计算中资源的垂直排列在很大程度上增加了用户和提供商的支出。因此雾计算中的定价和计费策略通常与面向云的策略明显不同。此外，由于缺乏适当的基于雾计算服务的定价和计费策略，通常情况下，用户很难确定合适的提供商来执行 SLA。在这种情况下，人们认为基于雾的服务的适当定价和计费策略被视为对雾计算领域存在潜在贡献。

5.11.8 雾计算模拟工具

评估基于雾计算的策略性能的开发通常非常昂贵且在许多情况下无法大规模扩展。因此，为了对提出的雾计算环境进行初步评估，许多研究人员都在寻找高效的雾计算模拟工具包。但是，现在可用的雾计算模拟器非常少（如 iFogSim[47]），在未来研究中，可以考虑开发用于雾计算的新型高效模拟器。

5.11.9 雾计算的编程语言和标准

基本上，雾计算用来扩展基于云的服务，如 IaaS、PaaS、SaaS 等以接近物联网设备 / 传感器。由于雾计算的结构不同于云，因此需要修改或改进现有标准并关联编程语言，以便在雾计算中实现基于云的服务。此外，为了在雾计算中无缝、灵活地管理大量连接，还需要开发高效的网络协议和用户接口。

5.12 总结和小结

在本章中，概述了雾计算领域的最新发展。从结构、服务和安全相关问题方面讨论了雾计算方面的挑战。基于已确定的主要挑战和特性，提出了雾计算的分类法。还根据解决这些挑战的方法对现有的工作进行分类和分析。此外，基于分析提出了一些前景广阔的研究方向。

参考文献

1. Dastjerdi, A., H. Gupta, R. Calheiros, S. Ghosh, and R. Buyya. 2016. Chapter 4—fog computing: Principles, architectures, and applications. In *Internet of Things: Principles and Paradigms*, ed. R. Buyya, and A.V. Dastjerdi, 61–75. New York: Morgan Kaufmann.

2. Sarkar, S., and S. Misra. 2016. Theoretical modelling of fog computing: A green computing paradigm to support iot applications. *IET Networks* 5(2): 23–29.

3. Bonomi, F., R. Milito, J. Zhu, and S.Addepalli. 2012. Fog computing and its role in the internet of things. In *Proceedings of the first edition of the MCC workshop on Mobile cloud computing*, ACM, 13–16.

4. Sarkar, S., S. Chatterjee, and S. Misra. 2015. Assessment of the suitability of fog computing in the context of internet of things. *IEEE Transactions on Cloud Computing* PP(99): 1–1.

5. Garcia Lopez, P., A. Montresor, D. Epema, A. Datta, T. Higashino, A. Iamnitchi, M. Barcellos, P. Felber, and E. Riviere. 2015. Edge-centric computing: Vision and challenges. *ACM SIGCOMM Computer Communication Review* 45(5): 37–42.

6. Varghese, B., N. Wang, S. Barbhuiya, P. Kilpatrick, and D.S. Nikolopoulos. 2016. Challenges and opportunities in edge computing. In *Proceedings of the IEEE International Conference on Smart Cloud*, 20–26.

7. Shi, W., J. Cao, Q. Zhang, Y. Li, and L. Xu. 2016. Edge computing: vision and challenges. *IEEE Internet of Things Journal* 3(5): 637–646.

8. Hu, Y.C., M. Patel, D. Sabella, N. Sprecher, and V. Young. 2015. Mobile edge computing a key technology towards 5g. *ETSI White Paper* 11: 1–16.

9. Klas, G.I. 2015. Fog Computing and Mobile Edge Cloud Gain Momentum Open Fog Consor-tium, ETSI MEC and Cloudlets. http://yucianga.info/?p=938.

10. Cau, E., M. Corici, P. Bellavista, L. Foschini, G. Carella, A. Edmonds, and T.M. Bohnert. 2016. Efficient exploitation of mobile edge computing for virtualized 5g in epc architectures. In *4th IEEE International Conference on Mobile Cloud Computing, Services,*

and Engineering (MobileCloud), (March 2016), 100–109.

11. Ahmed, A., and E. Ahmed. 2016. A survey on mobile edge computing. In *Proceedings of the 10th IEEE International Conference on Intelligent Systems and Control (ISCO 2016)*, Coimbatore, India.

12. Mahmud, M.R., M. Afrin, M.A. Razzaque, M.M. Hassan, A. Alelaiwi, and M. Alrubaian. 2016. Maximizing quality of experience through context-aware mobile application scheduling in cloudlet infrastructure. *Software: Practice and Experience* 46(11): 1525–1545. spe.2392.

13. Sanaei, Z., S. Abolfazli, A. Gani, and R. Buyya. 2014. Heterogeneity in mobile cloud com-puting: Taxonomy and open challenges. *IEEE Communications Surveys and Tutorials* 16(1): 369–392.

14. Bahl, P., R.Y. Han, L.E. Li, and M. Satyanarayanan. 2012. Advancing the state of mobile cloud computing. In *Proceedings of the third ACM workshop on Mobile cloud computing and services,* ACM, 21–28.

15. Satyanarayanan, M., G. Lewis, E. Morris, S. Simanta, J. Boleng, and K. Ha. 2013. The role of cloudlets in hostile environments. *IEEE Pervasive Computing* 12(4): 40–49.

16. Lee, W., K. Nam, H.G. Roh, S.H. Kim. 2016. A gateway based fog computing architecture for wireless sensors and actuator networks. In *18th International Conference on Advanced Communication Technology (ICACT),* IEEE, 210–213.

17. Aazam, M., and E.N. Huh. 2015. Fog computing micro datacenter based dynamic resource estimation and pricing model for iot. *In IEEE 29th International Conference on Advanced Information Networking and Applications.* (March 2015), 687–694.

18. Jalali, F., K. Hinton, R. Ayre, T. Alpcan, and R.S. Tucker. 2016. Fog computing may help to save energy in cloud computing. *IEEE Journal on Selected Areas in Communications* 34(5): 1728–1739.

19. Zhu, J., D.S. Chan, M.S. Prabhu, P. Natarajan, H. Hu, F. Bonomi. 2013. Improving web sites performance using edge servers in fog computing architecture. In *Service Oriented System Engineering (SOSE), 2013 IEEE 7th International Symposium on,* (March 2013), 320–323.

20. Zeng, D., L. Gu, S. Guo, Z. Cheng, and S. Yu. 2016. Joint optimization of task scheduling and image placement in fog computing supported software-defined embedded system. *IEEE Transactions on Computers* PP(99): 1–1.

21. Hong, K., D. Lillethun, U. Ramachandran, B. Ottenwälder, and B. Koldehofe. 2013. Mobile fog: A programming model for large-scale applications on the internet of things. In *Proceedings of the second ACM SIGCOMM workshop on Mobile cloud computing,* ACM, 15–20.

22. Nazmudeen, M.S.H., A.T. Wan, and S.M. Buhari. 2016. Improved throughput for power line communication (plc) for smart meters using fog computing based data aggregation approach. In *IEEE International Smart Cities Conference (ISC2),* (Sept 2016), 1–4.

23. Aazam, M., and E.N. Huh. 2014. Fog computing and smart gateway based communication for cloud of things. In *Future Internet of Things and Cloud (FiCloud), International Conference on IEEE (2014),* 464–470.

24. Cirani, S., G. Ferrari, N. Iotti, and M. Picone. 2015. The iot hub: A fog node for seamless management of heterogeneous connected smart objects. In *12th Annual IEEE International Conference on Sensing, Communication, and Networking-Workshops (SECON Workshops), IEEE (2015),* 1–6.

25. Dsouza, C., G.J. Ahn, and M. Taguinod.2014. Policy-driven security management for fog computing: Preliminary framework and a case study. In: *IEEE 15th International Conference on Information Reuse and Integration (IRI), (Aug 2014),* 16–23.

26. Cardellini, V., V. Grassi, F.L. Presti, and M. Nardelli. 2015. On qos-aware scheduling of data stream applications over fog computing infrastructures. In *IEEE Symposium on Computers and Communication (ISCC),* (July 2015), 271–276.

27. Yan, S., M. Peng, and W. Wang. 2016. User access mode selection in fog computing based radio access networks. In *IEEE International Conference on Communications (ICC),*(May 2016), 1–6.

28. Gu, L., D. Zeng, S. Guo, A. Barnawi, and Y. Xiang. 2015. Cost-efficient resource management in fog computing supported medical cps. *IEEE Transactions on Emerging Topics in Computing* PP(99): 1–1.

29. Truong, N.B., G.M. Lee, and Y. Ghamri-Doudane. 2015. Software defined networking-based vehicular adhoc network with fog computing. In *IFIP/IEEE International Symposium on Integrated Network Management (IM),*(May 2015), 1202–1207.

30. Oueis, J., E.C. Strinati, S. Sardellitti, and S.Barbarossa. 2015. Small cell clustering for efficient distributed fog computing: A multi-user case. In *Vehicular Technology Conference (VTC Fall),* IEEE 82nd. (Sept 2015), 1–5.

31. Hou, X., Y. Li, M. Chen, D. Wu, D. Jin, and S. Chen. 2016. Vehicular fog computing: A viewpoint of vehicles as the infrastructures. *IEEE Transactions on Vehicular Technology* 65(6): 3860–3873.

32. Ye, D., M. Wu, S. Tang, and R. Yu. 2016. Scalable fog computing with service offloading in bus networks. In *IEEE 3rd international Conference on Cyber Security and Cloud Computing (CSCloud),* (June 2016), 247–251.

33. Oueis, J., E.C. Strinati, and S. Barbarossa. 2015. The fog balancing: Load distribution for small cell cloud computing. In *IEEE 81st Vehicular Technology Conference (VTC spring),* (May 2015), 1–6.

34. Faruque, M.A.A., and K. Vatanparvar. 2016. Energy management-as-a-service over fog computing platform. *IEEE Internet of Things Journal* 3(2): 161–169.

35. Shi, H., N. Chen, and R. Deters. 2015. Combining mobile and fog computing: Using coap to link mobile device clouds with fog computing. In *IEEE International Conference on Data Science and Data Intensive Systems,* (Dec 2015), 564–571.

36. Giang, N.K., M. Blackstock, R. Lea, and V.C.M.Leung. 2015. Developing iot applications in the fog: A distributed dataflow approach. In *5th International Conference on the Internet of Things (IOT),* (Oct 2015), 155–162.

37. Intharawijitr, K., K. Iida, and H. Koga. 2016. Analysis of fog model considering computing and communication latency in 5g cellular networks. In *IEEE International Conference on Pervasive Computing and Communication Workshops (PerCom Workshops),* (March 2016), 1–4.

38. Peng, M., S. Yan, K. Zhang, and C. Wang. 2016. Fog-computing-based radio access networks: Issues and challenges. *IEEE Network* 30(4): 46–53.

39. Hassan, M.A., M. Xiao, Q. Wei, and S.Chen. 2015. Help your mobile applications with fog computing. In *12th Annual IEEE International Conference on Sensing, Communication, and Networking - Workshops (SECON Workshops),* (June 2015), 1–6.

40. Zhang, W., B. Lin, Q. Yin, and T. Zhao. 2016. Infrastructure deployment and optimization of fog network based on microdc and lrpon integration. *Peer-to-Peer Networking and Applications* 1–13.

41. Deng, R., R. Lu, C. Lai, T.H. Luan, and H. Liang. 2016. Optimal workload allocation in fog- cloud computing towards balanced delay and power consumption. *IEEE Internet of Things Journal* PP(99): 1–1.

42. Do, C.T., N.H. Tran, C. Pham, M.G.R. Alam, J.H. Son, and C.S. Hong. 2015. A proximal algorithm for joint resource allocation and minimizing carbon footprint in geo-distributed fog computing. In *International Conference on Information Networking (ICOIN),* (Jan 2015), 324– 329.

43. Aazam, M., M. St-Hilaire, C.H. Lung, and I. Lambadaris. 2016. Pre-fog: Iot trace based probabilistic resource estimation at fog. In *13th IEEE Annual Consumer Communications Networking Conference (CCNC),* (Jan 2016), 12–17.

44. Datta, S.K., C. Bonnet, and J. Haerri. 2015. Fog computing architecture to enable consumer centric internet of things services. In *International Symposium on Consumer Electronics (ISCE),* (June 2015), 1–2.

45. Aazam, M., M. St-Hilaire, C.H. Lung, and I. Lambadaris. 2016. Mefore: Qoe based resource estimation at fog to enhance qos in iot. In *23rd International Conference on Telecommunications (ICT),* (May 2016), 1–5.

46. Gazis, V., A. Leonardi, K. Mathioudakis, K. Sasloglou, P. Kikiras, and R. Sudhaakar. 2015. Components of fog computing in an industrial internet of things context. In *12th Annual IEEE International Conference on Sensing, Communication, and Networking - Workshops (SECON Workshops),* (June 2015) 1–6.

47. Gupta, H., A.V. Dastjerdi, S.K. Ghosh, and R. Buyya. 2016. ifogsim: A toolkit for modeling and simulation of resource management techniques in internet of things, edge and fog computing environments. arXiv preprint arXiv:1606.02007.

第 6 章
智能空间设计过程中的挑战和机遇

于夫拉吉·萨尼，曹建农，沈嘉兴

摘要： 在过去 10 年中，物联网及相关技术（如泛在计算）的研究推动了智能空间的发展。智能空间不仅意味着环境中不同设备的互联，还意味着设备响应人类行为和需求的环境。为了实现这一愿景，应提供基于用户意愿及其高层次目标的服务。但是，现有的工作主要侧重提供基于情景的服务。过去，智能空间开发人员专注于提供以技术为中心的解决方案，但这种方法未能得到更广泛的采用，因为用户开始时并不想要解决方案，或者无法了解其工作方式。因此，研究人员和智能空间开发人员现在已经转向以用户为中心来开发智能空间。由于开发人员除考虑常见技术挑战外，还必须考虑诸如用户要求、行为等因素，因此开发以用户为中心的智能空间非常重要。本章中，我们将全面了解为两种不同的智能空间方案而开发的以用户为中心的智能空间：智能家居和智能购物。我们提供 4 个以用户为中心的标准来比较这两个智能空间。最后，还提出开发智能空间的未来研究方向。

6.1 简介

如今物联网一词已不再只是个营销热词。思科公司曾预测，到 2022 年，全球物联网市场将达到 14.4 万亿美元。未来的物联网世界中，我们身边的一切物体都将会相互连接。此愿景还包括许多其他相关的研究范式，如泛在计算、普适计算、网络物理系统、无线传感器网络等。所有研究领域的目标是通过使用具有通信和计算功能的设备，使它们相互连接以感知环境，让我们的生活更加舒适。

但是，这些领域并不侧重于连接性能的情感和社交方面。这意味着，这些技术提供的解决方案只是为了提供自动化，而不会帮助人们互相联系。由于智能手机、笔记本电脑、智能手表等众多科技产品的大量出现，我们开始失去与自然环境的联系，甚至让我们与其他人也疏远了。因此，我们需要某种技术，能够让人们在情绪上融合到周围环境中，并协助发展与他人的社交联系。这意味着我们不仅需要在环境中与物互相连接，还需要与其他人和物相连。万物互联基于相同的目标，即将物体网络连接扩展至包括人员、流程和数据在内。思科公司将万物互联定义为人、流程、数据和物体的智能连接，为企业、个人和国家创造新的功能、更丰富的体验和前所未有的经济机会[5, 11]。图 6-1 所示为万物互联中的人员、数据、流程和物体的相互连接。

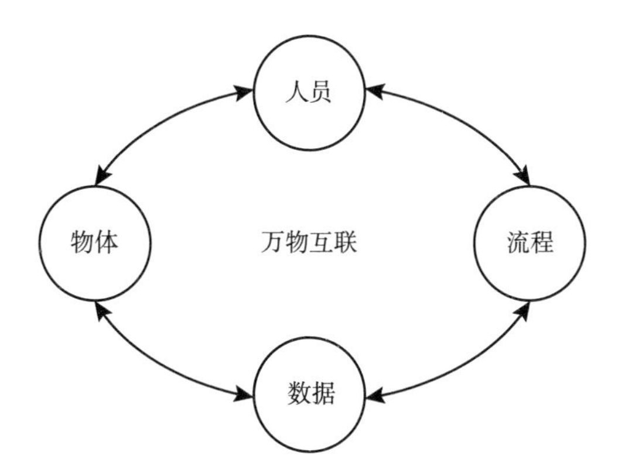

图 6-1　人员、数据、流程和物体的相互连接

研究人员不只是关注应用的技术方面，而是尝试利用社会学、心理学、哲学、建筑学等多个学科的知识来设计应用。研究人员希望使用关于人类情绪、社交联系以及在环境设备和人类之间进行交互的知识，以便为用户提供优化服务。智能空间是一种通过利用来自多个学科的知识来使周围环境更智能的应用。许多物联网应用，如智能家居、智能建筑、智能医疗保健、智能停车、智能零售等，都可以划分入智能空间的某一类型。它们都以某种方式相互连接，因为彼此数据是共享的。无论采用哪种方法设计应用，每个应用的最终目的都是通过提供更好的服务来改善用户生活。虽然具体的细节可能有所不同，但互操作性、可扩展性、安全性、隐私等方面的挑战对每个应用都是类似的。由于这些应用紧密相关，因此将这些应用放在一起加以理解是很有意义的。

在本章中，概要介绍智能空间，然后详细介绍两个重要的应用：智能家居和智能购物。关注当前解决方案的缺陷，并对用户没有广泛接受这些应用的原因进行分类。根据分析，如果智能空间开发人员希望这一技术得到广泛应用，那么他们应将重点从以技术为中心的方法转变为以用户为中心的方法。智能空间开发人员不应牺牲某些基本功能，如低成本、高安全性、可靠性、灵活性、稳定性、易于管理，来获得更广泛的市场采用率。今后，所有智能空间将相互合并，因此了解不同的智能空间之间的差异是非常重要的。因而还提出了4个以用户为中心的标准（利益相关方的类型、用户数量、智能空间的动态和用户需求），以比较智能家居和智能购物应用。在分析智能空间的挑战和缺点之后，还为开发智能空间提出了一些未来的研究方向。

本章第6.2节提供了智能空间的通用概述；第6.3节和第6.4节分别讨论了智能家居和智能购物应用；第6.5节讨论智能家居与智能购物之间的区别；最后，第6.6节提出了一些开发智能空间的研究方向。

6.2　智能空间概览

智能空间指的是任何周围环境，利用从物体和人类之间的交互获得的数据来适应人类的行为和需要。这里的“物体”指的是我们周围存在的所有设备，其中包括可穿戴设备、智能手机、笔记本电脑或任何能够感应和/或驱动的其他设备。智能空间中的物体和用户可以是固定的或移动的。通过利用环境中各种社交网络和其他设备的数据，可以分析和获取与用户行为和要求相关的环境信息和数据。一旦知道了用户需求，就可以提供个性化服务并让用户的生活更加舒适。

智能空间的发展需要具备计算机科学、心理学、社会学、建筑学等多种学科的知识。需要从传感器和其他来源收集数据，分析此数据以查找与人类行为相关的一些有用功能，与异质设备交换此数据，然后相应地配置设备和系统。交互式用户接口也是智能空间中最重要的组件之一，因为可以更轻松地管理智能空间。需要用户友好型的界面来显示从不同的数据来源获得的结果，并支持与不同的设备和系统进行交互。这些界面还可为用户之间交换数据提供可能，并可实现个人之间更好的协作。

每个智能空间情景都会有互操作性、资源发掘、可扩展性、大数据分析、开放性、耐用性、安全性和隐私等技术挑战[48]。互操作性是一个需要解决的主要研究挑战，以允许位于不同智能空间内的设备或用户之间进行交互。欧洲物联网研究集团（IERC）定义了 4 种类型的互操作性：技术、句法、语义和组织互操作性[51]。技术互操作性与硬件 / 软件组件和支持 M2M 通信的通信协议有关。句法和语义与数据的格式、语法和含义有关。组织互操作性是指在两个不同的组织之间通信和交换数据的总体能力。智能空间需要支持向现有系统添加新设备、用户以及允许不同的智能空间相互交换数据的功能。智能空间是一个动态环境，其中大量设备和用户进行交互。管理智能空间时需要处理的部分情形包括以下内容。

- 添加或删除设备。

  由于所有设备彼此交互以提供舒适的环境，添加或删除设备至少需要通知其他设备有关网络配置的变化。添加或删除设备将导致网络的连接和覆盖范围发生变化。添加新设备可能会使旧设备冗余或过时，因此必须删除旧设备。另外，如果删除的设备和另一设备曾经共同执行某一功能，则其他设备必须相应地更改其配置。更改设备的配置。可以随时间更改设备配置。此更改可能是硬件或软件，可能会使某些设备不兼容数据交换，这会妨碍整个系统的功能。因此，一个设备中的更改将反映在所有网络中，而其他设备则必须相应地自行配置。

- 根据用户重新配置智能空间。

  如今提供的服务通常是个性化的。每个用户都有不同的偏好，因此，用户必须根据自己的要求修改设备的设置。如果智能空间可以识别并记住用户设置，则可以解决此问题。所以当同一用户再次进入智能空间时，设备设置会自动更改[10]。

- 同时处理多个用户需求。

  在上一点中，假设智能空间中只有一个用户存在。但通常在家庭或办公室内，任何时候都有多个用户。由于每个用户可能具有不同的偏好，因此很难调整智能空间，使其适合每个用户。这是一个持久的挑战，旨在解决由多用户需求引起的冲突[39]。

尽管技术问题在开发智能空间方面非常重要，但如果研究人员希望他们的技术解决方案得到广泛使用，就需要改变他们的方法。因此近年来，研究人员已将以技术为中心的方法转变为以用户为中心的方法。研究人员关注的是用户需求，而不仅是考虑他们可以提供的新的技术解决方案。以前的方法是将技术推送到市场中，但效果并不明显，因为用户要么从一开始就不想要解决方案，要么就无法理解它的工作方式。下面概括介绍在开发智能空间时需要考虑的一些非技术问题。

（1）用户配置文件。了解智能空间是否要由特定用户使用，或者提供的解决方案是否适用于每个人，这些都是非常重要的[3]。例如，“环境辅助生活”是一个智能空间应用，通常为老年人设计，它必须不同于专为儿童设计的智能空间。本例说明了年龄差异，但实际上，用户在习惯、社会需求、物理和精神健康等方面可能都会有所不同。

（2）用户对智能空间的了解。通常，普通用户对智能空间是什么、不同设备的功能如何，以及如何根据其需求来配置这些设备等问题的了解非常少。在文献[38，55]中，研究了在自然家庭环境下运行智能设备的用户体验，并且观察到用户无法完全了解系统行为，因此他们不得不尝试用黑客技术来配置系统设置，而这种情况导致了用户的不满。

（3）用户 - 设备交互。智能空间中设备的用户接口必须是交互式的、易于使用的、对理解能力需求低的，且大多数类型的用户都能轻易地使用[3]。Yang 和 Newman[55] 分析在自然家庭环境中使用 Nest 恒温器时，良好的接口设计会带来更大的参与度。研究人员已经尝试各种不同类型的接口，如手势、视听、人脑 - 计算机接口。现在研究人员正尝试创建能够让人们与自然环境交互的接口。例如，文献［25］中设计了一个交互式接口“时间家庭酒吧”，旨在利用桌子、威士忌酒杯、MP3 播放器作为主要组件来与周围环境进行交互。

（4）用户 - 设备控制之间的平衡。决定用户手中握有多少控制权是很重要的。例如，在这种情况下，用户可以直接控制他们周围的空间，或是其他设备被动监控用户的行为和需求，然后相应地配置空间。已经发现，如果用户在使用自动化技术时感觉无法控制或不了解设备的工作，那么他们会对自动化程度加以限制[39]。这意味着他们可能会手动设置设备，而不是依赖设备。Mennicken 等[39] 建议最好考虑用户和设备之间的协作，而不是控制。在这种情况下，用户和设备都会交换有用的信息，以便做出决定。

6.3　智能家居

智能家居是一个居住区，它根据居民要求进行自动调整，并允许他们访问和控制处于各传感器和其他设备监控下的周围环境。可穿戴设备、智能手机和周围设备中嵌入的各种传感器都会收集与物理环境、人类行为和人类活动相关的数据，然后对数据进行分析，以自动调整物理环境，并为人类提供一系列个性化服务，帮助其改善生活体验[13]。不同个体利用智能家庭服务实现的目标不同，但我们可以将它们分为 4 种主要类型，如图 6–2 所示。

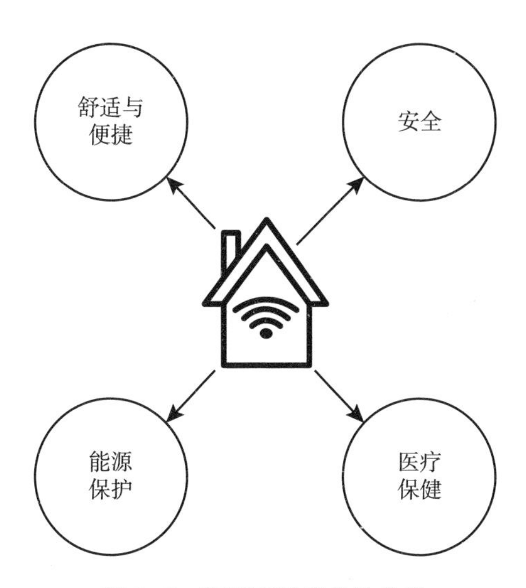

图 6–2　智能家居服务的分类

根据文献［35］中的一项调查，美国公民每天平均有 15.6 个小时都待在家中，占了将近 2/3 的时间，因此提供可增强人们在家中舒适感的功能就十分重要。这些功能包括提供对家中各种设备的远程访问和控制，根据物理环境和其他环境信息自动调整暖通系统，通过允许访问授权人员、监控居民健康情况并在异常情况下发送警报（跌落检测、心脏病等），从而提高安全性，或根据情绪设定娱乐系统[4, 54]。参考文献［42］中，作者提出了 22 项服务，如智能记忆库、智能床、智能表、智能浴室、智能衣橱等，都可归入智能家居中。文献［50］中作者利用计算技术将家中的普通表面（如冰箱门、厨房墙、通知板）转换为智能表面，帮助人们有效地组织家庭生活。美国电气电子工程师学会已创建了虚拟家庭和未来的物联网家庭，其中展示了未来的智能家庭中可包含的技术和功能[26]。研究人员还创建了真正的智能家居，如Mavhome[15]、Georgia科技意识家庭[29]、House-n[49]，来展示未来智能家居中可能包含的功能。

为智能家居开发的大多数服务都尝试增强人们的舒适感。尽管在开发智能家居的同时，舒适性和便利性都是优先考虑的问题，但不能忽视因过度利用能源等资源而对自然环境造成的损害。因此在舒适性与能源之间始终存在争论，即我们是否应该更喜欢节能环境还是使用能最大限度地提高我们舒适感的功能[39]。这就产生了智能家居的另一个观点，重点是利用能源管理系统节约能源和资金，同时减少碳排放量[54]。基本理念是使用智能仪表和其他接口，告知用户所消耗的总电量，并提供有助于为居民节省电能和资金的可能的解决方案。能源管理系统可用于在家中自动或手动运行设备，以便在用电高峰时不使用这些设备，并且在不使用时或总功耗超过阈值时，这些设备会关闭。这些设置取决于家庭及其能源需求。

在所有智能家居应用中，环境辅助生活（AAL）受到了此领域研究者的最大关注。环境辅助生活旨在让有特殊需求的人生活得更为舒适，如帮助老年人、残疾人等在家中独立生活[30]。随着人口老龄化的加重、专业医疗人员的聘请成本升高、专业医疗人员的负担不断增加，以及人们在当前住宅中继续独立生活的需求增大，研究人员对该应用更为重视[46]。为老年人提供舒适生活是很困难的，因为他们通常面临诸如体力活动、视觉、听觉、认知功能及许多与年龄相关疾病（如阿尔茨海默病、帕金森病、关节炎等）的问题[46]。帮助老年人和其他此类人员所需的一些重要技术是人类活动识别（用于检测日常生活模式）[14]、规划（协助规划活动，尤其是对于患有阿尔茨海默病的患者）、异常检测（检测徘徊模式或危险行为）[12, 17]、身份检测[21]和室内定位（用于跟踪和提供基于位置的服务）、环境建模（提供基于环境的服务）等[46]。

在为环境辅助生活设计解决方案时，研究人员应考虑具体人员的特殊要求，并持续监控其现状或疾病是否影响其使用技术的能力[23]。根据在文献[23]中进行的一项研究，这些人（尤其是老年人）关心如何与同龄人还有其他家庭成员保持联系。文献[4，23，30，46]研究中得出的其他重要发现是：老年人不容易接受现代IT技术。在使用这些解决方案时，有一种社交污名，使他们看起来依赖于和需要职业健康护理[23]。因此，他们常常试着在周围环境中隐藏可穿戴设备或其他感官设备。老年人需要根据特定个人和环境进行调整的且不引人注目的技术[30]。

近年来，研究人员提出了许多创新解决方案来帮助解决 AAL 相关问题。文献［33］中作者提出了根据阿尔茨海默病患者的认知特点调整提示策略（听觉、图形、视频或灯光）的一些指导原则。由于隐私和非干扰性是个体的重要考虑事项[13]，文献［1］中作者使用了一种名为“生命无线电”的设备，该设备利用人体的低功率无线信号反射，在不违反隐私或与人体接触的情况下跟踪呼吸。技术已经发展到这一水平，我们甚至可以帮助拯救生命。文献［6］的作者展示了一项研究，通过分析来自多个来源（如活动、身体磨损和周边传感器、医疗设备的数据等）的实时数据，可以救助心脏病发病患者的生命。

除了 AAL 应用，市场中还涌现了许多的智能家居设备。许多大公司，包括谷歌、微软、三星、苹果、亚马逊等，都推出了有望自动调整我们周边环境，并使房屋更智能的设备。据 iControl 网站调查了 1600 名消费者的报告[41]，90% 的消费者购买智能家居产品是为了提高个人和家庭的安全性，70% 是为了节省能量和资金，而娱乐是购买智能家居产品的新因素。观察到的另一个有趣的趋势是，60% 的人更喜欢自动调整自身的设备。这表明人们做好了采用智能家居的准备，但智能家居设备的应用率仍然很低。文献［55］中的研究工作是通过使用智能系统（如 Nest 恒温器）来确定居民所面临的问题。在文献［55］中的研究发现，用户面临着了解 Nest 的学习行为的问题，在某些情况下，用户甚至因 Nest 的自适应更改而受到困扰。此问题导致用户接管对设备的控制，而非依赖设备进行的自动化控制。我们确定了智能家居产品接受度低的 4 个主要原因，包括缺少对用户配置文件的考虑、高成本、高复杂性和缺乏信任等因素。以下各小节将详细介绍每个问题。

6.3.1　缺少对用户配置文件的考虑

如前所述，智能家居的大部分研究都侧重于与健康相关的用户，即使如此，确定设计家庭医疗保健技术的用户属性仍然是一个长期的研究挑战[9]。至于其他类型的用户，需要大量研究才能获得特定和差异化的特征[54]。用户在年龄、性别、职业、社会文化观念、技术、物理和精神健康、社会需求、日常生活、社会关系等方面有所不同。单个用户也会随时间的变化而变化，因此随着时间的变化，现在能工作的智能家居系统可能无法在不久的将来继续工作[39]。考虑到这些差异，即使是只为一个人设计智能家居也是很困难的，因为它需要非常灵活，并且满足各种不同的需求。通常，智能家居由多个与他人共享空间和设备的个体构成，因而发生冲突的概率要高得多，因为每个人都有自己的偏好。我们介绍下面 3 个标准，有助于确定他们偏好的用户类型和解决方案。

6.3.1.1 基于年龄的用户多样性

大多数智能家居服务都是专为长时间待在家中的用户设计的[4]。即使年轻人对技术有更大的接受度，他们也无法充分利用这些服务，因为大多数年轻人出于经济因素和个人生活选择，更喜欢在出租的房屋中居住。根据 PWC 的数据，60% 的人口将居住在伦敦的租赁房屋中[43]。因此，智能家居服务需要更灵活、更便宜。年轻人需要模块化和独立的智能家居服务，以便在他们的新家中也能使用这些服务，而不必担心集成问题。第二类用户为育有子女的家庭。除了经济性和灵活性，此类用户还关注能源节约，以及家庭和内部人员的安全。他们对能帮他们监控孩子的活动或获取能量和成本信息的服务感兴趣。第三类用户是年龄较大的人，他们通常只居住在家中。有关老年人的一个重要挑战是他们不容易接受新技术。因此，使用智能手机或新型小工具的技术解决方案可能不是他们的最佳选择，因为他们可能不知道如何操作，并且不太想要学习新技术[4]。

6.3.1.2 身心健全

适用于普通个体的智能家居解决方案肯定不适用于患有疾病或身体残疾的人。具有特殊需求的用户有不同的疾病类型和阶段，因此他们需要符合其个人环境的解决方案[9]。在文献 [33] 中作者表明，患阿尔茨海默病的不同患者，依据其认知配置文件制定的提示策略是不同的。因此，尽管两个人可能患有同样的疾病，但他们的状态和经验将决定哪种解决方案最适合他们。

6.3.1.3 对智能家居自动化的态度

大多数用户认为，家居自动化会让他们高枕无忧，并为他们带来方便[8]。但是，并非每个人都持有这一观点，因为有些用户认为家居自动化会使他们变懒，或者无法控制自己的房屋[4]。不同的用户具有不同的哲学信念和文化差异，很难提出适合于每个人的解决方案。例如，能接受智能家居解决方案的富裕人群通常更喜欢舒适，而中产阶级家庭却希望节省资金和能源。另一类用户是技术专家，他们对技术采用的态度很积极。近年来，DIY 技术已经出现，让用户自行编制智能家居解决方案。这些解决方案对技术爱好者来说很好，但是普通用户不会轻易采用这些解决方案，因为他们对智能家居技术的了解非常少。

6.3.2　高成本

即使智能家居解决方案能满足个体的需求，也不会以低成本实现。当前的智能家居解决方案成本高昂，这是市场采用率有限的主要原因。此处的成本与时间和金钱相关。大多数智能家居系统都是外包的，而对于普通家庭而言，这些系统并不经济实惠。用户可以利用自己动手（DIY）技术来购买更便宜的系统，这也提供了更大的灵活性，但用户需要具备足够的技术知识才能使用这些系统，不得不投入大量时间[52]。当前智能家居系统的另一个问题是，他们需要在房屋中进行一些结构更改，而这又会耗费资金和时间[8]。住在租赁房屋的人不能接受这些结构性变化，因此他们通常不采用这些结构。未来，更多的人将居住在租赁的房屋中，因此需要解决这些问题，以便更多地采用智能家居解决方案[43]。

6.3.3　高复杂度

用户想要采用智能家居解决方案，使他们的生活更加舒适和方便，但是如果解决方案很复杂，他们会感到烦恼而不是舒适[8]。用户喜欢能够轻松管理和控制的解决方案。交互式接口在允许用户实现此目标方面起着重要作用。无论年龄或技术背景如何，该接口都应该足够简单，让所有用户都能理解。使用家居自动化技术的用户体验研究已在文献［8］中完成，结果表明，用户都不喜欢将智能设备的工作解释给房里新来的租户。文献［31］中作者设计了基于环境的通知系统，与传统的智能手机通知相比，其效率高且减少了中断时间。此类系统使您可以更轻松地查看和控制设备。智能家居设备通常最有可能是由房屋中技术爱好者或长者一个人管理。智能家居技术的主要目标之一是改善社交联系并将用户情感联系到周围环境，而这一点在当前场景中不能实现。在文献［20］中，作者提出了一种基于游戏的协作系统，它使用诸如点、级别等的游戏机制，与公司中的所有成员协作，共同管理设备[20]。智能家居用户的另一个抱怨是他们无法自定义他们的系统，因此他们无法控制自己的房屋。虽然 DIY 技术可以帮助自定义房屋，但并非人人都能使用这些技术[52]。智能家居用户无法了解设备的学习过程，因为他们认为它们不在控制中[55]。更糟糕的是，有时智能家居设备不会以不需要的方式响应或运行。他们总是需要外部人员或具有内部技术知识的人员来控制这些设备[8]。修复是为智能家居用户解决问题而产生的另一个问题。对于他们来说，这些系统很复杂，他们需要顾问帮助在配置中进行少量修复或更改[8]。

6.3.4 缺乏信任

如果用户不信任智能家居的解决方案，那么无论解决方案多么智能，都不会被采用。智能家居中传感器采集的数据包含大量个人信息，如位置、行为数据、日常生活等应该保密的信息。智能家居旨在为用户提供对个人的远程访问和控制，但如果系统不安全，具有恶意动机的人员可能会加以利用。黑客可以利用系统远程操纵人们的物理环境。因此，智能家居中的设备只能由授权人员使用[13]。另一个重要的考虑事项是保持数据的机密性，以便维护用户的隐私。导致智能家居用户缺乏信任的第三个因素是设备的可靠性。智能家居用户通常面临的情况是，设备在人们不需要时就开始运行，或是在需要时无响应[8, 55]。在未来的智能家居中，设备将根据人类行为进行自主决策，有时这可能会产生意外行为。文献［18］中作者利用自主计算的概念来解决将来可能出现的意外误解情况。

6.4 智能购物

在过去的几十年里，普遍的计算和数据分析的进步正逐渐将普通购物中心转变为另一个智能空间，其中可获得和分析客户购物行为，从而使用户的购物环境更加友好。根据文献［47］中的研究结果，明智的购物是将时间、金钱或能源的支出降至最低，以便从购物体验中获得快乐或实用价值。

在智能购物中有两个方面，以用户为导向和以商店为导向。目前大多数研究关注的是用户方面，也可以划分为两类：第一类是了解客户的购物行为；第二类是增强客户的购物体验。图 6–3 所示为智能购物详细分类。

6.4.1 以用户为导向的智能购物

6.4.1.1 改善购物体验

实体店一直面临着与在线零售商的激烈竞争。人们通常认为购物体验的增强是重新获得市场份额的决定性因素。就这一观点已经开展了大量的研究工作。文献［53］中 Wang 等就零售交易数据建模，以进行个性化购物推荐。文献［37］中提出了一种利用物联网、HTML5 和沉浸式显示网络为创新线下应用进行经济高效开发的集成方法。Mahashweta 等[16]提出了一种新型推荐系统，可帮助用户购买技术产品，利用用户偏好和技术产品属性生成建议。WeShop[32]是一种移动应用，利用社交数据帮助顾客在店中主导决策过程。作者发现，产品的不确定性可能是客户购买时的障碍。客户对产品越有信心，他或她就越有可能购买产品。体验的核心是利用社交配置文件数据作为背景环境，以提供量身定制的体验，降低客户的不确定性。

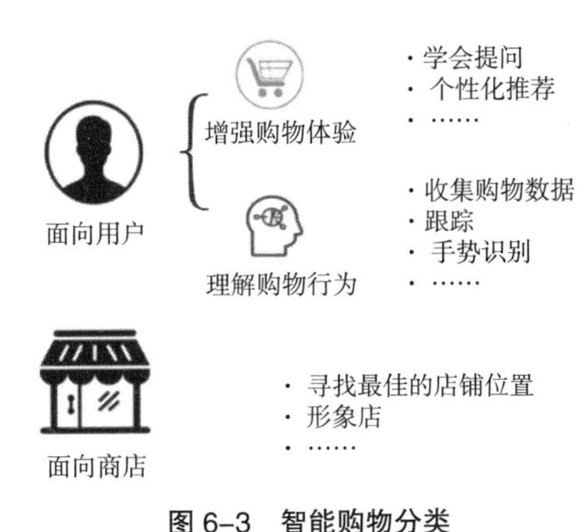

图 6-3　智能购物分类

6.4.1.2　了解购物行为

零售商们渴望了解更多客户的信息，更好地了解客户的购物行为，这对于市场推广和产品促销至关重要。现有研究重点关注在如何收集客户的购物数据，进行跟踪并识别他们的姿态。

对于数据收集，TagBooth[36]是一种创新系统，用 COTS RFID 设备检测商品运动并进一步发现客户的行为。作者利用物理层信息（如阶段和 RSS），然后识别客户行为如挑选、切换等，从而利用已添加标签的商品动态。另一项工作是在文献［56］中提出的实时数据采集系统，它基于以下查询。

- 查找由购买最多的用户共享的给定长度（由扇区数定义）的路径。
- 要找出尽可能多的扇区的路径，遵循预定义的支持阈值。
- 要找出购买者经常访问、但很少购买其中任何产品的扇区。

对于跟踪客户，Harikrishna 等推荐了一个用于跟踪零售购物商场的客户位置的视频分析解决方案[45]。本章他们提出了基于计算机视觉系统来跟踪客户的位置，方法是识别位于购物中心内的单个购物车以方便基于位置的服务。

客户痕迹为研究人员提出了有关其行为的见解。Toshikazu[28]从信息服务中的用户需求方面提出了 KANSEI 建模概念。关键问题是从以下几个方面计算化地描述人类的信息处理流程：①直觉感知过程；②主观解释其情况；③服务领域知识结构；④行为模式特征；⑤决策过程。图 6-4 所示为 KANSEI 的原理图。

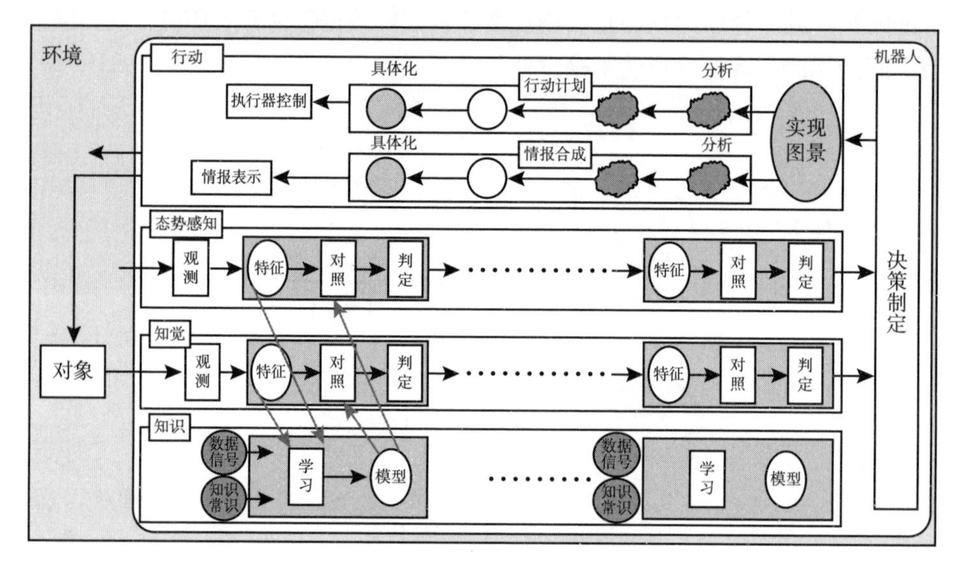

图 6-4　KANSEI 的原理图

SangJeong Lee 等在文献［34］中为城市购物商场提出了客户购物行为建模框架。该框架利用客户的智能手机，从整体上了解客户行为，包括从物理移动到服务语义，并提出客户行为模型的多层次结构，如图 6-5 中所示。

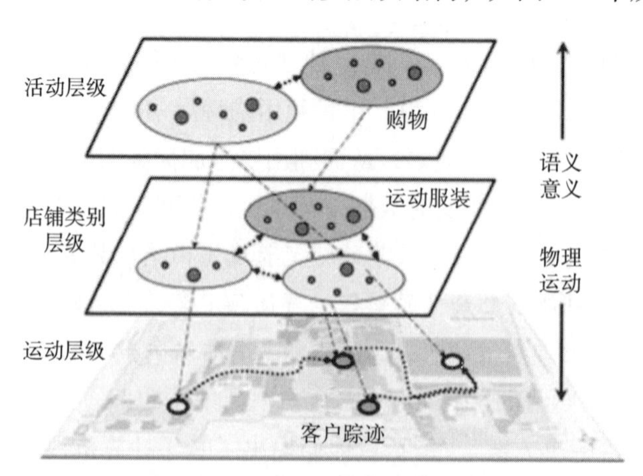

图 6-5　客户行为模型的多层次结构[34]

为了识别客户的手势，由于高成本和隐私问题而无法使用视频监控，一些研究者使用 Wi-Fi 来感应客户在零售商店中的行为。Zeng 等[57]表示，根据 Wi-Fi 的分析渠道状态信息（CSI），可以准确地对客户的各种状态进行分类。例如，站在入口附近查看促销品或快步走至所要购买的物品前。Meera 等[44]也证明，仅通过观察他们在商店内的手脚运动，就可以准确地推断客户在店内的交互和行为。通过适当了解消费者个人智能手机和可穿戴设备（如智能手表）的传感器数据，可以确定客户的手势和移动模式。

6.4.2　以商店为导向的智能购物

许多研究重点关注用户方面，只有少数人尝试对商店进行建模。ShopProfiler[24]是众包数据的商店分析系统。首先，他们从客户踪迹中提取出移动模式。其次，通过 Wi-Fi 热图来本地化商店。最后，通过设计商店中 SVM 分类器来支持多标签分类，通过应用字符串相似性度量来从 SSID 中推导出品牌名称。

Karamshuk 等使用数据驱动方法来寻找文献 [27] 中新零售店的最佳位置。他们利用来自 4 个广场的检入数据，发掘了两项功能，以预测零售店的普及程度。两个通用信号具有地理位置移动性，根据附近地点的类型和密度而具有不同特点，还具有用户移动性，包括地点之间或远距离移动用户传入流之间的过渡。

6.4.3　技术不成熟

智能购物在当下并不流行，因为某些基本技术不成熟，而无法应用于大型真实场景中。例如，准确的室内定位系统需要专用设备。基于 Wi-Fi 的本地系统虽然价格低廉，但它们只能衍生粗粒度的位置信息。另一个例子是基于 CSI 的手势识别。CSI 可用来识别客户手势，但当客户人数过多时它并不奏效。

6.5　讨论

研究人员尝试通过引入各种传感器和设备来使周围环境中的万物变得智能，但目前不同的智能空间并不能真正彼此相互作用。我们的需求和行为受我们与周围环境相互作用的每个小事物的影响。这包括家里、办公室内或其他任何地方的所有设备和人员。因此，如果要创造一个真正的“智能”系统，我们就需要利用来自多个智能空间的数据。不同的智能空间不仅需要共享数据，而且要彼此交互。下面给出一个虚构方案，其中 3 个不同的智能空间（智能家居、智能停车和智能购物）彼此交互。此方案显示，如果多个智能空间可以共享数据并进行交互，我们的生活将变得更加舒适。不同智能空间的相互作用将极大地改变我们的生活方式。

假如说，在这样一个场景中，您开车前去购物中心买衣服，准备参加即将举办的聚会。智能停车应用将监测您的轨迹，并计算到达目的地的时间。将会根据您以前的偏好，为您在购物中心保留一个停车位，到达目的地后，智能停车应用将引导您找到预留的车位。同时，智能家居中的传感器会监控并预测未来需求。可穿戴式传感器和智能手机上的传感器对当下环境进行分析，由于您是在一家购物中心，所以会收到一则通知，通知您可能需要购买的一些食品杂货，因为它们快要用光了。选中此通知，打开后是需要购买项目的详细列表。在购物中心内，智能购物应用将为您提供建议和指导，让您的购物体验更高效、更舒适。

未来将不会只有这 3 个应用，而是想象中的智能空间，如家庭、办公室、医院、购物中心、停车场等将彼此交互。我们需要解决 3 个主要的技术挑战来开发此类集成系统。第一个是互操作性，允许在异质系统之间共享数据。第二个是可扩展性，可令系统足够强大，能够添加和删除设备 / 用户。第三个，安全性和隐私也是不能忽视的，因为不同智能共享空间的交互需要个人信息的安全得到保障。

在前面第 6.3 节和第 6.4 节中分别分析了两个重要的智能空间、智能家居与智能购物。但是如上所述，需要考虑整体集成系统，而不是单独的智能空间。尽管大多数技术挑战对这两个智能空间来说都很常见，但在设计时应考虑许多细微的差异。下面概述智能家居与智能购物应用之间的 4 个主要差异（表 6–1），这 4 个差异也适用于区分其他应用。

表 6–1　智能家居和智能购物的区别

差异标准	智能家居	智能购物
利益相关方类型	1（家庭人员）	2（店主和顾客）
用户数量	不到 10	每周超过 1000
智能空间的动态性	低	高
用户需求	个性化环境	个性化推荐

（1）利益相关方类型。在为智能空间开发技术解决方案时，我们需要考虑使用技术解决方案的人是谁，以及他们的要求是什么。对智能空间解决方案感兴趣的用户称为利益相关方。对于任何智能家居应用，我们只有一个利益相关方，就是家庭住户。他们可以进一步划分为许多类别，如儿童、年轻人、家人、老年人、残疾人士、精神残疾人等。在第 6.3 节中，将智能家庭用户的对象划分为 4 类，即舒适方便、安全、节能和医疗。另外，对于智能购物应用，有两个利益相关方：商店所有者和客户。商店所有者对提高销售额感兴趣，因此他们希望了解不同的营销策略和其他有用的信息，这些信息将帮助他们吸引更多客户。然而客户则希望在购物时获得其金钱和个性化体验的最大价值。客户还希望了解他们最喜爱产品的最新上市信息。利用技术有助于实现两个利益相关方的目标，对于客户而言，这些解决方案非常重要。

（2）用户数量。在开发智能空间方面，可扩展性是一项持续的研究挑战。智能家居的用户数量最多为数十人，但在智能购物方案中，用户数量必定更多，对于沃尔玛之类的超级商店，这一数值约为每周 100000000[7]。据 Gartner 统计，截至 2022 年，单个家庭中的设备数量可达 500[22]。目前，我们没有足够的智能购物应用设备的确切数量，但如果客户数量有所统计，那么在沃尔玛等商店内的设备数量至少应上千。这些应用的用户数量和设备数量有着如此大的差异，显而易见，智能家居的解决方案无法直接应用于智能购物应用。

（3）智能空间的动态性。可通过以下方式更改智能空间的配置：添加、删除或更改系统中的设备或用户。智能空间的功能应当足够强大，能够从当前配置中的任何更改中恢复。直接开发智能空间的难度取决于其动态性。智能家居应用与智能购物不一样。在智能家居中，一旦根据用户的要求配置系统，那么之后他们很少会再进行更改。在更换设备或添加新用户时，只需进行极少量很小的改动；不过对于智能购物应用，用户的数量总在持续变化中，与智能家居方案相比，智能购物方案中的用户流动性也更高。智能购物应用中设备损坏的概率更高，因为使用该设备的用户数量和类型更多。

（4）用户需求。智能家居用户希望周围环境适应其行为和要求。例如，家中照明系统或 HVAC 系统的自适应，称为智能家居环境的个性化设置。现在，如果智能家居中有多位住户，每个人都想根据自己的选择来设置设备，这就会导致冲突。对于智能购物方案，如果用户不想对周围环境进行个性化设置，就不会出现这种冲突。智能购物应用中的客户对接收个性化购物建议感兴趣。商店所有者收集与客户相关的数据，用于产品的个性化市场营销。在这两种情况下，用户想要个性化服务，但所需服务类型完全不同。在集成多个智能空间时，智能空间开发者应考虑用户需求的类型。

6.6 智能空间研究的未来发展方向

如今，市场上有大量的产品都贴上了“智能”设备的标签。但当这些“智能”设备在实际环境中使用时，却有很多无法满足用户的需求[39]。这就是现在研究人员要在实际情境中（而非实验室情境下）测试解决方案的原因。在前面的章节中，分析了智能家居和智能购物应用的缺陷，对二者作出了比较。本节中指出智能空间开发人员的一些研究方向。正如前文中所说，智能空间的开发需要多领域的努力，因此无法涵盖所有可能的研究方向。政策制定、法律、道德、哲学等许多问题在本节中并未加以考虑。

（1）改进传感技术。感知是开发智能空间的基础，我们使用各种传感器来监测物理环境、活动、健康标志及许多其他用途。文献［19］中作者将智能家居使用的传感设备分为3类：可穿戴设备、直接环境组件和基础体系结构调解系统。如果我们希望周围的所有物体都变得更智能，那么就需要更轻、更小、电池供电更强和传输范围更远的传感器。电能采集可能是解决低电量问题的解决方案，但当前的解决方案还不够充足。研究工作中需要开发新的传感方式，以求更舒适、更不显眼[1]。人体组织吸收电磁能等问题将是未来的一个重要关注点，因为我们周围将存在大量的传感装置[46]。

（2）超出人类活动识别。通常，为智能空间用户提供的服务基于当下的背景和情况。背景和情况感知是基于传感器数据中对人类活动的识别和预测完成的。但是这并不够，因为智能空间意味着周围环境将根据用户的行为和要求进行调整。因此研究人员应了解用户的高级目标或意图[39]。研究需要开发新的算法，以预测人类情绪、行为、舒适度以及最终在自然环境中的意图。另外需要注意的是基于集成传感器数据识别和预测关键事件[14]。这一点非常重要，因为用户更有兴趣了解异常和严重事件，而不是常规事件[14, 39]。

（3）交互式界面。为人机交互设计界面仍是将来的一个重要问题。此研究领域中一个有趣的话题是为老年人和生理或心理残疾人士设计人机界面。这些特殊个体的人机界面应以不同的方式设计。尤其是在这些个体中，可采用的智能空间解决方案有限的主要原因之一是，使用特殊护理设施造成的社交耻辱感[46]。因此它们需要的界面不仅应易于使用，而且应当看起来更自然，因此是隐形的。界面应设计为任何人都可使用，无论其技术背景或任何其他差异的存在。尽管设备正被设计为自动适应，但人们仍或多或少地参与决策过程。未来的界面不仅应设计为能够管理设备，还能在设备和人类之间实现协作。

（4）互操作性。异质设备通常用于开发智能空间。有些解决方案可以解决由于通信协议和所用标准之间的差异而产生的技术互操作性问题。但是，未来我们将有多个智能空间进行交互并彼此共享数据。这意味着我们的互操作性解决方案不仅需要能够在完全不同的系统之间传输数据，还需要了解传输的数据，以便依据共享数据进行决策。语义和组织互操作性至少在未来将面临重大挑战[40, 51]。在开发智能空间的标准化体系结构方面需继续进行研究。

（5）耐用性。智能空间是用户进入或离开的动态环境，以及任何特定用户随空间、时间变化的行为和要求。甚至可以根据需要添加、删除或更改智能空间中的设备。设备和用户随时都可以是流动的或静态的。基本上，用户和设备的状态随时间的变化而变化。未来的系统将变得更加复杂，因此需要进行研究开发足够灵活强大的系统，以适应这种变化。如果一个系统不够强大，那么就不够可靠，用户无法使用。安装在建筑物中的火灾警报器或其他安全系统等的失灵都可能危及用户生命[48]。

（6）安全性和隐私。未来的系统将具有自动调整的特点，这意味着它们将具有与用户行为和要求相关的数据。此类个人数据不应当落入未经授权的个体手中。因此，解决数据验证、数据完整性、数据机密性等问题非常重要。为了保护用户的隐私，研究人员建议用户应控制以下内容：被收集的数据内容、谁正在使用该数据以及数据的存储位置[2]。未来可能无法应用此解决方案，因为任何地方都有传感器在收集数据，由于将组合多个智能空间，因此很难控制谁将使用它以及如何使用它。我们需要新的创新解决方案来解决安全和隐私问题，将来会开发复杂且可扩展的智能空间。

致谢：本文中部分内容受香港理工大学战略重要性项目（项目代码：I-ZE26）和国家自然科学基金项目（项目代码：61332004）的支持。

参考文献

1. Adib, F., Z. Kabelac, H. Mao, D. Katabi, and R.C. Miller. 2014. Demo: Real-time breath monitoring using wireless signals. In *Proceedings of the 20th annual international conference on mobile computing and networking*, ACM, 261–262.

2. Atzori,L., A. Iera, and G. Morabito. 2010. The Internet of Things:A survey. *Computer Networks* 54(15): 2787–2805.

3. Balandin, S., and H. Waris. 2009. Key properties in the development of smart spaces. In *International conference on universal access in human-computer interaction,* 3–12, Springer.

4. Balta-Ozkan, N., R. Davidson, M. Bicket, and L. Whitmarsh. 2013. Social barriers to the adoption of smart homes. *Energy Policy* 63: 363–374.

5. Bojanova, I., G. Hurlburt, and J.Voas. 2013.Today, the internet of things.Tomorrow, the Internet of everything. Beyond that, perhaps, the Internet of anything—a radically super-connected ecosystem where questions about security, trust, and control assume entirely new dimensions. *Information-Development*: 04.

6. Bradford D., and Q. Zhang. 2016. How to save a life: Could real-time sensor data have saved mrs elle? In *Proceedings of the* 2016 *CHI conference extended abstracts on human factors in computing systems,* ACM, 910–920.

7. Brain, S. 2012.Walmart company statistic. http://www.statisticbrain.com/wal-mart-companystatistics/.Accessed 30 Oct 2016.

8. Brush A., B. Lee, R. Mahajan, S. Agarwal, S. Saroiu, and C. Dixon. 2011. Home automation in the wild: Challenges and opportunities. In *Proceedings of the* SIGCHI *conference on human factors in computing systems*, ACM, 2115–2124.

9. Burrows, A., R. Gooberman-Hill, and D. Coyle. 2015. Empirically derived user attributes for the design of home healthcare technologies. *Personal and Ubiquitous Computing* 19(8): 1233–1245.

10. Chae S., Y. Yang, J. Byun, and T.D. Han. 2016. Personal smart space: Iot based user recognition and device control. In *2016 IEEE Tenth International conference on semantic computing (ICSC)*, IEEE, 181–182.

11. Cisco. 2013. Internet of everything. http://ioeassessment.cisco.com/. Accessed 19 Oct 2016.

12. Civitarese, G., S. Belfiore, C. Bettini. 2016. Let the objects tell what you are doing. In *Proceedings of the 2016 ACM international joint conference on pervasive and ubiquitous computing: Adjunct,* ACM, 773–782.

13. Cook, D.J. 2012. How smart is your home? *Science* 335(6076): 1579–1581.

14. Cook, D.J., and N.C. Krishnan. (2015). *Activity learning: Discovering, recognizing, and predicting human behavior from sensor data*. New York: Wiley.

15. Cook, D.J., G.M. Youngblood, E.O. Heierman III, K. Gopalratnam, S. Rao, A. Litvin, and F. Khawaja. 2003. Mavhome: An agent-based smart home. *PerCom* 3: 521–524.

16. Das M., G. De Francisci Morales, A. Gionis, and I.Weber. 2013. Learning to question: Leveraging user preferences for shopping advice. In *Proceedings of the 19th ACM SIGKDD international conference on knowledge discovery and data mining*, ACM, 203–211.

17. Dawadi P., D.J. Cook, and M. Schmitter-Edgecombe. 2014. Smart home-based longitudinal functional assessment. In *Proceedings of the 2014 ACM international joint conference on pervasive and ubiquitous computing: Adjunct publication*, ACM, 1217–1224.

18. Despouys R., R. Sharrock, and I. Demeure. 2014. Sensemaking in the autonomic smarthome. In *Proceedings of the 2014 ACM international joint conference on pervasive and ubiquitous computing: Adjunct publication*, ACM, 887–894.

19. Ding, D., R.A. Cooper, P.F. Pasquina, and L. Fici-Pasquina. 2011. Sensor technology for smart homes. *Maturitas* 69(2): 131–136.

20. Fogli D., R. Lanzilotti, A. Piccinno, and P. Tosi. 2016. Ami@ Home: A game-based collaborative system for smart home configuration. In *Proceedings of the international working conference on advanced visual interfaces, ACM*, 308–309.

21. Garnier-Moiroux D., F. Silveira, and A. Sheth. 2013. Towards user identification in the home from appliance usage patterns. In *Proceedings of the 2013 ACM conference on pervasive and ubiquitous computing adjunct publication*, ACM, 861–868.

22. Gartner. 2014. Gartner says a typical family home could contain more than 500 smart devices by 2022. http://www.gartner.com/newsroom/id/2839717. Accessed 30 Oct 2016.

23. Greenhalgh, T., J. Wherton, P. Sugarhood, S. Hinder, R. Procter, and R. Stones. 2013. What matters to older people with assisted living needs? a phenomenological analysis of the use and non-use of telehealth and telecare. *Social Science and Medicine* 93: 86–94.

24. Guo, X., E.C.Chan, C. Liu, K.Wu, S. Liu, and L.M. Ni. 2014. Shopprofiler: Profiling shops with crowdsourcing data. In *IEEE INFOCOM 2014-IEEE conference on computer communications*, IEEE, 1240–1248.

25. Huang, Y.C., K.Y.Wu, and Y.T. Liu. 2013. Future home design: An emotional communication channel approach to smart space. *Personal and Ubiquitous Computing* 17(6): 1281–1293.

26. IEEE. 2016. Iot home of the future. http://transmitter.ieee.org/iot/. Accessed 17 Oct 2016.

27. Karamshuk D.,A.Noulas, S. Scellato,V.Nicosia, and C. Mascolo. 2013. Geo-spotting: Mining online location-based services for optimal retail store placement. In *Proceedings of the 19th ACM SIGKDD international conference on Knowledge discovery and data mining*, ACM, 793–801.

28. Kato, T. 2011. User modeling through unconscious interaction with smart shop. In *International conference on universal access in human-computer interaction*, 61–68, Springer.

29. Kientz, J.A., S.N. Patel, B. Jones, E. Price, E.D. Mynatt, G.D. Abowd. 2008. The georgia tech aware home. In *CHI'08 extended abstracts on human factors in computing systems*, ACM, 3675–3680.

30. Kleinberger, T., M. Becker, E. Ras, A. Holzinger, P. Müller. 2007. Ambient intelligence in assisted living: enable elderly people to handle future interfaces. In *International conference on universal access in human-computer interaction,* 103–112, Springer.

31. Kubitza, T., A. Voit, D. Weber and A. Schmidt. 2016. An iot infrastructure for ubiquitous notifications in intelligent living environments. In *Proceedings of the 2016 ACM international joint conference on pervasive and ubiquitous computing: Adjunct*, ACM, 1536–1541.

32. B.M. Landry, and K. Dempski. 2012. Weshop: Using social data as context in the retail experience. In *Proceedings of the 2012 ACM conference on ubiquitous computing,* ACM, 663–664.

33. Lapointe, J., B. Bouchard, J. Bouchard, A. Potvin, and A. Bouzouane. 2012. Smart homes for people with alzheimer's disease: Adapting prompting strategies to the patient's cognitive profile. In *Proceedings of the 5th international conference on pervasive technologies related to assistive environments,* ACM, 30.

34. Lee, S., C. Min, C. Yoo, and J. Song. 2013. Understanding customer malling behavior in an urban shopping mall using smartphones. In *Proceedings of the 2013 ACM conference on pervasive and ubiquitous computing adjunct publication,* ACM, 901–910.

35. Leech, J.A., W.C. Nelson, R.T. Burnett, S. Aaron, and M.E. Raizenne. 2002. It's about time: A comparison of canadian and american time-activity patterns. *Journal of exposure analysis and environmental epidemiology* 12: 6.

36. Liu, T., L.Yang, X.Y. Li,H.Huang, andY. Liu. 2015. Tagbooth: Deep shopping data acquisition powered by rfid tags. In *2015 IEEE conference on computer communications (INFOCOM),* IEEE, 1670–1678.

37. Longo, S., E. Kovacs, J. Franke, and M. Martin. 2013. Enriching shopping experiences with pervasive displays and smart things. In *Proceedings of the 2013 ACM conference on pervasive and ubiquitous computing adjunct publication*, ACM, 991–998.

38. Mennicken, S., and E.M. Huang. 2012. Hacking the natural habitat: An in-the-wild study of smart homes, their development, and the people who live in them. In *International conference on pervasive computing*, 143–160, Springer.

39. Mennicken, S., J. Vermeulen, and E.M. Huang. 2014. From today's augmented houses to tomorrow's smart homes: New directions for home automation research. In: *Proceedings of the 2014 ACM international joint conference on pervasive and ubiquitous computing*, ACM, 105–115.

40. Miorandi, D., S. Sicari, F. De Pellegrini, and I. Chlamtac. 2012. Internet of things:

Vision, applications and research challenges. Ad *Hoc Networks* 10(7): 1497–1516.

41. Network I. 2015. 2015 state of the smart home report. https://www.icontrol.com/wp-content/uploads/2015/06/Smart_Home_Report_2015.pdf. Accessed 18 Oct 2016.

42. Park, S.H., S.H.Won, J.B. Lee, and S.W.Kim. 2003. Smart home-digitally engineered domestic life. *Personal and Ubiquitous Computing* 7(3–4): 189–196.

43. PwC. 2016. London to be transformed from city of home-owners to city of home-renters in a generation. http://pwc.blogs.com/press_room/2016/02/london-to-be-transformed-from-cityof-home-owners-to-city-of-home-renters-in-a-generation.html. Accessed 17 Oct 2016.

44. Radhakrishnan, M., S. Eswaran, S. Sen, V. Subbaraju, A.Misra, and R.K. Balan. 2016. Demo: Smartwatch based shopping gesture recognition. In *Proceedings of the 14th annual international conference on mobile systems, applications, and services companion,* ACM, 115.

45. Rai H.G., K. Jonna, and P.R. Krishna. 2011. Video analytics solution for tracking customer locations in retail shopping malls. In *Proceedings of the 17th ACM SIGKDD international conference on knowledge discovery and data mining*, ACM, 773–776.

46. Rashidi, P., and A. Mihailidis. 2013. A survey on ambient-assisted living tools for older adults. *IEEE Journal of Biomedical and Health Informatics* 17(3): 579–590.

47. Runyan, R.C., I.M. Foster, K. Green Atkins, and Y.K. Kim. 2012. Smart shopping: Conceptualization and measurement. *International Journal of Retail and Distribution Management* 40(5): 360–375.

48. Stankovic, J.A. 2014. Research directions for the internet of things. *IEEE Internet of Things Journal* 1(1): 3–9.

49. Tapia E.M., S.S. Intille, and K. Larson. 2004. Activity recognition in the home using simple and ubiquitous sensors. In *International conference on pervasive computing*, 158–175, Springer.

50. Taylor, A.S., R. Harper, L. Swan, S. Izadi, A. Sellen, and M. Perry. 2007. Homes that make us smart. *Personal and Ubiquitous Computing* 11(5): 383–393.

51. On the Internet of Things IERC. 2015. Iot semantic interoperability: Research challenges, best practices, recommendations and next steps. Tech. rep. Accessed 19 Oct 2016.

52. Vianello, A., Y. Florack, A. Bellucci, and G. Jacucci. 2016. T4tags 2.0: A tangible system for supporting users' needs in the domestic environment. In *Proceedings of the TEI'16: Tenth international conference on tangible, embedded, and embodied interaction,* ACM, 38–43.

53. Wang, P., J. Guo, and Y. Lan. 2014. Modeling retail transaction data for personalized shopping recommendation. In *Proceedings of the 23rd ACM international conference on conference on information and knowledge management,* ACM, 1979–1982.

54. Wilson, C., T. Hargreaves, and R. Hauxwell-Baldwin. 2015. Smart homes and their

users: A systematic analysis and key challenges. *Personal and Ubiquitous Computing* 19(2): 463–476.

55. Yang R., M.W. Newman. 2013. Learning from a learning thermostat: Lessons for intelligent systems for the home. In *Proceedings of the 2013 ACM international joint conference on Pervasive and ubiquitous computing*, ACM, 93–102.

56. Yuan B.,M. Orlowska, and S. Sadiq. 2006. Real-time acquisition of buyer behaviour data—the smart shop floor scenario. In *International workshop on business intelligence for the real-time enterprise,* 106–117, Springer.

57. Zeng, Y., P.H. Pathak, and P. Mohapatra. 2015. Analyzing shopper's behavior through wifi signals. In *Proceedings of the 2nd workshop on workshop on physical analytics*, ACM, 13–18.

第 7 章
SMART-FI：未来互联网社会智慧城市开放式物联网数据的使用

斯蒂芬·纳斯特，哈维尔·库博，马莱娜·多纳托，
沙赫拉姆·斯特达尔，厄杨·古瑟，马茨·琼森，
奥梅尔·奥兹德米尔，埃内斯托·皮门特尔，M. 塞尔达尔·尤姆鲁

摘要：未来的智慧城市可能是一个整体平台，用于从当下尚未开发的人力、社会和 ICT 资本中创造价值。目前，智慧城市面临着众多前所未有的艰巨挑战，迫切需要优化城市流程、基础设施和设备，如城市交通运输和能源管理。不幸的是，现在我们只利用了城市数据的一小部分，用于获得较好的见解和优化智慧城市流程。本章将介绍一个新的智慧城市平台，该平台是在 SMART-FI 项目的背景下开发的。SMART-FI 平台旨在促进对智慧城市数据分析服务进行分析、部署、管理和互操作。首先，SMART-FI 致力于从各种来源收集数据，如从传感器和公共数据源中获得。其次，该平台提供了将来自不同网络和协议的数据均匀化的机制。最后，它提供了开发、部署和协调新型增值智慧城市数据分析服务的设施。为了证明此解决方案的实际可行性，展示各利益相关方的利益，SMART-FI 将在 3 个城市试运行：马拉加（西班牙）、卡尔斯港（瑞典）和马拉蒂亚（土耳其）。

7.1 简介

互联城市理念早已得到发展[12, 23]并快速地变成现实，我们每天的生活都是通过自动化技术来增强的。在物联网的大伞下，智慧城市中拥有大量的城市智能设备，它们互相连接发挥功能，并使用数字化技术优化市政流程的效率

以降低成本，最重要的是改善居民生活[25, 31]。虽然没有一个公认的定义，但对智慧城市的共同理解是需要连贯一致的城市发展战略，以管理各种城市基础设施和市政服务，从而改善居民生活，使城市变得更好且可持续发展的地方。这些复杂关键的挑战不仅存在于技术层面，而且还存在于社会和政治方面。因此，需要有一个基础体系结构来管理使用它们的设备和服务中不同密度的数据。未来的互联网应用将管理大数据，将与物理世界交互的人员包括在内，为智慧城市提供设施。在这个意义上，ICT 在智慧城市愿景中的重要性不言而喻，它能够收集和分析数据，预测和优化业务流程，以及促进不同城市服务之间的通信和基础设施自动化管理。不幸的是，目前可用城市数据只有一小部分得以利用，来获得更好的见解并优化智慧城市流程。主要原因在于当前的挑战阻碍了城市规模数据分析解决方案，包括：①缺乏常见的数据格式；②缺乏可扩展的基础体系结构来管理城市智能设备的数据、多样性、速度和容量；③没有充分支持开发人员使用、部署和互操作服务；④缺乏完整的生态系统，使公民不受解决方案背后技术的限制，同时也允许他们利用此类解决方案。

智慧城市有可能成为这样一个平台，它解放目前尚未开发的人力、社会和 ICT 资本中的积累价值，远远超出城市本身边界。本章我们将介绍一个新型智慧城市平台，该平台开发于 SMART-FI 环境下。SMART-FI 平台将利用智慧城市的聚合开放数据，促进智慧城市服务的分析、部署、管理和互操作性。SMART-FI 利用智慧城市数据，在 FIWARE 基础体系结构之上提供服务。此平台的主要目标是开发提供以下功能的设施：①均匀化异质智慧城市和开放式数据的方法；②用于开发数据分析服务的模型和工具，这些服务可用于预测模式并提出建议；③数据分析服务部署和协调机制。SMART-FI 解决方案适用于各种智慧城市利益相关方，如服务开发人员及其用户、所有居民、城市代表以及希望从智慧城市数据中获益的任何人。

本章剩余部分按如下方式组织。第 7.2 节讲述基于应用场景和 SMART-FI 的试点。第 7.3 节讨论相关工作。第 7.4 节介绍智慧城市的 SMART-FI 生态系统、讨论其主要目标以及与 FIWARE 平台的关系。第 7.5 节概述 SMART-FI 智慧城市平台，并展示其主要组件。第 7.6 节介绍 SMART-FI 解决方案的评估策略。最后，第 7.7 节进行小结，讨论预期的影响，给出未来研究的前景。

7.2　应用场景

为了更好地促进我们的工作，迫切需要提供全面的智慧城市平台，以实现对不同城市数据的无缝集成、聚合和分析，下文中给出了来自 SMART-FI 试点城市的 3 种应用场景。

SMART-FI 将在真实的智慧城市情境下测试其可行性。有 3 个试点城市运行这一项目：西班牙的马拉加（城市交通运输）、土耳其的马拉蒂亚（智能社会服务）以及瑞典的卡尔斯港（城市能源）。

马拉加案例研究——西班牙试点基于马拉加市。根据 IDC 智慧城市指数排名，马拉加在西班牙“最智能”城市里排名前五，其人口超过 570 万。马拉加在西班牙排名靠前，因其现在是城市实验室和研发人员的聚集地。而且基于可再生能源的最佳集成，马拉加是生态节能和可持续城市项目发展的先驱。

SMART-FI 项目正在开发 CityGO 应用，旨在提供智能移动解决方案，给出建议，例如确定前往城市内通常目的地的最佳路线，这取决于不同的实时状况，促进健康和环保行为。具体来看，CityGO 应用利用智能手机和 GPS 促进了马拉加市的交通多样性。此外，通过利用城市范围的传感器网络以及马拉加市的开放数据，它可获取有关城市交通的信息，如有多少个可用的停车位。依据此数据，此应用将计算每日常用的路径 / 行程，向市政当局提供有价值的信息来制定有关运输监管的决策。通过每天的行程和频率进一步增强计算能力，使其能够提供有关人员的常规交通习惯的预测信息。用户根据实时信息获取最佳路线的建议：如选择公共汽车、租用自行车还是开车。它能够主动提供信息，从而降低用户参与级别。CityGO 应用还将帮助解决交通问题，如交通和停车拥堵、城市污染，以及与这些问题相关的压力。此应用的可用性不仅支持经济发展，还能吸引特定城市的游客。最后，据预计，CityGo 能提高城市的宜居性，因其有助于构建更健康、轻松的生活环境。

马拉蒂亚案例研究——马拉蒂亚是土耳其的大城市，人口超过 750000 人。为了提供更好的联系并加强城市机构与居民之间的合作，马拉蒂亚启动了“智慧城市计划”，利用尽可能多的智能应用，并在 4 个主要领域（社会、流动性、监管和环境）实施项目，以促进政府设施的使用。其最终目标是实现互联，并为智能解决方案提供商提供最佳资源管理和巨大机会，马拉蒂亚荣获世界城市和地方政府电子政务组织（WeGO）颁发的ICT重点智慧城市项目，包括MAKBI、马拉蒂亚智慧城市自动化系统。

马拉蒂亚的SMART-FI案例的目标是，以Malatya Insight应用为试点，从而更好地了解市民需求和关切问题，同时为市民提供高质量、透明且响应迅速的服务，并为开发人员提供开发创新应用的机会。此应用面向智能社会，基于治理服务、集成和参与流程。它将促进城市中众多利益相关方的参与、投入和构思。基于这一点，Malatya Insight应用旨在提供一个基于SMART-FI的开放式数据门户和移动接口，该接口可在马拉蒂亚给出有关多个治理服务和投资项目的准确、规范和真实的信息。它还为市民提供准确的行业数据，使他们能够通过给出与业务相关的评论、评级、要求和投诉，基于时间、地点、历史记录的个性化建议，以及马拉蒂亚市民和游客感兴趣的关键词。Malatya Insight将成为马拉蒂亚首个开放式数据门户，促进生活条件更好的社会的发展。

卡尔斯港案例研究——卡尔斯港有两个独立的案例，涉及公共交通和智能建筑，都关注城市能源领域。卡尔斯港是瑞典东南部的一个小城市，有31000名居民。这些活动将专门解决小型城市面临的需求。

要开发的第一个应用与公共交通有关。Blekinge Public Transit利用从公交汽车上实时收集到的数据，收集、分析并呈现给使用交通服务的两类用户：交通规划者和使用交通服务的个人。对于两部分都能支持更高效出行和资源利用的服务将得到测试和展示。这样的服务如“下一辆公交车什么时候到”，或是“公交车之间的空间是否足够”，都能为交通规划者创造高效流程。总之，这类服务将为旅行者带来动力，同时使交通运营商朝着更有效的能源消费方向发展。

第二个应用“Smart Building”与智能建筑有关，将使用新技术从建筑中收集数据，如功耗、空气质量和人员流动。为了更好地制定数据驱动决策并提供投入，以更有效地利用能源和改变用户行为，因此应用将为建筑管理人员和员工提供数据。例如，在每个电源插座上测量电能消耗的可能性，以便在用户进入房间时对用户进行可视化，或调整室内温度以满足其个人喜好。此案例的实施会在有限能源消耗方面评估这种方法。然而，这些原则适用于更大的范围。对于同样的系统和部件，大型城市中的大多数建筑都可以针对所有电气功能进行优化，如加热、通风、照明和安全系统。例如，通过统一照明控制系统、恒温器和其他传感器的数据，此应用可以根据实时使用模式自动调整建筑设置，从而节约能源、提高空气质量，并提高整体效率。

根据上述案例研究，现在城市面临的最大挑战是制定连贯的对策来利用城市可用数据机会，从而阻止利用潜在利益。这主要是由于数据源和格式的异质性、缺乏数据分析功能和合适的工具来直观地开发智慧城市应用。

7.3　相关工作

本节将介绍与 SMART-FI 提供的主要功能有关的不同级别的研究工作和项目，包括：①数据规范化；②数据分析；③服务协调。

正如《欧洲数字议程》中所述[21]，在数据价值链的不同阶段产生价值将是未来知识经济的中心。良好地利用数据可能会给更多传统领域带来机会，例如交通运输、资源管理、医疗健康、农业或制造业。然而，开放数据的过程对城市来说是一个十分有必要但也很复杂的任务。如 UNE 178301：2015（智慧城市・开放数据）[2]等规范正在提出一种方法，以衡量城市开放数据的成熟度。尽管这些规范可以用于指导开放数据的处理过程，但他们并没有提出最为成熟的方法。与之相反，他们通常侧重于为传感器数据方法提供语义[34]。

过去儿年，链式开放式数据（LOD）在推动语义网络上结构化数据的共享和发布方面取得了明显的发展势头[11]。过去几年中，多项研究尝试将重点放在语义网站技术上，以扩展和集成智慧城市数据系统。利用语义网站技术，可以将开放政府数据（OGD）的透明、参与和协作原则付诸实践，以在智慧城市模式内纳入公民[1，7，10]。公共机构和地方政府已开始共享其开放数据集。Km4Cityn[8]提供了为智慧城市知识库生产本体和大数据体系结构所采用的流程，并展示了数据验证、协调和证实机制。Consoli 等[17]了解智慧城市应用中良好数据模型的重要性，因而他们基于链式开放数据范式，为城市建造了一致、最小、全面的语义数据模型。他们使用 W3C 标准和良好的本体设计实践来解决数据管理和表示问题。但是，大多数大型数据集在语义上都是不一致的，因此，为智慧城市创造一个连贯一致的知识库实际上是一项极具挑战性的任务。

关于公共机构、异质开放式数据集语义和 USDL 语言语义的开放式数据仓库和体系结构，欧盟资助了多个计划项目，如SOA4ALL、OPEN-DAI和OPTIMIS。SOA4ALL项目提供全面的全球服务交付平台，将补充型和革命性技术进步集成到一个连贯整体和独立领域服务交付平台，包括SOA、Web2.0和语义网站技术。OPEN-DAI（欧洲公共管理的开放式数据体系结构和基础体系结构）旨在使云计算基础体系结构上的数字公共服务能够使用数据和平台。OPEN-DAI是新型PAs服务实施和云模型部署的新模型。OPTIMIS旨在使组织能够将服务和应用自动外化到混合模型中可信赖和可审核的云提供商。它提供了规范和工具包，用于为城市构建下一代云体系结构。

至于数据分析，各种底层数据处理框架（尤其是流和批处理分析）都存在。在原文件中，Agrawal等[3]和Cuzzocrea等[19]探讨了在云环境中运行数据库管理系统（DBMS）的可能性，得出的结论是：由于在可扩展性和查询表达能力之间权衡取舍，故而没有大小合适的解决方案。每日产生大量智慧城市数据的可用性促进了对新数据分析方法的探索，这些方法应通过可能忽略（或隐藏）管理可扩展和分布式处理系统的复杂性而简化数据的接收、转换和消耗。由具体的案例研究提供支持，Hashem等[22]很好地强调了云计算与大数据之间存在的关联关系。前者提供了基础引擎，支持多种分布式数据处理平台（如批处理和流处理），而后者可能利用基于云资源的分布式和容错存储技术来简化数据的管理和处理。此外，一些研究工作设想了一个概念性体系结构，它将数据分析的需求与云计算的潜力紧密结合在一起，建造的模型名为基于云的分析服务或数据分析服务。例如，Domenico Talia[32]讨论了数据类型的复杂性和处理能力，以对大型数据集执行分析。因此他提出了3个支持其执行的基于云的服务模型：数据分析软件服务，其中分析应用或任务以服务形式提供；数据分析平台服务，其中分析套件或框架隐藏于云基础体系结构；数据分析基础体系结构，其中虚拟化资源支持大数据的存储和处理。在其他研究论文（如文献[20，36]）中也用到这一想法，其中一个是Zulkernine等[36]提出了基于云的分析概念体系结构，仅包括初步实施，而缺乏有关如何处理大规模数据集的详细信息。其他研究则重点关注大型分布式计算节点集之间用户定义的功能（UDF）的可扩展执行，这些节点集可根据需要获得或发布，涵盖云计算的按需资源原则。现在通常采用两种相反的方法：批处理和流处理[27]。前者存储所有数据（通常位于分布式文件系统上），然后基于不同的编程模型对其进行操作，其中比较有名的是MapReduce。后者可以即时处理所有数据而不存储，因此它可以以近乎实时的方式生成结果。大量的框架可用于依据这样或那样的方法来处理数据：批处理框架的例子是 Apache Hadoop（MapReduce 的开源实现）和 Apache Tez；流处理框架的例子是 Apache Storm[33]、Apache Flink、IBM Infosphere[9] 和亚马逊的 Kinesis。最终，欧盟在"第七框架计划"和"地平线 2020"下确定了几项举措。SUPERSEDE 项目提出了一种针对软件服务和应用生命周期管理的反馈驱动方法，最终目的是改善用户的体验质量。对最终用户反馈和从环境监控中得到的大量数据进行分析时，将决定软件的演变和运行时的调整。集成平台将阐述项目中产生的方法和工具。MARKOS 项目利用数据分析技术来分析软件源，并支持使用这些数据，迁移到 RDF/S 存储库并通过 SPARQL 端点访问。所有这些解决方案都可用于执行数据分析过程。但缺乏工具来生成 / 加速弹性数据分析服务，这些工具利用这些框架来处理大规模数据，以便在微观服务模式下提供新分析。大多数情况下，开发商必须编写所有分析功能、服务接口和复杂的弹性配置。

服务协调是将多个服务集成到一起工作。服务组合将创建以协调器或适配器形式生成的应用，新功能可通过远程访问（SaaS 或 Mashups）在基础体系结构（云）中部署。通过使用与接口指定的可重用服务的适配和协调，未来的互联网应用的逐步构建将是个容易出错的任务。可以协助开发人员利用基于模型的软件适配所提供的自动程序和工具。但在大多数情况下，无法修改服务以进行适配，因为无法对其内部进行检查 / 修改。由于服务的黑匣子性质，必须给他们配备外部接口，提供有关其功能的信息。系统的服务接口并非总是适配，这些服务的某些功能可能在运行时更改[13]，因此需要调整[16, 29]以避免用监控检测[1]到的不匹配。考虑到服务的演变[4]，需要研究服务的兼容性[5, 35]。当前服务集成和互操作性的解决方案分为限制型[6, 14, 28, 30]和生成型[15, 18, 26]。前者侧重于将系统限制为所需的交互轨迹子集，而生成型会创建新的可能性（轨迹），最初在系统中是不可用的。它们并非加以限制来避免交互失败，而是支持新的通信，从而使每个可能的交互成功。此外，一些最近资助的欧盟项目致力于为适配和集成问题提供技术支持，包括建模和设计技术，如 MODACLOUDS 和 ARTIST。而 SUPERSEDE 和 SOA4ALL 等项目以不同方式采用的另一种方法则是通过企业服务总线为协调和集成提供合成技术。最近的研究中，CLOUDSOCKET 和 IOT. est 为业务服务的协调（如构成）提供了第三种方法，基于可再用的物联网服务组件和底层技术的异质性，通过分别提供工作流引擎和集成框架来确保互操作性。SMART-FI 方法是在现有解决方案上构建的，以生成用于部署和集成现有或新服务和应用的方法，通过构建和协调更简单的应用（服务的混合）生成更高级的应用。因此项目和第三方应用会产生市场，从而为公众数据创造价值。

7.4 智慧城市的 SMART-FI 生态系统

7.4.1 智慧城市生态系统需求

最近，欧盟一直在推动智慧城市数字单一市场，使其拥有数字技术，旨在为市民提供更好的公共服务、更好地利用资源以及对环境产生更小的影响。据预计，通过实施 3 个案例（见第 7.2 节），SMART-FI 将在小型发展初期的智慧城市中发挥重要作用。尽管案例中的 3 个城市正在试行 SMART-FI 解决方案，但考虑到居民数量并不太大，他们仍面临着许多经济、生态和社会挑战，而这些挑战都是可以在技术的帮助下解决的。本文中我们展示了从上述案例中获得的主要智慧城市生态系统需求，并在更广泛的 SMART-FI 生态系统中进行讨论。

考虑到涉及的利益相关方的范围和多样性以及未来智慧城市的潜在影响，我们清楚地认识到，一个全面的生态系统不仅仅需要技术解决方案（如需要一个平台），还应足够完善，以满足人们的需求，让市场利用来自城市的数据（如交通运输、能源、智能社会数据等），并利用数据分析服务，以便第三方可以重复使用。此外，智慧城市生态系统应包含结构化路线图和一系列有关如何在实践中实现、实施和部署这些服务的指导原则。该系统应该足够直观，且不引人注目，因其适用于熟悉解决方案的人员，但他们应使用简单且用户友好的应用。

另外，合适的智慧城市平台应能满足一组技术要求。根据第 7.2 节中提出的案例进行分析，我们得出了一系列要求，其中包括：①允许集成来自不同来源（如传感器、公共服务和开放数据）的各种数据的数据规范化解决方案，采用不同的数据格式和不同的协议；②为智慧城市应用开发商提供结构化支持，以减少应用开发的障碍，促进数据分析服务的开发，这些服务可用作复杂智慧城市应用中可重复使用的构建块；③可扩展的通用平台基础设施，能够更轻松地处理城市数据的数量、多样性、速度和容量。

因此，与不同层次的虚拟和物理环境进行交互，考虑到该平台旨在提供价值的智慧城市区域，看起来似乎是个描述 SMART-FI 生态系统的方法。在城市智能设备和服务（包括用户交互）中，很明显需要一个高度可扩展的基础设施来管理不同密度的数据。当前的数据源具有异构性，甚至缺乏通用数据格式，这会阻碍创新跨领域智慧城市应用的发展，而 SMART-FI 平台专注于解决这些问题。

7.4.2　SMART-FI 方法概述

智慧城市被视为开放式创新生态系统，而 SMART-FI 生态系统旨在促进技术、监管机构和居民之间的互动，以能够利用未来互联网和智慧城市环境的机会。智慧城市概念并未将其行动范围限制为仅提供更好的服务。它与城市生态系统及其利益相关方的许多其他方面紧密相关。因此，支持能力超过服务开发和优化平台的可用性被认为是最终接受智慧城市现象的唯一机会。考虑到与居民参与、中小企业参与和创业支持只是几个关键方面的优先选择。例如，如今大多数人都使用智能手机与周围世界进行交互来计划、安排和组织自己的生活；所有这些信息都可以在手掌中获得。居民希望获得准确和真实的实时个性化解决方案，包括关于即时或者近期交通的信息、移动模式、参与城市投资项目的评论，或对特定的旅游场所或与日常生活相关的其他服务进行评级。

SMART-FI 方法有望帮助部署和互连服务设备建立正确的技术，使用不同来源的真实开放数据（主要来自公共管理部门，以及其他第三方服务或设备）。其目标是在 FIWARE 上提供服务，FIWARE 是一个标准的开放式物联网平台，获得欧盟认可，利于开发智能应用，并提供一个城市可以发布其开放数据的环境。SMART-FI 的主要目标是通过利用智慧城市的聚合开放数据创建一个平台和一组设施，以进行部署和互操作服务。该项目将提供对异质开放式数据和数据服务的均匀化方法，对数据分析服务进行分析和汇总，以预测模式并给出推荐，并通过协调不同的服务和应用来促进服务部署和集成。此外，SMART-FI 解决方案旨在支持地方机构、公共交通运营商和其他组织，以优化支持智慧城市概念的服务。因此打开了让第三方有机会提供服务的路径。

这就是为什么在智慧城市生态系统中，平台需要在 3 个连续活动（收集、沟通和利用信息）中支持人类与设备之间的交互。首先，SMART-FI 中的方法是通过城市传感器、移动设备或直接来自不同服务的信息收集起来，以获取诸如位置、路线、停车可用性等数据，甚至是温度、声音、位置等。其次，它使用不同的网络传递该数据。最后，它对数据做出解读，了解发生了什么和下一步可能会发生什么，从而为居民做出预测和建议。

7.4.3 FIWARE 平台和 SMART-FI 生态系统

如上所述，SMART-FI 将产生一组与 FIWARE 平台对应的设施。FIWARE 平台作为一个由公司、大学和研究机构提供支持的开放源代码的平台，将在未来的城市中发挥重要作用。它的大规模采用可能有助于加快关键组件的复制，以建立和集成智慧城市生态系统。FIWARE 云和软件平台是专为开发最先进的数据驱动型应用而打造的开放生态系统中一个很好的催化剂。该生态系统由应用开发人员、技术和基础体系结构提供商和实体组成，旨在利用根据生产和发布的数据开发新应用所带来的影响。在这一背景下，城市的作用是独一无二的，尤其是实施智慧城市战略的城市，该战略将开放数据，以推动由构成此生态系统的一部分开发人员创建的应用。FIWARE 支持快速轻松的应用开发，因为它们利用了在其云中称为通用启用码的预制组件，共享自己的数据并从城市获取开放式数据。

在 SMART-FI 平台上可使用多个 FIWARE 通用启用码，如 CKAN、COSMOS、IDM、Cygnus 和 Orion Context Broker。例如，CKAN 面向的是想让数据保持开放和可用的数据发布者，如国家和地区政府、公司和组织。IDM 涵盖涉及用户的访问网络、服务和应用的许多方面，包括从用户到设备、网络和服务的安全和私人身份验证，授权和信任管理，用户配置文件管理，个人数据隐私保护处置，单一登录（SSO）到服务域和针对应用的身份联盟。IDAS 支持将物联网设备 / 网关连接到基于 FIWARE 的解决方案，方法是将特定物联网协议转换为标准的 NGSI 环境信息协议。最后，Wirecloud GE 基于最前沿的终端用户开发、RIA 和语义技术构建，旨在提供下一代以终端用户为中心的混搭网站应用平台，以利用服务网站的长尾端。

7.5 SMART-FI 平台

本节将介绍 SMART-FI 平台体系结构概述。SMART-FI 平台是 SMART-FI 生态系统的中心设施，作为主要构建模块之一，是开发可持续 SMART-FI 生态系统的基石。它支持开发、管理和互操作智慧城市数据分析服务，以利用智慧城市开放数据并优化各城市部门，如运输、监管服务和城市能源。SMART-FI 平台的主要目标是通过提供一组通用组件和机制来实现开放城市数据和数据分析服务的横向集成，从而实现更高级别的增值智慧城市应用和服务。

如第 7.4.3 节中所述，SMART–FI 平台基于 FIWARE，利用多个组件。但是，除了开发基于微服务技术的通用组件和机制，其他智慧城市平台还能无缝调整和集成 SMART–FI 组件以满足其需求。此外，还可以通过简单的方式扩展支持的设施，例如，为了包含更复杂的数据挖掘服务或使用云提供商进行服务部署。

图 7–1 所示为 SMART–FI 平台体系结构概述。SMART–FI 平台采用分层体系结构，主要包括：①数据规范化；②数据分析微服务；③服务协调。

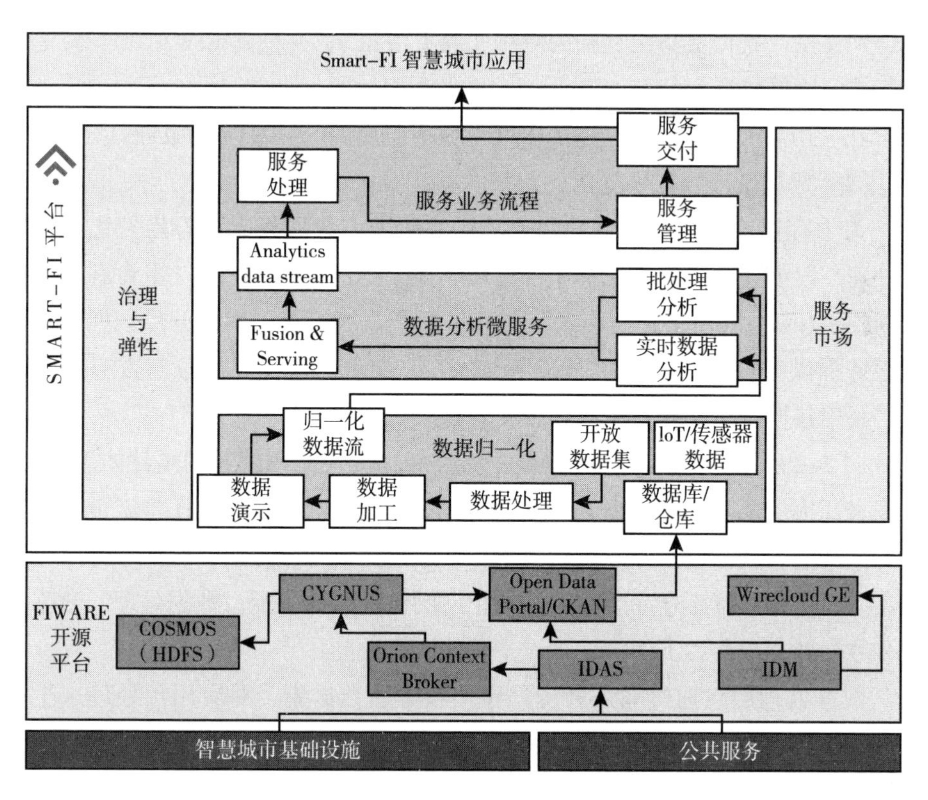

图 7–1　SMART–FI 平台体系结构概述

在物理层面，我们认为数据集来自不同的来源，如公共服务、设备和特定城市中可能安装的智能物理基础设施。FIWARE 将作为中间产品，用来获得数据和服务。图 7-1 为主要的 FIWARE 通用启用码和组件（第 7.4.3 节中对它们进行了详细介绍）。

在 SMART-FI 平台设施层面，这 3 层代表主要的组件，以及管理和服务市场。每个设施都能执行一组流程来实现其主要目标。下面将简要介绍每个组件的主要流程。异质数据集将在数据规范化组件中进行管理。它基于城市本体生成具有访问规则和规范化模式的数据集，这些数据储存在语义数据存储中。接下来，这些标准化数据流由数据分析微服务和服务协调组件使用。数据分析服务可促进智慧城市数据分析服务的开发与管理，提供弹性数据分析服务，分析聚合数据以供预测和给出建议，以及开发和管理所谓的“微数据分析服务（MiDAS）”。借助服务协调功能，部署和集成现有服务或新服务和应用的机制将得到支持，获得更高级复杂的应用（服务混搭），并创建 FIWARE 实验室和第三方应用的市场。

在应用层面，平台将创建用于智慧城市应用的 SMART-FI 服务。

（1）智慧城市数据规范化。

为了有效地创建新的公共服务，庞大的城市数据集应进行均匀化和标准化处理，以创建数据服务所基于的城市本体。为此，SMART-FI 平台利用链接数据技术和链接 USDL 语言，为城市环境和智慧城市相关异构开放数据集和数据服务提供结构和语义，从而产生 SPARQL 端点。这将促进第三方应用的开发，利用数据提高其开发能力和居民的高级应用能力。

图 7-2 所示为 SMART-FI 中数据特性和标准化流程的通用组件体系结构。数据表征提供了对给定数据集合的简要汇总。通常，SMART-FI 将城市数据流视为数据输入流，包括开放数据门户、开放数据集和服务、物联网和传感器数据集以及传统数据库仓库。数据标准化层的主要组件包括：数据处理、数据过程和数据展示组件。下面将详细讨论前两个组件。

数据处理层将通过输入处理程序接收异质数据集，并应用预处理来生成具有访问规则和方案的数据集列表。数据将驻留在语义数据存储库中。数据处理期间，基于元数据的处理、基于 SPARQL 的查询处理和链接的开放以及链接的传感器数据处理技术将得以应用，通过几个不同的城市本体来创建城市环

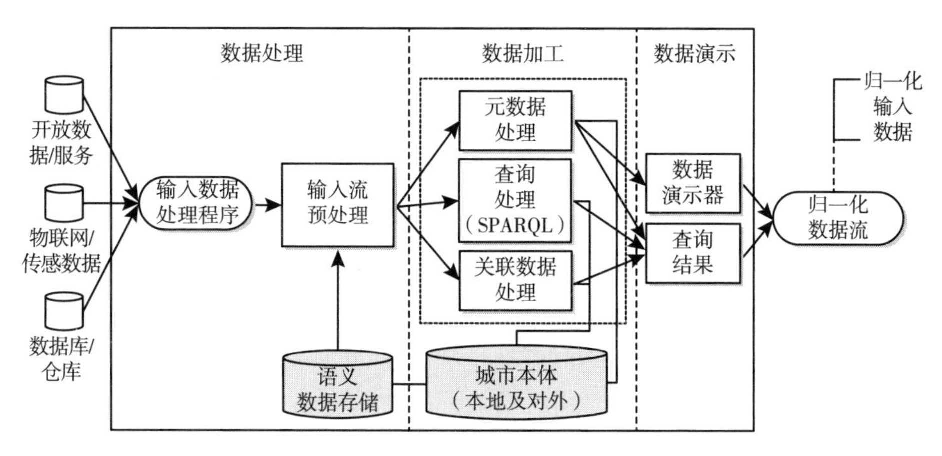

图 7-2　数据规范化过程

境本体，数据展现层将为分析组件和服务协调组件提供数据服务。

数据过程层将利用城市本体论定义均匀化数据，并提供统一的数据格式。SMART-FI 数据规范化组件还将简化发现与基于规范化数据共享的标准，并通过增值来构建城市数据和内容生态系统，从而减少冗余。此组件还包括链接数据处理功能，这是通过利用 RDF（资源描述框架）系列标准进行数据交换和 SPARQL 查询来发布和互连结构化数据，以供人类和计算机访问的最佳方法之一。与传统搜索机制相比，本文中利用基于 SPARQL 的解决方案将推进发现结果。

（2）智慧城市数据分析微服务。

数据标准化类似于 SMART-FI 平台的血流，而数据分析就代表其重要器官。通常智慧城市数据分析服务的主要目的是将城市数据转变为基于微服务技术的未来智慧城市创新构建模块。为此，该平台的这一部分提供允许在智慧城市中开发和管理增值数据分析服务的模型和组件。其目的是双重的：第一，它为编程通用、弹性数据分析服务提供了高级模型，以便于分析聚集数据来进行预测与给出建议；第二，它实现了用于开发和管理此类微型数据分析服务（MiDAS）的工具支持。

图 7-3 所示为能以统一的方式同时支持在线和离线智慧城市数据分析的微数据分析服务体系结构概览。SMART-FI 平台的总体数据分析体系结构基于 Lambda 体系结构[24]，它包含 3 个主要层：实时数据分析层、批量分析层、融

合与服务层。数据分析最重要的组件是微数据分析服务（图 7–3 中的阴影框），包括：① Batch View 函数，用于预计算静态（慢速更改）部分聚合视图；②用于计算实时窗口增量（实时增量视图）的流转换函数；③融合功能，用于将部分聚合与实时增量视图结合使用，并主动或按需为结果提供服务，实现推式或拉式交互。随后，我们将更加详细地描述这些组件，主要关注实时数据分析层。图 7–3 中阴影框内的组件是计算的数据视图。它们不会直接向用户公开，充当融合功能的输入部分。下一节中，将详细介绍 SMART–FI 实现融合功能的方法。

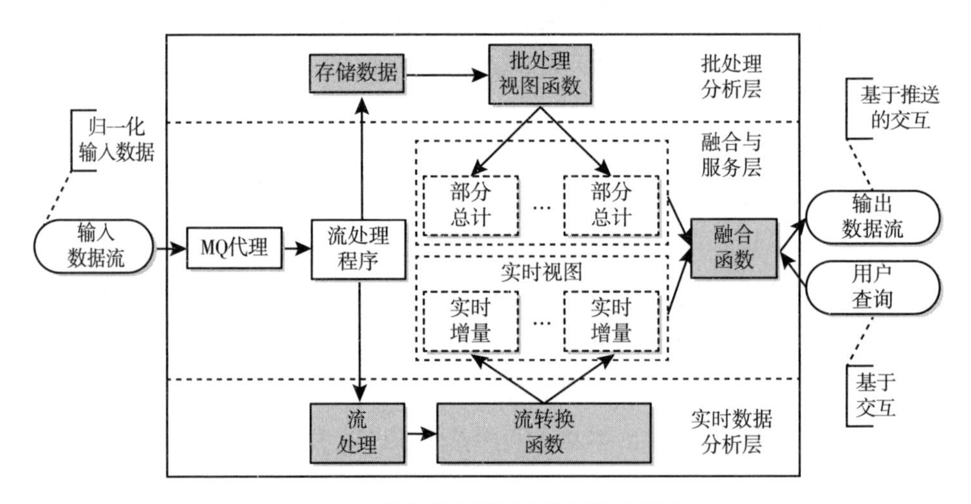

图 7–3　微数据分析服务体系结构概述

在平台上，为实时数据分析提出了一个新模型，它将数据流视为一等公民。通常 MiDAS 和数据流之间存在一对一映射。MiDAS 是由 ID（如 URI）标识的逻辑实体。此模型的特点主要为以下 3 点：

- 流数据：构成流的事件序列。每个新事件都由流过程组件处理，该组件触发下游 MiDAS 的更新，即与当前事件相关关系中的流。流中的事件可以是可变的或是临时存储的。
- 流转换功能：这是由用户定义的无状态功能，根据合同定义对新事件中的传入事件进行转换。转换功能由执行环境自动管理，以支持弹性扩展、运行时管理和 QoS。
- MiDAS 合同：通常，合同定义流的类型，并限定其最重要的属性，如操作模式（基于窗口、基于分区的模式）、副作用和 SLA。因此，在与数据转换函数相关的类型系统中，可以将 MiDAS 合同视为复杂数据类型。

（3）智慧城市中的服务协调。

由于无法预测未来智慧城市将会出现的所有服务和应用，因此城市需要一个能在相同基础体系结构上实现多个服务（数据服务、分析服务等）创新和分层的环境。还应允许新要素引入，并重复利用现有资源。为确保向正确的用户提供适当的服务质量和性能，需要采取一个能支持谨慎规划、协调和保障的机制。通过促进不同公共服务的协调和集成，来自不同服务的多个业务和智慧城市功能将作为单个服务终结点或全面智慧城市应用，向终端用户公开。

为此，SMART-FI 平台提供了用于部署和集成现有服务或新服务和应用的方法和工具，可通过协调较简单的应用（服务混搭）来生成更高级的应用。为了提供保障，SMART-FI 还要创建一个可不断丰富的市场，考虑到 FIWARE 中的存储和第三方应用，将为公共数据创造价值。

为此，SMART-FI 平台提供基于模型的技术，来推动应用和方法之间互操作性的协调和适配，以创建集成服务开发和实施、部署和管理框架，确保服务的创建和操作及其测试程序的管理。SMART-FI 还将支持：①发现服务组件的附加值组合，并自动根据用户的需求撰写和完善这些组合；②以定性可靠的方式在不同的平台和设备之间、在适当的时间地点处交付这些合成服务；③利用严格且轻量级的基于模型的技术，在基于协调和适配方法的隔离环境中促进应用间的互操作性。

图 7-4 为 SMART-FI 平台中服务协调的基本体系结构。在支持将不同的数据集和分析服务提供给基于智慧城市的应用时，它分为不同的 3 层。服务处理负责处理可能来自规范化数据服务或数据分析服务的输出数据流和服务，包括服务发现、服务组合和服务混合交付的不同特征。服务管理负责服务协调、业务规则和企业服务总线（ESB）管理。这里的中介服务是一个中间件组件，负责在不同的通信协议之间以及不同的数据模型之间提供互操作性。为了实现有效的服务交付，所有服务都合并在注册表和存储库中。合成和集成的服务通过市场组件提供给应用层。

SMART-FI 平台提供基于集成服务的生成技术，用户范围广且透明。基于直观的自然语言查询和用户配置文件，我们的机制将推断需求和偏好，发现提

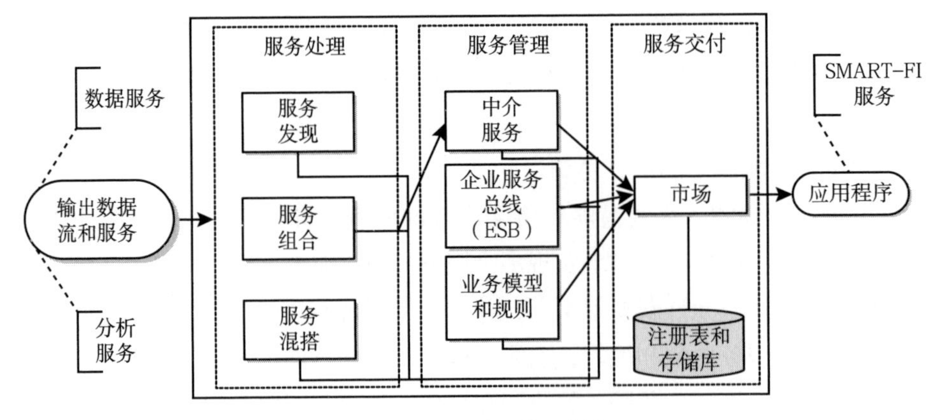

图 7-4　服务协调体系结构

供所需功能的服务。服务将根据需要自动协调，以满足功能和服务质量要求。混搭将由利用服务协调和中介功能的平台用户执行。通过使用企业服务总线（ESB）服务可以实现服务协调和公开过程。ESB 服务设计人员将用来简化智慧城市专业人员的生活，以管理两个服务终端点，并将结果转换成新的资料或服务。中间件和基于序列的组件将分别用于消息中介和流构造，分别保存和传输中介序列。

7.6　评估策略

要评估 SMART-FI 平台，项目将创建基于标准的评估计划。此评估计划将包含评估标准、待测量变量、使用工具、执行评估的机制以及收集评估数据的程序。评估策略不仅用于验证试点实施是否符合其要求，还将用于验证整体 SMART-FI 平台，如在组件质量和长期可持续性方面。通过明确个别标准、优先顺序并将这些标准转换为可衡量的价值，评估过程将持续量化 SMART-FI 项目的进度，实现其主要目标（见第 7.4 节）和长期可持续。

评估计划中定义的所有标准将得到详细介绍，并用问题列表加以补充。这将形成基于标准的评估基准，以及用于每个与终端产品相关的交付核对表。基于标准的评估将帮助衡量许多基本领域的质量。这些领域源自 ISO/IEC 9126-1 软件工程——产品质量，其中包括可用性、可持续性和可维护性。每个领域都带有一组子特征（如可变性），这被进一步划分为不同属性。为了能够评估满足质量属性的程度，将会衍生并指定质量度量的目标值。

因 SMART-FI 平台将包含开放数据集、公共应用程序编程接口和源代码，此类组件的用户（如操作人员和开发人员）将执行评估。评估流程设计为连续且迭代，只要 SMART-FI 项目在运行，所有迭代都会结束，编译软件评估报告，以持续改进平台。这对于验证 SMART-FI 平台是否符合各种特性或显示预期的不同特性至关重要。如果定义的特性符合要求且达到目标值，则可将 SMART-FI 平台视为具有良好可用性和可维护性的一般可持续解决方案。

7.7　小结及未来影响

本章中介绍了目前在 SMART-FI 项目中所做的工作。由于项目仍处于开发初期，因此主要重点是展示 SMART-FI 平台的愿景和常规方法，以及未来智慧城市的生态系统。我们提出了 SMART-FI 智慧城市平台的初步体系结构、主要组件和设施，用于数据收集、聚合和分析。讨论了 SMART-FI 平台如何通过促进数据分析机制的发展，来分析开放数据，为居民和公共事业运营者提供个性化建议。该平台将采用智慧城市模式，为第三方提供服务的机会。SMART-FI 的可行性将在 3 种真实的智慧城市场景上进行测试。SMART-FI 平台的主要目标之一是以一般和松耦合的方式交付其设施，使其他智慧城市平台或生态系统能够无缝使用 SMART-FI 设施，允许未来扩建有益于未来智慧城市的新设施。

SMART-FI 旨在利用智慧城市的开放数据，同时还隐藏了数据集成和分析的技术复杂性。在不久的将来，我们期望智慧城市利益相关方能利用智慧城市数据收集、数据分析和服务编排的技术进步，从 SMART-FI 平台中受益。例如，具有来自各种智慧城市数据源的标准化数据将能够更好地垂直和水平地集成不同的智慧城市。此外，SMART-FI 对开发和管理微数据分析服务的支持将有助于简化通用和可重复使用数据分析组件的部署，这些组件可用作复杂的智慧城市预测和应用的构建块。最后，该平台将为智慧城市服务管理和弹性问题的管理提供运行时支持，从而有效缓解应用开发人员和运营商在处理智慧城市应用时面临的许多负担。

因为我们期望 SMART-FI 平台的这些优势能够在不久的将来产生巨大效

应，我们意识到需要针对未来智慧城市可持续发展的长期路线图和全面方法。因 SMART-FI 旨在加强居民管理、居民参与智慧城市的决策过程，从而保障长期的利益。可操作性将提供更好的公共服务，这些都将通过促进居民新型和创新的服务和产品，来促进城市经济力量的增强。例如，城市数据公开将促进居民与政府之间的新型关系。SMART-FI 解决方案带来了巨大的机会，能够以一种有意义的方式利用已发布数据，从而为居民提供更好的见解和服务，跨越不同的智慧城市部门，甚至超越城市的物理边界。

参考文献

1. Abid, T., M.R. Laouar, H. Zarzour, and M.T. Khadir. 2016. Smart cities based on web semantic technologies. In *Proceedings of the 2016 ACM International Joint Conference on Pervasive and Ubiquitous Computing: Adjunct,* UbiComp '16, 1303–1308. New York, NY, USA, ACM.

2. AENOR. 2015. UNE 178301:2015. http://bit.ly/2g6LoeN.

3. Agrawal, Divyakant, Sudipto Das, and Amr El Abbadi. 2011. Big data and cloud computing: Current state and future opportunities. In *Proceedings of the 14th International Conference on Extending Database Technology,* EDBT/ICDT '11, 530–533, New York, NY, USA, ACM.

4. Andrikopoulos, V., S. Benbernou, and M.P. Papazoglou. 2012. On the evolution of services. *IEEE Transactions on Software Engineering*, 38(undefined): 609–628.

5. Andrikopoulos, V. and P. Plebani. 2011. Retrieving compatible web services. *2011 IEEE International Conference on Web Services (ICWS 2011)*, 00(undefined): 179–186.

6. Autili Marco, Paola Inverardi,Alfredo Navarra, and Massimo Tivoli. 2007. Synthesis:Atool for automatically assembling correct and distributed component-based systems. In *Proceedings of the 29th International Conference on Software Engineering*, ICSE'07, 784–787.Washington, DC, USA, IEEE Computer Society.

7. Bauer, Florian, and Martin Kaltenbock. 2011. Linked open data: The essentials. Edition mono/monochrom.

8. Bellini, P., M. Benigni, R. Billero, P. Nesi, and N. Rauch. 2014. Km4city ontology building vs data harvesting and cleaning for smart-city services. *Journal of Visual Languages and Computing* 25(6): 827–839.

9. Biem, Alain, Eric Bouillet, Hanhua Feng, Anand Ranganathan, Anton Riabov, Olivier Verscheure, Haris Koutsopoulos, and Carlos Moran. 2010. IBM infosphere streams for scalable, real-time, intelligent transportation services. In *Proceedings of the 2010 ACM SIGMOD International Conference on Management of Data*, SIGMOD '10, 1093–1104,

NewYork,NY,USA, ACM.

10. Bischof, Stefan, Athanasios, Karapantelakis, and Cosmin-Septimiu, Nechifor, Amit P. Sheth, Alessandar Mileo, and Payam Barnaghi. 2014. Semantic modelling of smart city data. https:// www.w3.org/2014/02/wot/papers/karapantelakis.pdf.

11. Bizer,Christian, Tom Heath, and Tim Berners-Lee. 2009. Linked data-the story so far. *Semantic Services, Interoperability and Web Applications*: Emerging Concepts.

12. Bowerman, B., J. Braverman, J. Taylor, H. Todosow, and U. Von Wimmersperg. 2000. The vision of a smart city. In *2nd International Life Extension Technology Workshop*, Paris 28.

13. Brogi,Antonio, Javier Cmara, Carlos Canal, Javier Cubo, and Ernesto Pimentel. 2007. Dynamic contextual adaptation. *Electronic Notes in Theoretical Computer Science* 175(2): 81–95.

14. Brogi,Antonio and Razvan Popescu. 2006. Automated generation of bpel adapters. In *Proceedings of the 4th International Conference on Service-Oriented Computing*, ICSOC'06, 27–39. Springer, Berlin, Heidelberg.

15. Cámara, Javier, José Antonio Martín, Gwen Salaün, Javier Cubo, Meriem Ouederni, Carlos Canal, and Ernesto Pimentel. 2009. Itaca: an integrated toolbox for the automatic composition and adaptation of web services. In *2009 31st. International Conference on Software Engineering. ICSE2009. May 16–24. Vancouver, Canada. Proceedings*, 627–630. IEEE Computer Society.

16. Canal, Carlos, Pascal Poizat, and Gwen Salaün. 2008. Model-based adaptation of behavioral mismatching components. *IEEE Transactions on Software Engineering* 34(4): 546–563.

17. Consoli, S., M. Mongiovic, A.G. Nuzzolese, S. Peroni, V. Presutti, R. Diego Reforgiato, and D. Spampinato. 2015. A smart city data model based on semantics best practice and principles. In *Proceedings of the 24th International Conference on World Wide Web,* WWW'15 Companion, 1395–1400. New York, NY, USA, ACM.

18. Cubo, Javier, and Ernesto Pimentel. 2011. DAMASCo: *A Framework for the Automatic Composition of Component-Based and Service-Oriented Architectures*, 388–404. Springer, Berlin, Heidelberg.

19. Cuzzocrea, Alfredo, Il-Yeol Song, and Karen C. Davis. 2011. Analytics over large-scale multidimensional data: The big data revolution! In *Proceedings of the ACM 14th International Workshop on Data Warehousing and OLAP*, DOLAP '11, 101–104. New York, NY, USA, ACM.

20. Demirkan, Haluk, and Dursun Delen. 2013. Leveraging the capabilities of service-oriented decision support systems: Putting analytics and big data in cloud. *Decision Support Systems* 55(1): 412–421.

21. European Commission. 2016. Making Big Data work for Europe. http://ec.europa.eu/digitalagenda/ en/big-data.

22. Hashem, Ibrahim Abaker Targio, Ibrar Yaqoob, Nor Badrul Anuar, Salimah Mokhtar, Abdullah Gani, and Samee Ullah Khan. 2015. The rise of big data on cloud computing. Review and open research issues. *Information Systems* 47: 98–115.

23. Hollands, Robert, G. 2008. Will the real smart city please stand up? intelligent, progressive or entrepreneurial? City 12 (3): 303–320.

24. Lambda Architecture Net. 2016. Lambda Architecture. http://lambda-architecture.net/.

25. Manin, B. 1997. *The Principles of Representative Government. Cambridge* University Press.

26. Martin, J.A., F. Martinelli, and E. Pimentel. 2012. Synthesis of secure adaptors. *The Journal of Logic and Algebraic Programming*, 81(2):99–126. Formal Languages and Analysis of Contract-Oriented Software (FLACOS'10).

27. Marz, Nathan, and James Warren. 2015. *Big Data: Principles and Best Practices of Scalable Realtime Data Systems*, 1st ed. Greenwich, CT, USA: Manning Publications Co.

28. Motahari Nezhad, Hamid Reza, Boualem Benatallah, Axel Martens, Francisco Curbera, and Fabio Casati. 2007. Semi-automated adaptation of service interactions. In *Proceedings of the 16th International Conference on World Wide Web*, WWW '07, 993–1002. New York, NY, USA, ACM.

29. Motahari Nezhad, Hamid Reza, Guang Yuan Xu, and Boualem Benatallah. 2010. Protocolaware matching of web service interfaces for adapter development. In *Proceedings of the 19th International Conference on World Wide Web*, WWW '10, 731–740. New York, NY, USA, ACM.

30. Papazoglou, Mike P. 2008. The challenges of service evolution. In *Proceedings of the 20th International Conference on Advanced Information Systems Engineering*, CAiSE '08, 1–15. Springer, Berlin, Heidelberg.

31. Schaffers, Hans, Annika Sällström,Marc Pallot, José M. Hernández-Muñoz, Roberto Santoro, and Brigitte Trousse. 2011. Integrating living labs with future internet experimental platforms for co-creating services within smart cities. In *Concurrent Enterprising (ICE), 2011 17th International Conference on,* 1–11. IEEE.

32. Talia, Domenico. 2013. Clouds for scalable big data analytics. *Computer* 46(5): 98–101.

33. Toshniwal, Ankit, Siddarth Taneja, Amit Shukla, Karthik Ramasamy, Jignesh M. Patel, Sanjeev Kulkarni, Jason Jackson, Krishna Gade, Maosong Fu, Jake Donham, Nikunj Bhagat, Sailesh Mittal, and Dmitriy Ryaboy. 2014. Storm@twitter. In *Proceedings of the 2014 ACM SIGMOD International Conference on Management of Data*, SIGMOD '14, 147–156. New York, NY, USA, ACM.

34. W3C Incubator Group Report. 2011. Semantic sensor network XG final report. http://www. w3.org/2005/Incubator/ssn/XGR-ssn.

35. Wetzstein, Branimir, Dimka Karastoyanova, Oliver Kopp, Frank Leymann,

and Daniel Zwink. 2010. Cross-organizational process monitoring based on service choreographies. In *Proceedings of the 2010 ACM Symposium on Applied Computing*, SAC '10, 2485–2490. New York, NY, USA, ACM.

36. Zulkernine, F. P. Martin, Y. Zou, M. Bauer, F. Gwadry-Sridhar, and A. Aboulnaga. 2013. Towards cloud-based analytics-as-a-service (claaas) for big data analytics in the cloud. In *2013 IEEE International Congress on Big Data*, 62–69.

第 8 章
物联网安全保障案例

克劳迪奥·阿尔达格纳，埃内斯托·达米亚尼，
朱利安·舒特，菲利普·斯蒂法诺

摘要：如今，无处不在的设备与外部环境交互，并通过有线 / 无线通信技术连接，这些指向一个信息通信技术新愿景的定义，即物联网。在物联网中，传感器和执行器可能会嵌入更强的设备（如智能手机）中，与周围环境进行交互。它们收集信息，并将其跨网络提供给构建物联网应用的平台。然后通过这些平台向终端客户提供物联网服务。物联网场景彻底改变了安全性的概念，使其比以前更加重要。安全保护必须考虑数百万个设备，这些设备受外部实体、新鲜度和数据完整性，以及在同一物联网环境中共存的异质环境和背景的控制。这些都需要一种系统化的方法来评估物联网系统的质量和安全性，需要重新考虑现有保障方法以适应基于物联网的服务。在本章中，将讨论并分析物联网保障方法的设计和开发方面的挑战，重点关注传统 CIA 特性，并为物联网服务的持续保障方法发展提出第一个过程。我们还设计了用于物联网安全保障评估的概念性框架。

8.1 简介

2016 年 10 月 21 日，物联网的安全事件受到了广泛关注：攻击工具 Mirai 利用物联网设备发起了针对 Dyn 的大规模分布式拒绝服务（DDoS）攻击，影响了大量在线平台（如 Twitter、Amazon、Tumblr、Reddit、Spotify 和 Netflix 等）的可用性。已有超过 100000 个设备被僵尸网络接管，用来攻击网络上最重要的服务，据说攻击流量高达 1.2Tbps。利用漏洞入侵物联网设备（如摄像头和网络视

频记录仪）很简单且众所周知[1]：第一，受影响的设备随附了公开的出厂默认管理账户；第二，在这些设备上运行的 OpenSSH 守护程序的默认配置允许 TCP 转发。尽管自 2004 年来已报告此配置错误[2]，但 2016 年部署大量的物联网设备仍然存在此漏洞，使攻击者能滥用设备作为 SOCKS 代理来执行 DDoS 攻击。虽然规模空前，但此事件仅揭示了物联网面临的一小部分安全问题和挑战。

物联网系统形成了交付物联网服务的技术支柱。虽然物联网服务不是以革命性的新技术为基础，但这些例子表明，部署的方式存在根本性的新威胁，因此在确保其功能和安全性方面面临着挑战。

第一，物联网包含大量具有特定用途的连接设备，如摄像头、传感器和执行器。对于大多数设备，成本压力、上市时间短，以及它们有限的功能 阻碍了大范围开发安全机制。这一固有的不安全性会导致大规模部署连接的设备与同质平台，大多没有远程更新功能，这是一种没有补丁的物联网，成为僵尸网络的理想目标和进入其他受保护网络的入口点。

第二，所有权和责任制分散存在于物联网服务中。这样的示例说明从设备制造转到操作这一系列过程中没有任何实体负责防止第三方在物联网基础设施上实施大规模攻击。与企业信息技术有清晰的外围保护、专家员工负责安全可靠地运营相比，通常在私人家庭和公共场所有物联网设备在不进行任何维护的情况下运行。漏洞和后门很少被发现，一旦被发现，设备所有者也不太可能具备修复的知识、资源和动力。

第三，风险管理也是物联网服务的基础。安全相关风险是最明显、最紧迫的，但是大规模部署的同质平台和分散责任也会导致法律风险、隐私风险和违反规定业务流程的风险。例如，如果业务流程基于由物联网设备收集的数据，这些数据不受企业控制，从设备数据获取的信息是否可靠呢？当前的方法依赖大数据定律，假设操纵全部传感器数据，只有一小部分设备会受到影响。但是，这种假设在真实的物联网系统中不存在，如上文所述的攻击和方案。

截至目前，对物联网系统的质量和安全性缺乏系统化的评估。因此，愿意接受业务中物联网系统的用户面临以下问题：

- 物联网系统提供数据的完整性以及基于该基准的业务决策的可靠性如何进行评估和控制？
- 在考虑物联网系统之间的选择时，用户如何确定哪一项最符合他们对安全性和质量的要求？

- 在托管物联网系统以及使用这些系统时，如何控制风险或数据丢失、隐私泄露以及由此产生的责任？

保障方法为这些问题提供了答案：这些方法旨在验证一般服务是否符合一组（安全）要求，从而提高服务用户对服务达到预期水平的信任，并实现可比性。然而，由于物联网系统依赖分布式和异质组件和设备，通常部署在异质基础体系结构上，手动评估用户的要求满意度是不可行的。此外，物联网系统的属性可能会随着时间的推移而变化，消费者无法进行预测或察觉到。例如，配置更改，应用于服务组件的修补程序，或者低端嵌入式系统的频繁预期故障，如传感器等感知层上的物联网设备。

因此，针对物联网系统的开发保障方法需要能够持续运行，即自动和重复检测持续更改并评估对消费者安全要求的影响。此外，证据表明在特定时间点，物联网系统满足了安全要求，为物联网系统的安全审核和安全认证提供了一种方法，并且需要一种组合方法，这就提供了关于给定对象状态的本地证据，以提供流程范围内的要求。最近的研究开始了调查物联网的安全挑战[3-7]。其他内容提出了应对这些挑战的安全机制，如文献［8—14］所提及的。但是，它们缺乏开发方法来持续评估物联网系统是否满足时间段内的一组安全要求。这种方案需要重新考虑现有保障方法的设计、开发和部署[15]。

本章中我们提出了一种支持研究活动的框架，旨在设计和实施实现物联网系统持续和组合安全保障的方法。为了这一目的，在介绍物联网和安全保障概念（见第 8.2 节）后，讨论了物联网系统的一般的、新的安全要求，并概述了当前研究的相应方法（见第 8.3 节）。然后将讨论物联网系统中持续保障安全属性时面临的挑战（见第 8.4 节），提出关于物联网系统安全保障方法发展的一些指导原则和物联网安全保障评估的概念性框架设计。

8.2 背景

物联网和安全保障这两个术语都缺乏精确且普遍接受的定义。在本节中，将通过描述本章语境下的这两个术语来建立共同点。

8.2.1 物联网

物联网是如今使用的一个术语，用来描述不断增加的机器交互量、运行技术（OT）、信息技术（IT）、物理环境和用户。ISO/IEC 对物联网提出了某种程度上更正式的定义，其中物联网是“……物体、人员、系统和信息资源互联的基础体系结构以及智能服务，使其能够处理物理和虚拟世界的信息并作出反应”[16]。

物联网是指技术对象之间相互连接，以实现与物理世界交互的智能和数据驱动型应用。从技术角度看，物联网是一种演变，通过小型嵌入式平台推动轻量级协议（如 MQTT、CoAP 和 LWM2M）的开发以及数据密集型云应用的兴起[17]。然而，从社会角度看，物联网将促进一场革命：通过广泛集成到物理世界中的移动设备和嵌入式系统，用户与应用交互的方式发生了极大的改变。这些设备收集的快速增长的数据量使应用能够用于高级数据处理，以作出预测并应对物理世界的影响。

尽管有无可挑剔的优势和前景，但对物联网的规范理解使得明确术语不可用[18]，造成物联网系统、物联网服务和物联网应用等术语使用时存在不一致。本章用“物联网服务”这一术语来描述物联网系统或环境提供的服务。“物联网”一词起源于普遍计算的概念（通常与术语“无处不在的计算”可互换），Mark Weiser 在“21 世纪的计算机”一文中提出：“影响最深远的技术是那些消失的技术。他们与日常生活交织在一起，直到融为一体。”Weiser[19]与集成到日常物体中的隐藏计算机之间的交互引领几个研究领域，包括从通过网络进行人机交互到网络安全。随着智能手机、强大的可编程嵌入式平台如 Raspberry PI 或 Arduino 以及经济实惠的智能家居应用的出现，商业化已开始兴起。在这一背景下，物联网变得越来越受欢迎。

如今，虽然缺乏权威定义，但我们可以充分准确地描述物联网服务的属性。首先，它们通过大量高度分散和异构的软件、硬件、网络和传感组件来提高 ICT 系统的通信复杂度。其次，它们由依赖于分布式和异构组件和设备的产品和服务组成，通常部署在异构基础体系结构上，在非集中所有权和控制之下运行。最后，它们对性能和电池耗能提出了强烈要求。这些特性铺就了多种新型应用、优化和使用例子[17]，如高度弹性的生产环境，其中从公司 IT 和 OT 系统收集的数据可用于生成高级风险配置文件；智能工厂和实时供应链，其中从制造商到消费者的整个供应链中的数据源和反馈循环可以实现高度灵活的生产过程和对单个需求的及时优化制造；环保和改善公众安全，其中物联网服务可以修改和优化大城市地区的流程，如减少交通拥堵和污染；改善个人的生活质量，并直接向个人提供服务，如全面的健康监测、诊断甚至药物治疗。

Al-Fuqaha 等[20]定义了物联网系统的 5 层体系结构，还包括物联网服务和应用的概念。第一层（物体层）是收集和处理信息的物理传感器。上面那层（物体抽象层）由传感器生成的数据被安全传输到中间件（服务管理层），并将请求者连接到物联网服务。中间件支持物联网应用程序员处理来自特定硬件平台的异构对象。然后，最终客户请求的服务将在应用层交付，并向他们提供访问智能服务的入口点。最后，在体系结构的顶层（业务层）监测物联网系统的活动和服务，此层中部署了保障方法来评估系统行为并支持决策制定。

8.2.2 安全保障

根据标准，安全保障可定义为获得对系统正确行为的信心的一种方法[21]。无论出现何种故障和攻击[15, 21]，安全保障都能保障系统始终显示一个或多个安全属性，从而满足其安全要求。它基于对证据的评估，即系统的可观测信息。

安全保障方法描述如何收集和评估证据，以确定安全属性的满意度。虽然可以在系统的整个生命周期（如外部审查）中使用某些保障方法，但其他保障方法可以映射到系统生命周期的特定阶段[22]：

- 保障需求收集：收集的安全要求是否完整、坚固、一致？
- 保障系统设计：系统设计是否满足规定的安全性要求？
- 保障安全实施：系统实施是否满足其安全要求？

提供实施保障包括在开发和部署时保障安全要求。在开发过程中可使用不需要执行系统的静态保障方法，包括安全测试技术，如静态代码分析或代码审查。在部署时，需要动态保障方法来检查系统运行时的安全要求。其中，基于测试的保障方法[15]通过控制对系统的某些输入和评估输出（如调用物联网服务的 CoAP 应用程序编程接口和检查响应）加以证明。基于监测的保障方法[15]以监测数据为证据，这些数据从组件中收集得到（如涉及物联网服务的交付组件中）。然而在一般情况下，基于监控的方法通常成本较高，但通常用于基于测试的方法提供的证据不充分或被禁用时，例如用安全漏洞作为安全测试技术的一部分时。最后，由于单独的监测或测试只能涵盖物联网服务行为的几个部分，因此可采用结合基于测试和监测的证据的混合保障方法。

虽然保障物联网服务的安全性是必不可少的，但相应的安全保障方法的设计和实现仍存在研究挑战。为了系统化实现物联网的安全保障，我们定义了在为物联网服务制定安全保障方法时需要考虑的如下概念。

不可信的端点操作。物联网服务构建在充当数据源的大量异质嵌入式设备上。许多都是资源紧张、不可信且不可靠的，并且由不同的所有者（通常为非专业人员）操作。因此，即使是基本的安全要求（如端点的定期软件更新）也无法保持。

透明的服务组合和交付。从服务客户的角度来看，物联网服务隐藏了其分布式组合，也就是说，服务客户并不了解物联网服务交付过程所涉及的组件种类和方式。由于多个具有潜在复杂性的系统（如云服务等）参与提供物联网服务，在整个物联网服务中建立信任级别以及特定输出的过程，因此造成了艰巨的挑战。这指向了一个方案，即对特定物体和设备的本地声明，以提供复合服务的流程范围保障评估。

以数据为中心的应用。当物联网服务交付中涉及的设备用作传感器或执行器时，应用可利用高级算法来分析设备收集的数据，如推断环境条件、预测交通状况、控制智能家居或调整制造过程。这对安全性和隐私性有各种影响：虽然过去安全措施主要关注的是端点和外围安全性，但现在重心转移到了数据加工链的可信赖度。此外，由于数据收集及其用法是分离的，因此在不同环境中（即由不同的应用处理并与其他数据源结合）使用时，很难评估特定设备收集数据的隐私属性。

数据质量。在复杂的物联网服务中，数据质量可从两个对立的观点进行考虑。一方面，数据质量是准确和精确的安全保障方法的基础；另一方面，保障方法必须用于评估物联网服务产生的数据质量。

有限的资源和异质设备。物联网环境包括上亿的设备和传感器、多个不同的网络和数据中心。每个组件都有自己的特性、要求和限制。合适的物联网保障方法必须能够实现所有组件的灵活性、适应性和动态可配置性。

去中心化和地理位置分布。物联网环境本质上是去中心化和地理位置分散分布的。保障方法必须适应这些特性，超越传统分布式系统引入的边界。

8.3　物联网安全保障面临的挑战

本节叙述了持续保障物联网服务安全属性所面临的挑战。为此，我们依据经典的安全目标——保密性、完整性和可用性，来描述物联网服务的安全要求，同时指出最近研究[23, 24]确定的机制以满足这些要求。依据这些要求和建议，讨论物联网服务的持续安全保障所面临的挑战。

8.3.1 保密性

保密性指的是物联网服务的属性，即服务环境中的任何信息仅向授权方披露，包括服务输入所提供的信息、由服务处理和存储的信息以及服务输出所产生的信息。由于物联网服务由彼此交互的不同独立系统组成，因此处理的信息还包括服务交付中涉及的系统之间的通信。

8.3.1.1 提供保密性

为了在资源受限的设备之间提供保密通信，受限的应用协议（CoAP）提倡使用 DTLS[25]。然而 Raza 等[9]认为，DTLS 协议最初是为通信而设计的，通信的信息长度不适用于资源受限设备[9]的 DTLS。因此，他们提出了一种提供更高效变量（CoAPs Lithe）的适配。在另一项工作中，Raza 等[12]在低功率无线个人局域网（6LoWPAN）[26]上提出 IPv6 的适配，扩展了 6LoWPAN 以使用 IPsec[27]。

一些研究旨在提供静态信息的保密性，尤其是感知层上的资源受限设备处理和存储的特定信息。Bagci 等[8]提出一种在传感器节点上高效存储机密数据同时允许节点上数据处理的方法。他们认为，正如 Bhatnagar 和 Miller[28]以及 Ren 等[29]所提出的观点，使用前只对数据进行加密会阻碍网络数据处理。此外，Dofe 等[10]利用基本信息排列限制资源受限设备上的硬件攻击（如侧信道攻击）。

8.3.1.2 保障保密性

保障静态数据的保密性，即临时或永久存储在物联网服务的组件上，传输数据（即在不同批次服务组件之间传输数据）非常困难，因为我们面临着服务交付中涉及的异质组件集，这可能会随着时间的推移而改变。因此我们假设有多种安全机制，由不同的应用实施，旨在提供数据保密性，如使用 Linux 内核提供的 dm-crypt 对数据块设备进行实例加密，使用 CoAP over DTLS[25]或 Lithe[9]的过程中对数据进行加密。

将准确度、精确度和完整性方面的挑战应用于保密性，这意味着：物联网服务部署的每个提供保密性的机制都需要合适的保障方法，从而生成一组所需的保障方法。考虑到物联网服务的构成会随着时间的推移而发生改变，而且需改变一组的部署机制以提供保密性，因此面临的挑战进一步加剧。所以需要在选择和部署合适的保障方法集时确定特定的服务组成。然而，如果不能完全保障手中有一组保障方法，以进行对物联网服务保密性的正确、精确和完整的推理，那么就需要制定措施以显示我们对保障方法结果的准确、精确和完整程度的信心。

自然，泄露评估物联网服务是否满足安全属性的保密性这一评估结果可能会造成严重的安全问题。因此需要合适的保障方法安全模型。特定的数据处理策略旨在处理敏感和与隐私相关的本地数据，即临近传感器和提供物联网服务[3]内数据分析的某些外部应用，这一挑战变得更加严峻。因此，保障方法能够使其结果超出本地数据处理层的内在需求和将敏感数据保持在本地的策略之间存在冲突。为了解决这一冲突，需要机制来决定保障方法产生的结果是否会给物联网服务带来安全风险，如果有，如何在本地对数据进行预处理以降低风险至可接受限度，同时仍提供足够的信息以推理关于物联网服务的保密性。

8.3.2　完整性

完整性指的是物联网服务仅允许授权方修改物联网服务交付涉及的任何信息的特性。数据和通信的完整性是任何分布式系统和大规模系统最关键的安全属性之一[30]。保障强完整性的需求是可信赖物联网服务的核心，异质系统和设备用于提供大量数据，作为高级数据分析的输入数据。恶意修改的数据可能导致不正确的数据分析结果，为新型攻击情景（如对抗性机器学习[31，32]）铺路。

8.3.2.1　提供完整性

物联网服务的数据和通信完整性的实施机制是一个复杂问题，这需要在物联网服务堆栈的不同层运行的配置和算法。现有的数据完整性（和保密性）技术通常基于加密技术，如传输层安全（TLS）或网络协议安全[30]。在物联网场景中，这些技术的一个主要问题在于密钥和证书的分布。传统的解决方案，如基于公共密钥基础体系结构或是具有硬编码凭据的专有硬件 / 固件，都很难在物联网环境中应用。第一种方法不适合大型部署，而基于硬编码凭据的方法的灵活性较低，因此难以管理凭据遭到破坏并需要更新的情景。在文献［30］中，一种基于通用引导体系结构（GBA）技术和身份验证以及密钥协商（AKA）协议的具体方法可用于支持通信和数据安全。Liu 等[33]提出基于验证器的技术分析以对物联网中数据进行完整性验证。分析始于表明数据完整性是数据安全性的一个基本方面，但在融合云和大数据环境的特性方面本质上是不同的。实际上，数据本质上是动态的，且由频繁更新的大量非常小的区块组成。此方案指出了动态数据验证的技术需求。数据完整性解决方案就必须支持 3 个主要方面：效率、安全性和可扩展性 / 弹性。Newe 等[34]利用加密哈希算法（如 ASICs 和 FPGAs 硬件平台）的硬件实现，来处理物联网中验证数据完整性的问题，并提出一种高效高速的 FPGAs 实现新选定的哈希算法 SHA-3。此方法旨在满足高效和近乎实时的数据完整性检查的需要。

其他技术（如文献［35］）提出采用基于区块链的方法，这一方法已用于实现加密货币的完整性。此外，基于软件的认证协议[14]也用于验证给定的智能仪表及其数据的完整性。在传感器网络中引入了不同的数据完整性方法[36]。其中的 CoAPs Lithe 和 6LoWPAN/IPsec[12]在上节中已进行了相关讨论。

8.3.2.2 保障完整性

数据和通信完整性的保障方法应证实数据在整个物联网服务交付中的可信任程度，明确识别错误或格式错误的数据和通信分配的责任。此外，保障方法应保持实践中完整性验证可管理的测量开销，尤其是对具有有限功能的设备而言。基于加密方法，保障方法应支持检查不受限设备的传统完整性解决方案的相符性，以及传感器和资源受限设备的轻量级对应项。

此外，持续保障方法应能够及时检查完整性，及时检测不合规的物联网服务。还需在物联网服务的各层对数据完整性进行验证，以将异质证据与不同级别的准确度和精确度集成到其评估过程中。

后验保障方法的结果也很重要。然而，据预计物联网服务中节点故障和事件（如节点加入 / 离开）的速率十分频繁，则此目标很难实现。因此需要一种协作方式来验证数据完整性，以补偿物联网服务交付中的高变化率。

8.3.3 可用性

可用性是指物联网服务在任何给定时刻都能正常运行并准备将其服务交付到服务客户的概率。在物联网服务的工业应用中，Sadeghi 等[3]指出可用性是最重要的安全目标之一。原因是物联网服务的失效会导致工业生产系统流程推迟甚至延期时造成生产和收入上的损失。

除了工业应用的物联网服务，还有更多示例情景有助于说明物联网服务违反必要的可用性要求可能会产生意外的后果。例如，医疗物联网服务，可用来测量一定间隔时间内糖尿病患者的血糖水平，并根据需要注射胰岛素。这种物联网服务的可用性至关重要，因为胰岛素剂量出错可能会严重损害患者健康。

8.3.3.1　提供可用性

考虑到物联网服务的构成，感知层上低端嵌入式系统的频繁失效是可以预见的。但物联网服务的所有设备同时失效是不太可能的。因此我们预计会出现部分故障，这是分布式系统中使用的标准概念，从而产生容错[37]需求：当物联网服务交付涉及的组件之间的组件或通信失败时，物联网服务应能够容忍此故障，并继续按服务客户的预期交付服务。

有一些成熟的解决方案可以通过冗余来屏蔽分布式系统中的故障，即信息冗余、时间冗余以及物理冗余[37]。但对于物联网服务，我们在不同的异质、可能分散的系统之间进行了交互，通常部署在异质基础体系结构上。因而开发机制以保障物联网服务的高可用性成为一项艰巨的挑战。

8.3.3.2　保障可用性

保障物联网服务可用性的简单方法包括分解服务并选择适当的保障方法来检查每个组件的可用性。这意味着在应用保障方法时，就能知道物联网服务的构成。或者，我们可能会严格根据服务客户的观点定义物联网服务的可用性而忽略实际的服务组合。因此，如果与客户交互时服务的行为与预期一样，那么该服务是可用的。然而，考虑到物联网服务的组件和行为可能会随着时间改变，尤其是考虑到低端设备和通信在感知层的故障是一定程度上的预期结果，这两个观点就显得过于简单了。所以在确定物联网服务的可用性时，必须将保障方法结果的不确定性考虑在内。因此，需要一种方法来说明对物联网服务可用性的陈述是正确且完整的。

保障可用性的另一个挑战在于保障方法应用产生的开销。当然，持续验证物联网服务的可用能力是需要付出一定代价的，也就是在物联网服务的组件上会产生额外的费用。在物联网服务的资源受限设备中，如用于环境监控的传感器，持续保障可用性是一个艰难的挑战。因此，为了通过保障其可用性来折中物联网服务的可用性，需要相关方法来高效部署所需的可用性检查，同时保持必要的结果准确度。

8.4 开发持续安全保障方法

本节介绍支持开发保障方法的流程，这些方法可持续检查物联网服务是否符合既定的安全要求，并提出物联网安全保障评估框架。

8.4.1 物联网安全保障流程

虽然在物联网服务生命周期的任何阶段都能持续保障安全属性，但我们的重点在于设计安全保障方法以促进安全实施，即在开发和部署时检查物联网服务是否符合安全要求。拟定流程由以下 5 个主要阶段组成，如图 8-1 所示。

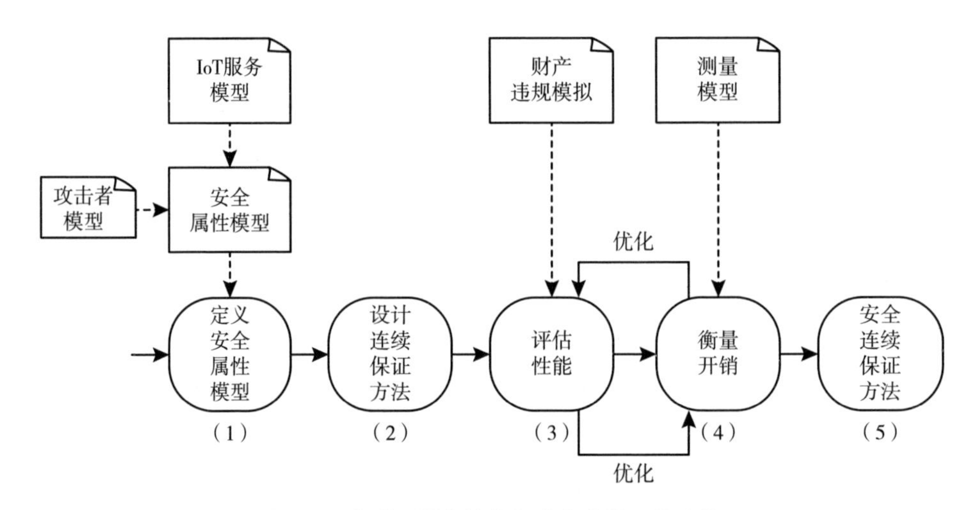

图 8-1　物联网服务持续保障方法的开发阶段

（1）定义安全属性模型。例如，从 NIST SP 800-53[38] 或 ISO 27001：2013[39] 派生的安全要求是通用的且通常不明确，导致自动验证不可行。因此，支持检查物联网服务是否满足一组安全要求的持续验证过程，要求能够自动评估安全属性模型，从而桥接语义差距。

定义物联网服务的安全属性会造成传统的困境，即评估非功能性属性在理想情况下意味着必须检查物联网服务的任何可能状态，以确定该属性的状态。实际上这自然是几乎不适用的。因此，建模安全属性需要基于风险的评估，也就是说，需要考虑物联网服务的资产以及特定对手的技能和资源，即攻击者模型。

（2）设计连续保证方法。适当保障方法的设计和适当技术（如测试、监测等）的选择通常取决于具体的物联网服务和所考虑的安全属性。如果没有适当的设计，保障方法的有效性会显著降低，同时还会妨碍整体方法的合理性以及收集到的结果的质量。

考虑物联网的服务时，需要认真管理测试和监测技术以满足物联网要求。物联网测试应偏离传统的基于测试的验证观点。物联网系统是具有不同生命周期的技术、组件和基础设施的组合，不适合于在实验室环境中进行先验测试系统的传统方式。相比之下，测试技术可用于验证物联网的特定组件，从而评估物联网系统的特定方面。关于监测技术，物联网系统对其部署提出了严格的要求。在物联网环境中无法实现整个系统的完整监测。因此应预测战略部署，并优化监测探头的放置位置。

（3）评估性能。特定保障方法产生结果的准确性取决于各种因素，如实施、环境、外部工具的使用等。如果没有实验评估，很难说明特定的持续保障方法对违反合规要求的检测情况。

模拟过程操作物联网服务，以模拟违反安全要求的情况，这正是保障方法用来检测的内容。属性违反模拟用于实验性地分析特定保障方法的属性是至关重要的，也就是该方法在检测安全属性违反方面起到的作用如何？保障方法产生的结果与其进行比较。在保障方法的生产部署之前模拟过程出现，如在集成测试或转移到物联网服务期间。

（4）衡量开销。由于评估安全要求的满意程度可能导致大量的开销，因此对物联网服务的持续安全保障的严格解释实际上是不适用的。在考虑低端、资源受限的设备时，挑战进一步加大。随后需要实施衡量方法，该方法容许因反复检查物联网服务的安全属性而产生间接费用，尤其是面对多个并发的持续评估时。

与性能评估类似，评估特定持续保障方法的开销可在部署前执行。将性能评估也考虑在内，这样就能基于性能和开销来比较替代保障方法和替代方法配置，从而可以选择最适合的保障方法，包括其最佳配置。

（5）安全连续保证方法。寻求提高信任度和透明度的机制可能会泄露关键信息，攻击者可利用这点来跟踪物联网服务的易攻击点。很明显，旨在检测违反安全要求的保障方法所产生的结果可能包含关键信息。因此，实施持续安全保障物联网服务的系统也非常重要。

8.4.2 支持物联网安全保障的框架

图 8-2 为支持物联网安全保障评估的概念性框架初步设计。该框架的核心是保障管理器，负责保障评估和管理，包括对构成物联网流程的保障。为此，保障管理器基于本地保障模型构建，作为一组基于测试和监测代理的保障机制而得以实施，用于在评估过程中针对给定对象或子系统的状态收集保障证据（本地声明）。在本地保障模型的基础上，保障管理器根据机器可读的组合模型提供组成保障的功能，对过程范围内的声明进行设置以推动本地声明的收集及其完整性。最后保障管理器与物联网中间件进行连接以支持用户和服务提供商在其应用的保障感知部署，例如帮助他们定义通过物联网中间件收集证据的保障机制所利用的物联网方法。

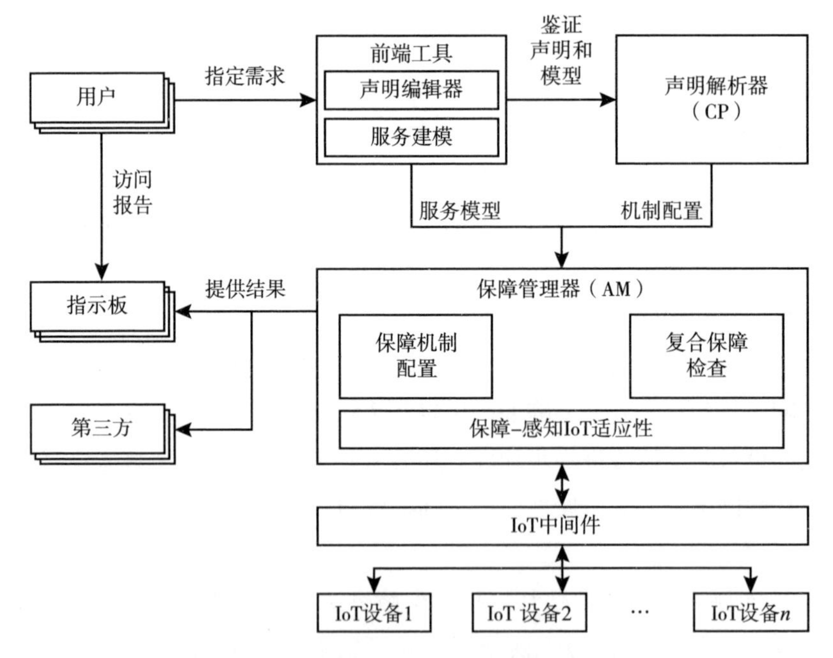

图 8-2 支持物联网安全保障评估的概念性框架

声明分析程序组件负责的是自动（半自动）将一组保障声明（本地声明或过程范围内声明）和评估中的（复合）服务模型转换为一组给定的特定配

置，这些配置定义了保证评估期间的保证机制行为，包括如何将它们连接到物联网。保障声明规定了所需的保障控制（测试器、监测器）及其配置。此外，保障声明用于选择并配置带有保障管理器的保障机制。

在选择保障机制时，保障管理器使用物联网中间件将保障机制附加到证据收集和本地 / 流程范围声明验证上。该框架必须在开发和部署时起到管理保障的功能，并相应配置保障管理器来管理整个服务生命周期。

最后，保障管理器通过定义一组具有通用语法和语义的标准化界面，来向用户和第三方给出保障结果。也可以通过控制面板获得对结果的访问权限，以提高工具和机制的可用性。物联网安全保障框架能促进可信任物联网环境的定义，能够以严格的安全性和隐私性要求引进关键服务，公开公共应用程序编程接口以保障管理并访问保障评估结果。

8.5　结论及未来工作

本章讨论了保障物联网服务的安全属性所涉及的挑战。为此，我们确立了 3 个经典的安全目标——保密性、完整性和可用性以获得物联网服务的安全要求。随后讨论了旨在满足这些要求的研究方法，强调持续评估安全机制的行为时出现的新问题。最后制定了一个分为 5 个阶段的流程来指导开发保障技术，以持续检查物联网服务是否符合安全要求，首次设计出物联网安全保障框架。

作为未来工作的一部分，我们将调查特定领域的情况，例如，工业物联网服务和医疗保健物联网服务，以提取真实的安全性和隐私性需求。随后将按照本章提供的指导原则开发适当的持续保障技术。

参考文献

1. Ezra Caltum and Ory Segal. SSHowDowN: Exploitation of IoT devices for LaunchingMass-Scale Attack Campaigns. https://www.akamai.com/us/en/multimedia/documents/stateof-the-internet/sshowdown-exploitation-of-iot-devices-for-launching-mass-scale-attackcampaigns. pdf. Accessed 11 Oct 2016.

2. US-CERT/NIST. CVE-2004-1653. 2004. https://web.nvd.nist.gov/view/vuln/detail?vulnId=CVE-2004-1653. Aug, 2004. Accessed 11 2016.

3. Sadeghi, Ahmad-Reza, Christian Wachsmann, and Michael Waidner. 2015. Security and privacy challenges in industrial internet of things. In *Proceedings of the 52nd Annual Design Automation Conference (DAC)*, 54. ACM.

4. Abomhara, Mohamed and GeirMKøien. 2014. Security and privacy in the Internet of Things: Current status and open issues. In *International Conference on Privacy and Security in Mobile Systems (PRISMS)*, 1–8. IEEE.

5. Zhang, Zhi-Kai, Michael Cheng Yi Cho, Chia-Wei Wang, Chia-Wei Hsu, Chong-Kuan Chen,and Shiuhpyng Shieh. 2014. IoT security: ongoing challenges and research opportunities. In *2014 IEEE 7th International Conference on Service-Oriented Computing and Applications,* 230–234. IEEE.

6. Sato, Hiroyuki, Atsushi Kanai, Shigeaki Tanimoto, and Toru Kobayashi. 2016. Establishing trust in the emerging era of IoT. In *2016 IEEE Symposium on Service-Oriented System Engineering (SOSE)*, 398–406. IEEE.

7. Zhao, Kai, and Lina Ge. 2013. A survey on the internet of things security. In *Computational Intelligence and Security (CIS), 2013 9th International Conference on*, 663–667. IEEE.

8. Bagci, Ibrahim Ethem, Mohammad Reza Pourmirza, Shahid Raza, Utz Roedig, and Thiemo Voigt. 2012. Codo: Confidential data storage for wireless sensor networks. In *9th International Conference on Mobile Ad-Hoc and Sensor Systems* (MASS), 1–6. IEEE.

9. Raza, Shahid, Hossein Shafagh, Kasun Hewage, René Hummen, and Thiemo Voigt. 2013. Lithe: Lightweight secure CoAP for the internet of things. *IEEE Sensors Journal* 13(10): 3711–3720.

10. Dofe, Jaya, Jonathan Frey, and Qiaoyan Yu. 2016. Hardware security assurance in emerging IoT applications. In *International Symposium on Circuits and Systems (ISCAS)*, 2050–2053. IEEE.

11. Raza, Shahid,Linus Wallgren, and Thiemo Voigt. 2013.SVELTE: Real-time intrusion detection in the Internet of Things. *Ad hoc networks* 11(8): 2661–2674.

12. Raza, Shahid, Simon Duquennoy, Joel Höglund, Utz Roedig, and Thiemo Voigt. 2014. Secure communication for the Internet of Things—a comparison of link-layer security and IPsec for 6LoWPAN. *Security and Communication Networks* 7(12): 2654–2668.

13. Lee, Jun-Ya,Wei-Cheng Lin, and Yu-Hung Huang. 2014.A lightweight authentication protocol for internet of things. In *2014 International Symposium on Next-Generation Electronics (ISNE),* 1–2. IEEE.

14. Park, Haemin, Dongwon Seo, Heejo Lee, and Adrian Perrig. 2012. SMATT: Smart meter attestation using multiple target selection and copy-proof memory. In *Computer Science and its Applications,* 875–887. Springer.

15. Ardagna, Claudio Agostino, Rasool Asal, Ernesto Damiani, and Quang Hieu Vu. 2015. From security to assurance in the cloud:A survey. ACM *Computing Surveys (CSUR),* 48(1): 2:1–2:50.

16. ISO/IEC JTC 1. 2014. Information Technology. Internet of things (iot). preliminary report.

17. B. Leukert et al. *IoT 2020: Smart and secure IoT platform.* IEC 2016. https://www.openstack. org/.

18. Minerva, Roberto, Abyi Biru, and Domenico Rotondi. 2015. *Towards a Definition of the Internet of Things (IoT)*. Torino, Italy: IEEE Internet Initiative.

19. Weiser, Mark. 1991. The computer for the twenty-first century. *Scientific American,* 6675.

20. Ala Al Fuqaha, Mohsen Guizani, Mehdi Mohammadi, Mohammed Aledhari, and Moussa Ayyash. 2015. Internet of things: A survey on enabling technologies, protocols, and applications.*IEEE Communications Surveys and Tutorials* 17(4): 2347–2376.

21. IATAC and DACS. 2007. Software security assurance: State of the art report (SOAR). http://www.dtic.mil/cgi-bin/GetTRDoc?Location=U2&doc=GetTRDoc.pdf&AD=ADA472363.

22. Beznosov, Konstantin, and Philippe Kruchten. 2004. Towards agile security assurance. In *Proceedings of the 2004 workshop on New security paradigms*, 47–54, ACM.

23. Misra, Sridipta, Muthucumaru Maheswaran, and Salman Hashmi. 2017. *Security challenges and approaches in internet of things. Springer* International Publishing.

24. Mahalle, Parikshit Narendra, and Poonam N. Railkar. 2015. *Identity management for internet of things*. River Publishers Series in Communications.

25. Shelby, Zach, Klaus Hartke, and Carsten Bormann. 2014. The constrained application protocol (CoAP). Technical report.

26. Montenegro,Gabriel,Nandakishore Kushalnagar, Jonathan Hui, and David Culler. 2007.Transmission of IPv6 packets over IEEE 802.15. 4 networks. Technical report.

27. Stephen Kent and Seo, Karen. 2005. Security architecture for the internet protocol. Technical report.

28. Bhatnagar, Neerja, and Ethan L.Miller. 2007. Designing a secure reliable file system for sensor networks. In *Proceedings of the 2007 ACM workshop on Storage security and survivability,* 19–24. ACM.

29. Wei Ren, Yi Ren, and Hui Zhang. 2008. Hybrids: A scheme for secure distributed data storage in wsns. In *IEEE/IFIP International Conference on Embedded and Ubiquitous Computing, 2008. EUC'08*, vol. 2, 318–323. IEEE.

30. Ericsson. 2016. Bootstrapping security-the key to internet of things access authentication and data integrity. Ericsson White paper, 284 23-3284. http://www.ericsson.com/res/docs/ whitepapers/wp-iot-security.pdf.

31. Doug, J. 2011. Tygar. Adversarial machine learning. *IEEE Internet Computing* 15(5): 4.

32. Huang, Ling, Anthony D. Joseph, Blaine Nelson, Benjamin IP Rubinstein, and J.D. Tygar.2011. Adversarial machine learning. In *Proceedings of the 4th ACM workshop on*

security and artificial intelligence, 43–58. ACM.

33. Liu, Chang, Chi Yang, Xuyun Zhang, and Jinjun Chen. 2015. External integrity verification for outsourced big data in cloud and iot. *Future generation computer systems,* 49(C): 58–67.

34. Newe, Thomas, Muzaffar Rao, Daniel Toal, Gerard Dooly, Edin Omerdic, and Avijit Mathur. 2017. Efficient and high speed fpga bump in thewire implementation for data integrity and confidentiality services in the iot. In Postolache, Octavian Adrian, Subhas Chandra Mukhopadhyay, Krishanthi P. Jayasundera, and Akshya K. Swain (eds.). *Sensors for everyday life: Healthcare settings*, 259–285. Springer International Publishing.

35. Gaurav, Kumar, Pravin Goyal, Vartika Agrawal, and Shwetha Lakshman Rao. 2015. Iot transaction security. In *Proceedings of the 5th International Conference on the Internet of Things (IoT 2015).*

36. Yick, Jennifer, Biswanath Mukherjee, and Dipak Ghosal. 2008.Wireless sensor network survey. *Computer Networks* 52(12): 2292–2330.

37. Tanenbaum, Andrew S., and Maarten Van Steen. 2007. *Distributed systems.* Prentice-Hall.

38. National Institute of Standards and Technology (NIST). 2013. Security and privacy controls for federal information systems and organizations. Special Publication 800: 53.

39. International Organization for Standardization (ISO). 2016. ISO/IEC 27001:2013 Information technology–Security techniques–Information security management systems–Requirements. https://www.iso.org/obp/ui/#iso:std:iso-iec:27001:ed-2:v1:en. Accessed 10 2016.

第 9 章 物联网集成电路 IP 保护技术研究

梁　伟，龙　静，张大方，李　雄，黄　寅

摘要： 电子芯片技术的发展导致知识产权（IP）纠纷频繁出现，严重影响半导体行业的健康快速发展。为了解决这些纠纷，近年来提出了许多 IP 保护方法，如 IP 水印。在 IP 核中隐藏密码以证明原有所有权是一种新方法。本章重点介绍两个问题：如何隐藏 IP 电路中的保密内容以及如何验证 IP 所有权。本章将详细介绍 4 种类型的 IP 水印方法：①基于 FPGA 的 IP 水印技术；②基于 FSM 的 IP 水印技术；③基于 DFT 的 IP 水印技术；④自恢复双 IP 水印技术。实验表明，与其他方案相比，上述方案的资源消耗较低。同时水印对攻击的耐受性也有所增强。

9.1 简介

随着物联网的快速发展，可集成到一个芯片中的晶体管数量越来越多。2015 年这一数字已超过 100 亿。如图 9-1 所示，每年的复合增长率达 58%，但生产力增长率仅为 21%。芯片制造能力和设计能力之间的差距越来越大。因此基于组件的 IP 设计方法非常普遍，因为其效率高[1]。IP 重用技术就属于这种设计方法，它可以节省设计成本、缩短设计周期、降低市场风险，如今在芯片设计中很流行。

硬件设备是物联网的基础设备。因此在物联网中应保障硬件集成电路的安全。如今重复利用 IP 核心和制造各种电子产品是很容易的。重复利用的 IP 可能会被挪用和未授权使用以获得非法利润，导致每年都会频繁出现 IP 纠纷[2]。统计数据表明，每年由 IP 纠纷造成的财务损失达 500 亿美元[3]。另外，

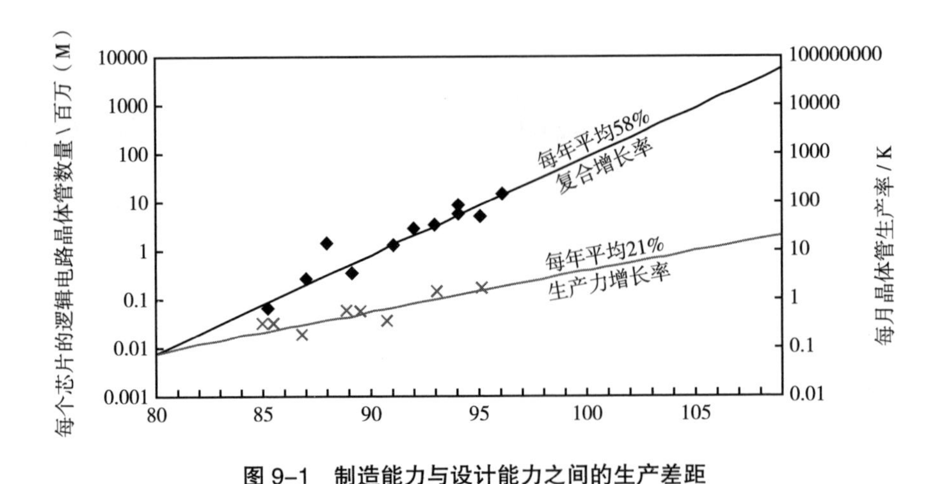

图 9–1　制造能力与设计能力之间的生产差距

它还会损害企业声誉和合作关系。因此急需保护重复使用的 IP 免受侵害。这引起了学术界和半导体行业的大量关注。

IP 保护技术可分为 4 类：标记、指纹识别、水印和硬件加密[4]。

（1）标记。这一技术是将电子“标签”置于芯片上，以进行可信赖、可跟踪的识别。Marsh 等[5]提出了一种标记技术，以保护专用集成电路的 IP 核心。将识别版权信息的安全“标签”放入芯片中。“外部接收器”必须能够检测到此标签。但此方法只能阻止由于标签独立性而威慑对手。此外，它可能会受损或被拆除。另一种技术是物理上不可克隆的功能（PUF）。它利用 IC 制造中的独特物理特性来生成射频识别（RFID）“标签”，将其集成到芯片中以避免克隆。安全性从而得到极大的增强，但是 RFID 的设计成本和工作环境阻碍了其发展[6]。

（2）指纹识别。它使不同用户获得具有不同身份的 IP。IP 指纹识别的唯一性实现了 IP 纠纷责任的明确划分，但会生成具有相同功能和技术索引而具有不同实施过程的许多 IP。Lach 等提出了一种 IP 指纹识别技术[7]。这一技术将设计分为具有相同特征的一组部件。每个部件都有多种不同的实施过程。用于嵌入指纹的 IP 模块是通过将这些部件的不同实施过程进行组合而生成的。但这种技术只能在超大规模集成电路（VLSI）的特定设计水平上实现。由于对共谋攻击的低抵抗力，其应用受到限制。

（3）水印。作为一种广泛使用的技术，水印在多媒体中起先用于版权保护。在 VLSI 领域，水印在设计中被永久存储为不可见的 IP 保护代码。

Guneysu 等[8]提出了可重构数字水印的标准、协议和设计思想。Li 等[9]具体引入了 IP 水印的开发，并将其分为物理级、结构级、行为级和系统级 4 个类别。

（4）硬件加密。Roy 等[10]提出了集成电路的终端版。密钥隐藏于电路中。如果未激活，则芯片无法通过测试程序进入市场。此外，作者还提出了一种基于总线的锁定和解锁方案来保护硬件 IP。虽然此技术增加了硬件开销（针脚、区域等），但它具有良好的隐藏性和高安全性。但 IP 保护仅在芯片制造和测试中有效，不涉及售出后芯片产品的可追溯性。

IP 水印技术是一门跨学科的科目，涉及各个领域的理论，包括微电子技术、信号处理、编码理论、加密技术等。因此开发 IP 水印技术具有重要意义和经济价值。我们提出了 4 个水印方案来保护 IP 设计。

9.2　基于 FPGA 的 IP 水印技术

现场可编程门阵列（FPGA）IP 通常涉及 4 个设计级别，分别为物理设计级别、结构设计级别、行为设计级别和系统设计级别。在这些设计级别上实现了许多 IP 水印技术，而在物理设计级别的 IP 水印技术是最重要的。Kahng 等提出将水印映射入约束条件集中，并利用可满足度（SAT）嵌入水印——典型的 NP 完全约束满意度问题。Yip 等[11]利用公钥对 FPGA IP 水印进行身份验证。Nie 等[12]提出了布局后的 IP 水印方案。利用图形理论和拓扑理论将布局后抽象为图形，利用搜索算法和优化算法进行水印嵌入。Khan 等[13]通过一个或多个冗余添加 / 去除步骤的重新布线电路来嵌入水印。去除这些冗余后，嵌入水印电路的功能与原始电路的功能相同。如果满足约束条件（如计时），则嵌入水印的电路可能会取代原始电路。但是，添加冗余连接可能会导致一些新的冗余。为了解决基于 FPGA 的 IP 设计问题，Wei Liang 的团队[14-16]在水印嵌入和检测中提出了若干有效可靠的方法。Xu 等[17]将一个水印映射到位置和一些水印“位”（0 和 1）。这些“位”以冗余逻辑电路形式嵌入设计中，如图 9-2 所示。它会产生较少的资源开销。由于水印压缩，此方法可插入的水印数比现有方法更多。

在行为设计级别，Raj 等提出了一种基于 SOC 设计测试的水印技术用于 IP 识别[18]，其水印覆盖率高，但对合谋攻击和硬件开销的耐受力需要进一步

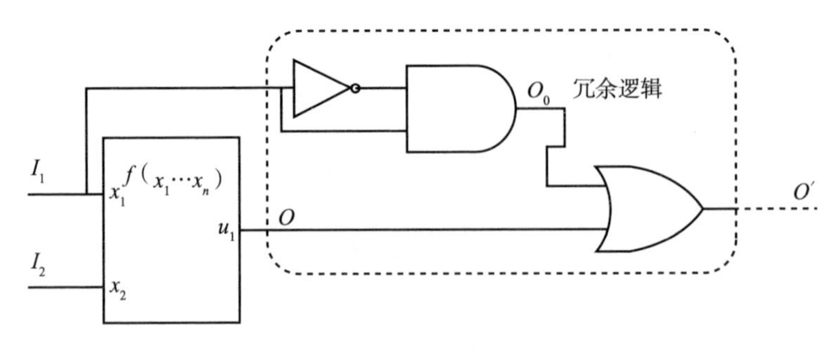

图 9–2 冗余水印嵌入示例

提高。Castillo 等[19]通过 FPGA 的水印查找表（LUT）结构，提出了基于 HDL 的 IP 保护方案。在未使用的 LUT 和已用的 LUT 之间插入水印。但水印检测需要添加额外逻辑。对于特定的输入序列，此逻辑将输出水印数据。通过比较 Raj 等的方案[18]，这种方案在水印提取方面更加方便。但添加的逻辑容易受到攻击或被删除。

9.2.1 密钥生成

大多数基于 FPGA 的 IP 水印使用的都是查找表结构。一般情况下需要使用密钥来确定水印位置。由于密钥是水印嵌入和提取中的敏感信息，因此应将其安全保存下来。密钥的生成通常需要考虑位置的分散性。应适当地使水印在设计中均匀稳定地分布。因此，密钥生成分为 3 个步骤：资源搜索、资源记录和密钥生成。

（1）资源搜索。FPGA 设备始终包含可配置逻辑块（CLB）。CLB 包含 4 个切片，每个切片中有两个 LUT（如 Virtex II FPGA）。首先需要确定 FPGA 设计中未使用的 LUT 数量。此过程中需读取所有可配置逻辑块（CLB）。CLB 中的每个 LUT 均被呈“Z”形遍历，直至所有均被访问。

（2）资源记录。在搜索过程中，用二维表来记录 FPGA 设备的 LUT 利用率。0 或 1 分别表示 LUT 未使用或已使用。

（3）密钥生成。如图 9–3 所示，记录的 LUT 利用率以线性列表 Upos 的形式重新组合。连续地址块由随机数生成器选择。线性列表存储未使用的 LUT 数据。因此可以很容易地选择与原始设计相近的连续地址。选定的地址位置 Wpos 存储于密钥文件中。

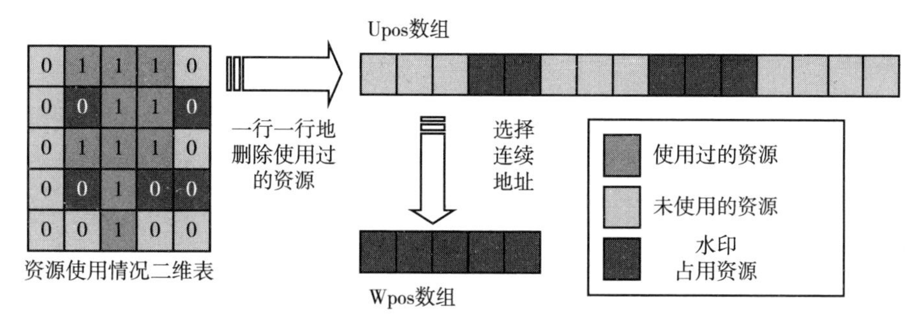

图 9-3　密钥生成

9.2.2　水印嵌入

对于 FPGA 的 IP，水印可手动插入 IP 设计中。一种是通过设计工具（如 Xilinx ISE）在物理布局中搜索正确位置。水印是通过在选定位置的标题中配置函数来嵌入的。另一种方法是利用由设备制造商提供的可编程接口。可以对资源研究人员和水印嵌入器进行编程，以在位文件中自动实施水印。

VHDL 语言描述了一种功能性软 IP 核心。设计工具（如 Xilinx ISE）为 IP 核心分配资源。在此之后，利用第三方合成或仿真工具（如 Synplify 和 ModelSim）来映射 IP 并模拟其功能，最后生成物理布局。此设计中的约束（如时间和面积）应设置为优化设计。LUT 的水印位置很容易定位在密钥上。然后通过配置特定功能将水印插入 LUT。此外，还添加了一些冗余连接以隐藏实际水印位置。图 9-4 为 FPGA 的 IP 水印嵌入过程，以及对一些关键步骤的说明。

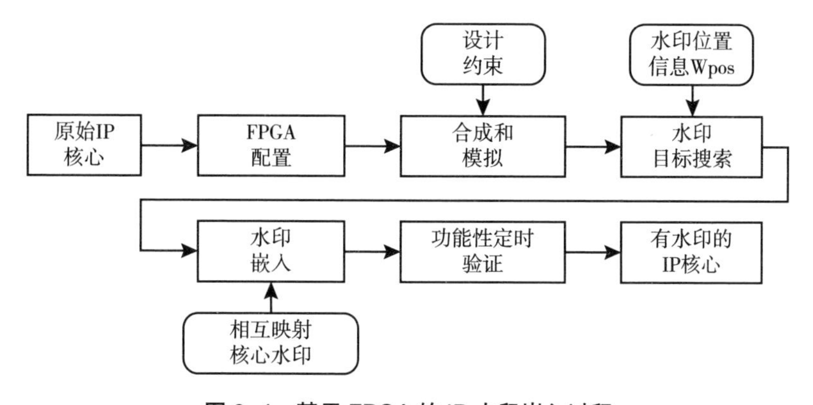

图 9-4　基于 FPGA 的 IP 水印嵌入过程

9.2.3 IP 水印提取

加水印的 IP 设计可能会在半导体市场中被错误运用，也可能被对手非法用于某些产品中。IP 所有者可申请中立的第三方来对可疑的 IP 所有权进行身份验证。可将密钥提交给第三方机构并进行水印提取，如果从可疑 IP 中提取到已声明的水印，则其所有权得到证实。

水印提取包括图 9–5 所示的水印定位、水印拆分和水印处理。

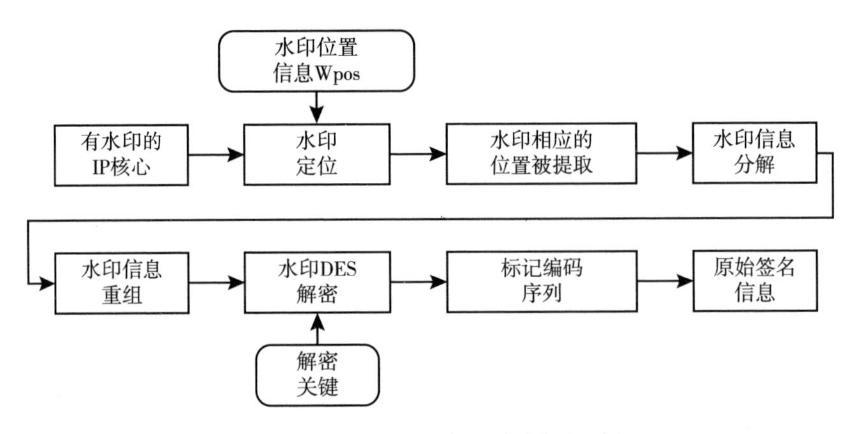

图 9–5　基于 FPGA 的 IP 水印提取过程

（1）水印定位。一般而言，IP 核心是以较低的设计级别（如物理布局）交付的，因为在物理级别使用 IP 更加方便简捷。因此水印提取将在 Wpos 中找到水印位置并在这些位置读取 LUT 内容。

（2）水印拆分。提取的序列包含加密的版权信息以及用于重新配置水印的相互映射因子。利用保留宽度，将序列分割为多个零件以重新配置原始水印。

（3）水印处理。原始水印需进行加密以获得更好的安全性。通过加密密钥可解密上述步骤中的加密水印。将提取的水印与已声明的水印进行比较，从而加以验证。如果两个水印是一致的，则所有权得到证实。

9.2.4 实验与分析

本节中将依据资源开销和抗攻击能力评估和分析提出的水印算法。

9.2.4.1 资源开销

在水印嵌入过程中，原始水印信息由 DES 算法加密，然后进行哈希处理。可以使用哈希算法对数据进行压缩。因此尽管原始水印的长度不同，哈希处理后的结果始终为 128 位。当水印位的长度大于 128 时，资源开销就不再继续增加。

表 9-1 记录了资源利用和增长情况下的一些性能指标。表中，*W* 表示嵌入的水印；*L* 表示已使用的 LUT 总数；*L-Num* 代表 FPGA 设备中 LUT 的总数；ΔL（%）表示 LUT 使用率；ΔS（%）是水印插入后资源利用的增长率。在嵌入水印后，资源利用的增长率始终接近 0.3%，这满足资源开销的要求。由于此算法利用未使用的水印来进行水印插入，因此水印将造成资源开销。但系统运行时并不访问水印资源。因此电能开销不会增加。实验表明，提出的算法在资源开销和功耗上具有较好的性能。

表 9-1 资源利用及增长中的 IP 水印性能指标

IP	设备	水印长度	零水印的设计			有水印的设计			增长率
			L	*L-Num*	Δ*L*/%	*L*	*L-Num*	Δ*L*/%	Δ*S*/%
DES	Xc2v1000	32	3376	10238	32.98	3367	10240	33.04	0.266
STROM	Xc2v1500	64	7308	15357	47.32	7382	15360	47.68	0.272
CACHE	Xc2v2000	128	13234	21521	61.46	13236	21504	61.57	0.305
RS	Xc2v4000	256	25956	46089	56.38	26024	46080	56.44	0.304

为了评估低开销和高水印量的功能，我们分析了原始设计和水印设计中的资源分布情况。实验中使用的是 Xilinx Virtex Ⅱ XC2V2000 FPGA 设备，选定 RS IP 核心作为目标 IP 设计。图 9-6 为资源的分布情况。此模型可提高嵌入水印的位数，也可以计算资源利用率。同时，分析了资源变化情况，资源聚合的效果也更好。

9.2.4.2 安全性分析

IP 核心的安全性主要体现了水印能承受恶意篡改或遭到攻击的能力。通常的攻击方法包括删除攻击、物理攻击、伪造攻击和合谋攻击等。删除攻击通过某种方式直接删除水印。暴力攻击强制搜索插入的秘密信息。伪造攻击将非法水印插入原本不存在的 IP 核心。被动攻击表示攻击者可以检测水印并识别每个标记，但无法破译该标记代码。本文提出的算法安全与性能分析是在非法

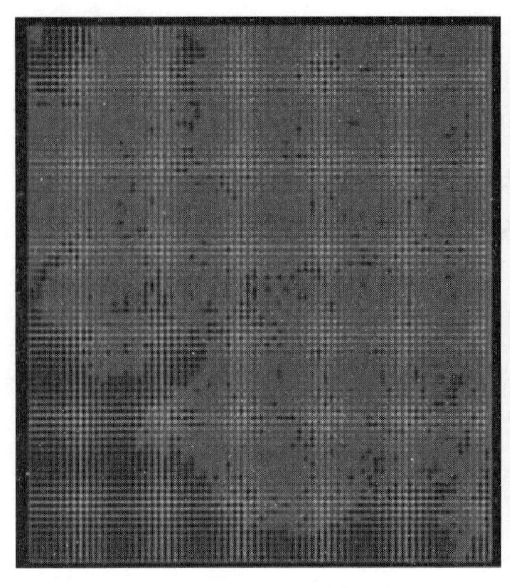

（a）原始的 RS 的 IP 设计资源分布

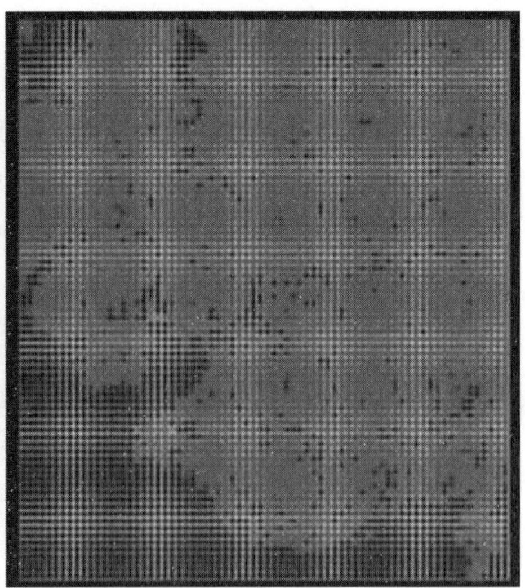

（b）有水印 RS 的 IP 设计资源分布

图 9–6　RS IP 设计的资源分布

移除攻击和噪声攻击模式下进行的。

对逆向分析攻击的耐受力。在此方案中可通过配置逻辑功能来实现水印插入。通过逆向分析攻击，非法攻击者很难在可编程逻辑电路中获得逻辑功能。要进行逆向分析攻击，他们首先要获取 FPGA 设计的所有配置数据。通常有两种方法可获取配置数据。一种是窃取比特流，另一种是使用微探针读取 RAM 中的配置数据。

通过窃取比特流的方式，攻击者需要在每次系统启动时导入可编程数据。通过这种方式可以从位流中分析电路功能。此方案使用稳定的电能将信息保存在非易失性存储器中。不需要在系统启动时再次导入配置数据。在这种情况下，攻击者无法窃取 IP 电路的比特流。

除了窃取比特流的方式，攻击者还可以使用微探针读取 RAM 中的配置信息。因此，方案中的 RAM 单元和输出信号是在低芯片等级上设置的。攻击者无法通过微探针探测相关的配置逻辑。因此具有此水印方案的 IP 电路能够通过窃取比特流进行逆向分析，尤其是对布局进行逆向分析。

上述实验中的噪声是高斯噪声。实验重点研究了 GGD 型和 MSS 型的噪声攻击。噪波强度由 p（$0<p<1$）表示。图 9–7（c）将此方案与基于一维混沌映射（OPCM）的方法进行比较。图 9–7（c）中的实验结果显示随着 p 的增

加，OPCM 在 GGD 噪声攻击中的性能较低。原因在于当 p 增加时，位置聚合参数变小。在这种情况下，IP 电路的错误概率会相应增加。图 9-7（d）中当 p 变大时，与文献［20］相比，我们的方案能够更好地对抗 MSS 噪声攻击。

噪声攻击。此方案中水印电路的信号不在高斯分布中，其中 ζ 表示噪声攻击的最佳阈值。当 ζ= 0.2，0.4，0.6，0.8 时，使用文献［21］中的优化方法来比较其抗噪声攻击性能。利用数值可以获得遭受噪声攻击后的性能。图 9-7（a）为 OPCM[14] 和 TDCM 方案与文献［20］中方案之间的比较。$p < 0.6$ 且低噪声强度时，两个方案的安全性高于文献［20］。图 9-7（b）为当 $p > 0.9$ 时，根据一维混沌映射的方法，两种方案抗噪声攻击的能力要优于基于一维混沌映射的方法。与之相反，在抗噪声攻击的性能方面，提出的方法优于之前的方法。

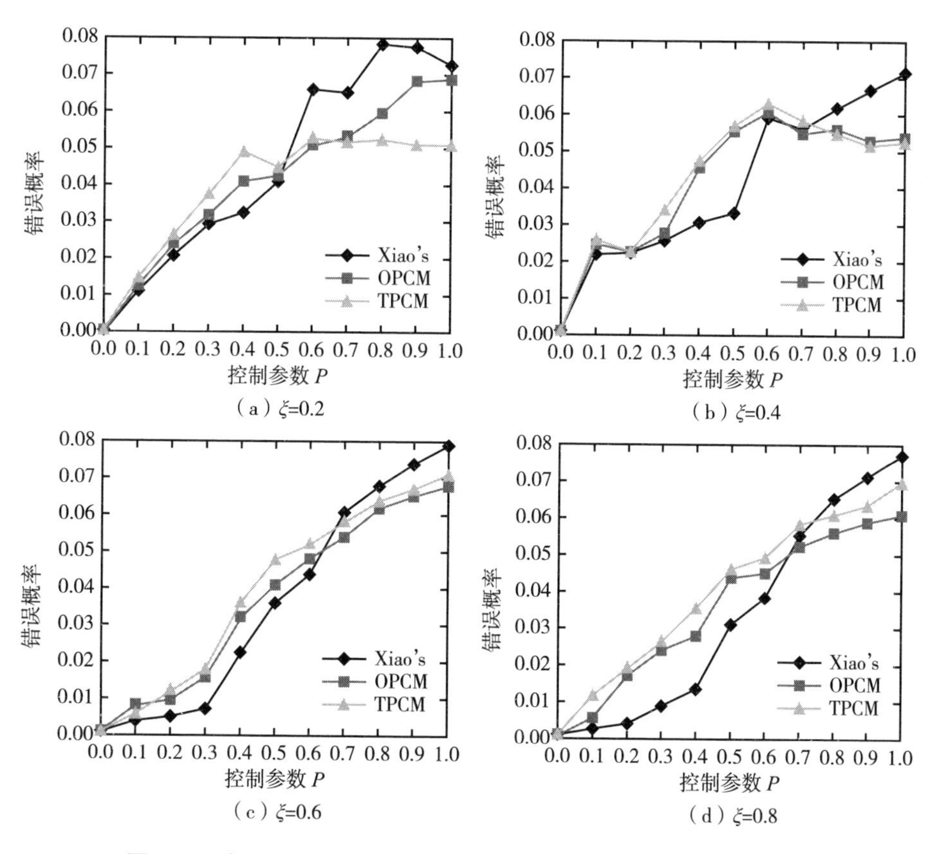

图 9-7　当 ξ=0.2，0.4，0.6，0.8 时，各种算法抗噪声攻击的性能

9.3 基于 FSM 的 IP 水印技术

基于有限状态机器（FSM）的 IP 水印技术已得到了广泛研究。Torunoglu 等[22]利用状态转换图（STG）中未使用的转换进行水印。如图 9-8 所示，某些新转换将添加到原始 STG 中。通过创建 Euler 轨迹来指示水印。Oliveira 等[23]将 128 位的水印分为一组位片段，将其作为输入序列。设计器会在 STG 中修改状态以插入水印。为增强基于 FSM 的 IP 水印的检测能力，Abdel-Hamid 等[24]将水印添加到顺序电路的 FSM 中。此方案将生成不同密钥控制下的多种转换添加解决方案。通过水印的初始状态和输入序列可以方便地从输出序列中检测水印。Cui 等[25]提出了一种自适应水印技术，方法是在最初优化的逻辑网络（主设计）中建模封闭圆锥体，以进行技术映射。此方案中的 IP 水印可实现低开销，有效抵御攻击。

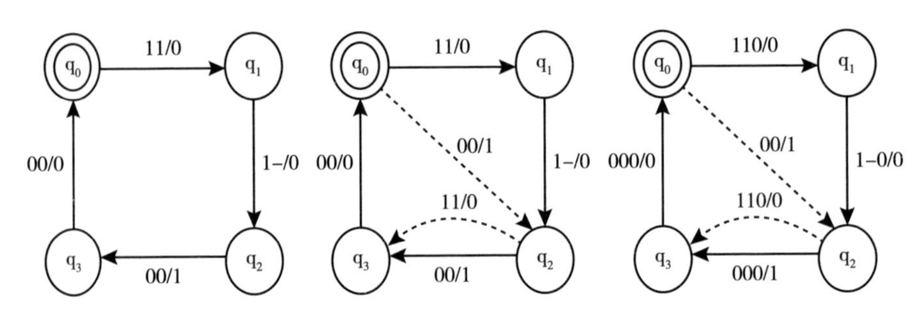

图 9-8 基于 FSM 的 IP 水印示例

对于复杂的逻辑电路，通过修改电路的某些元件来实现 STG。与 STG 的传统修改不同，添加延迟状态不会影响输出值。如果以这种方式实施水印，水印删除将非常复杂且耗时。这对状态编码进行了变更。当状态变量的值不是水印时，将相应更改状态变量的新值。通过添加两个代码转换器，新生成的状态变量将更改输出。此外，它的值也会更改为除 $a_1, \cdots, a_m$ 以外的任何输入。代码转换器由一系列线性变换实现。可变集 $X = \{x^1 \cdots x^i \cdots x^j \cdots x^n\}$ 将转换为 $X' = \{x^1 \cdots x^i \cdots x^i \oplus x^j \cdots x^n\}$。任一函数 F：$X \rightarrow \{0,\ 1\}$ 映射到 F'：$X \rightarrow \{0,\ 1\}^k$。一系列基本变换最终通过添加两个 EXOR 门以及在代码转换器中加一个门来实现任何线性变换。

因此提出了一种基于 FSM 的水印方案来保护再次使用的 IP。当发生 IP 纠纷时，IP 所有者通过电路信号之间的状态转换关系提取最大延迟状态。最后 IP 所有权得到证实。

9.3.1 水印生成

由于在 IP 设计中只能跟踪到二进制信号，因此应将签名转换为二进制序列。然后使用散列函数将生成的序列无序化。内容分为 3 个位（左侧零填充），每个组表示一个十进制数（0~7）。设签名定为“hnulw...”，图 9-9 为水印生成过程。虚线矩形中的 0 指的是左侧零填充。

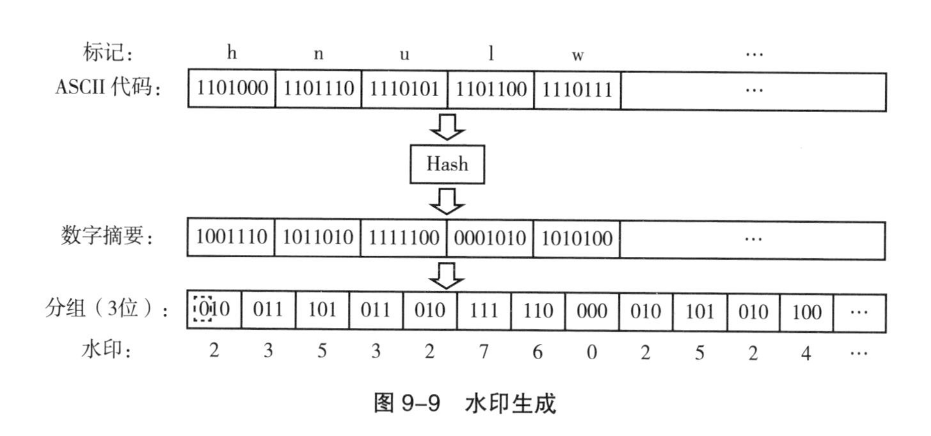

图 9-9　水印生成

9.3.2 水印嵌入

本节中我们将通过修改 STG 中的状态延迟信息来介绍水印嵌入功能，如以下步骤所述。

输入：水印 W 和 IP 核心

输出：加水印的 IP 核心

第 1 步：通过输入 $a_1, \cdots, a_m$ 序列，收集一组状态转换 R（T），而遍历每个 STG 状态 $s_i \in S$。

第 2 步：分析延迟状态 R（T）中的所有状态延迟信息，并将相应的阈值 T_N 设置为选择 R'（T）的标准。R'（T）包括适合修改的状态。T_N 的选择取决于 IP 核心的类型。

第 3 步：通过考虑水印的长度并为水印插入创建一组延迟状态 R'（T），从 R（T）随机选择 Y 状态延迟值。

第 4 步：分析特定位置 R'（T）中的延迟状态值。将每个延迟状态值的最后一个数字替换为水印片段。重复此操作，直到插入所有水印片段。这样最终生成加水印的 IP 设计。

9.3.3 水印提取

发生 IP 纠纷时，IP 所有者可通过从可疑 IP 中提取水印来用于对所有权进行身份验证。水印嵌入 IP 设计的 STG 中。具体提取程序如下所示。

输入：加水印的 IP 核心

输出：水印 W 的摘要

第 1 步：提取并分析加水印 IP 核心的 STG。

第 2 步：通过输入 a_1，…，a_m 序列，收集一组状态转换 R（T），而遍历每个 STG 状态 $s_i \in S$。

第 3 步：获取一组延迟状态 R（T）$'$，并分析加水印的 STG。

第 4 步：通过水印嵌入中利用的随机选择规则提取 Y 水印的状态延迟信息。通过分析状态延迟信息并转换为二进制序列来提取最后一个数字。

第 5 步：通过嵌入的反向过程重新合并二进制序列，最后得到嵌入的水印摘要。

通过将提取的摘要与已声明的摘要进行比较来实现验证。

9.3.4 实验结果

提出的方法已在 Xilinx Virtex Ⅱ设备 XCV600 上进行了测试，方法是用 128 位的水印为 3 个公共核心加水印：DES56、ALU、RSA。以时间、信噪比和资源为形式的每个性能都基本得到验证。测试结果如表 9–2 所示。

表 9–2 显示，DES 核心利用了大部分的 CLB，ALU 至少占了 3 个核心。最大延迟的核心是 DES，占用了大部分资源，其次是 RSA 和 ALU。与文献［26，27］中的方法相比，此方法就计时性能来说并非最佳。SNR 和相近于原始电路的占用资源都会降低。因此，此方法对电路功能影响较小，安全性和资源开销较好。

表 9-2　不同 IP 核心物理布局的性能比较

方法	核心	设备	用过的切片	时序 /ns	信噪比	资源占比 /%
[26]	DES	xcV600	972	7.706	0.432	0.786
	RSA	xcV600	668	9.103	0.503	1.899
	ALU	xCV600	481	15.122	0.422	2.591
[27]	DES	xcV600	958	8.416	0.716	0.558
	RSA	xcV600	683	9.706	0.706	2.793
	ALU	xCV600	485	16.231	0.231	2.883
我们的方法	DES	xcV600	947	7.802	0.602	0.367
	RSA	xCV600	656	9.901	0.491	1.707
	ALU	xcV600	479	17.998	0.368	2.165

图 9-10 为 DES 核心的实验结果。物理布局显示，图 9-10（b）中的水印布局具有较高的占用资源密度，但与图 9-10（a）中的原始布局相比，它对电路函数的影响较小。

9.4　基于 DFT 的 IP 水印技术

在设计测试（DFT）中应用的数字水印技术受到了广泛关注。大多数 DFT 水印技术主要关注扫描链。按照 Fan 等提出的方法[28]，在测试模块中集成了水印生成，提出了五种可能的水印隐藏方法。由于测试电路（而非 IP 核心）受到单独标记，因此容易遭受删除攻击。Saha 等[29]提出为扫描树和单一扫描链加水印，并分别嵌入物理设计工具所有者和逻辑设计工具所有者的签名。Cui 等[30]提出通过重新排列单个扫描链中的扫描单元，将电能消耗降至最低，从而插入水印，如图 9-11 所示。

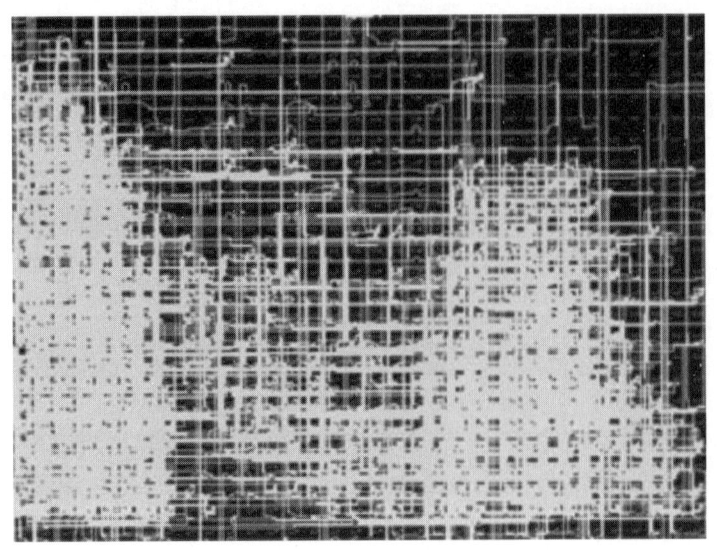

（a）原始 DES 设计布局

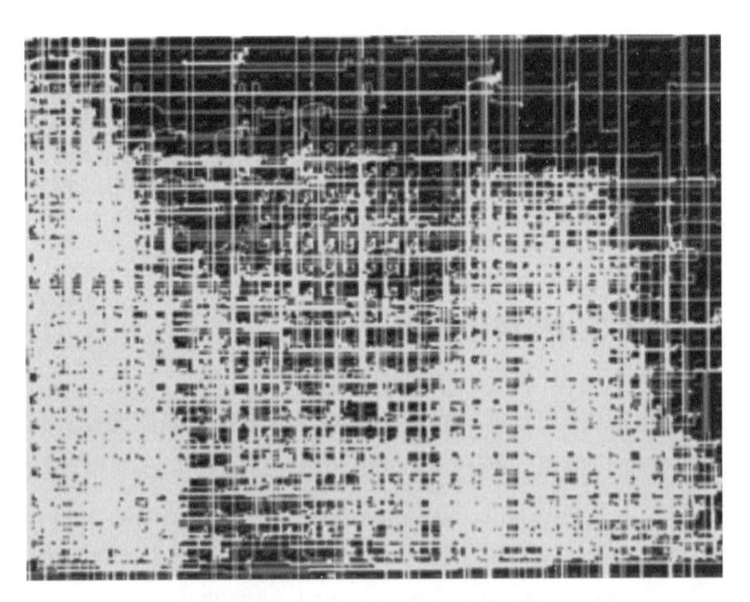

（b）具有 128 位水印的 DES 设计布局

图 9-10　原始 DES 设计布局和具有 128 位水印的 DES 设计布局

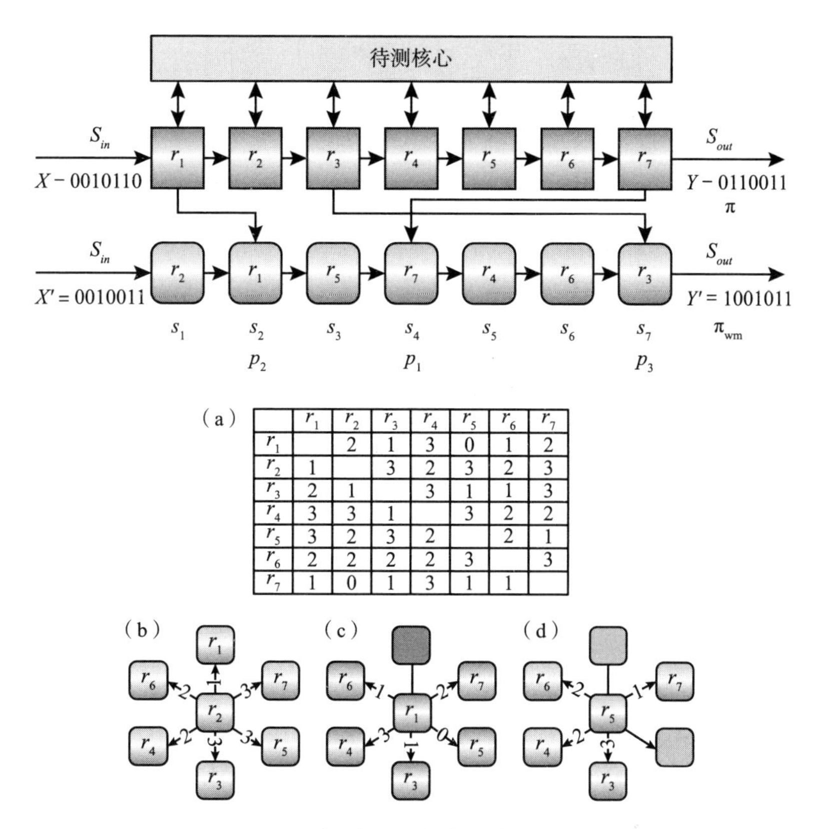

	r_1	r_2	r_3	r_4	r_5	r_6	r_7
r_1		2	1	3	0	1	2
r_2	1		3	2	3	2	3
r_3	2	1		3	1	1	3
r_4	3	3	1		3	2	2
r_5	3	2	3	2		2	1
r_6	2	2	2	2	3		3
r_7	1	0	1	3	1	1	

图 9-11　通过重新排列扫描细胞插入 IP 水印

本节中我们通过在顺序电路中为多扫描链加水印来介绍 IP 保护方法。该方案在 SOC 设计中采用了 DFT 测试模型，并利用 LFSR 生成伪随机测试向量。令多扫描链的结构为 M。多扫描链 M 可在交换操作之后转换为具有最小相关性 _x0005_Φ（MP）的 MP。MP 适用于水印嵌入。

图 9-12 为顺序电路中基于多扫描链的 IP 水印方案概览。版权信息通过 Hash 函数和密钥 k 进行加密和转换。基于最小相关模型和多扫描链，设计出了水印逻辑电路（WMC），用来在多扫描链中改变特定寄存器的状态，以用于水印设计。即使芯片封装后也可以有效地检测水印，而不会干扰电路的正常功能。

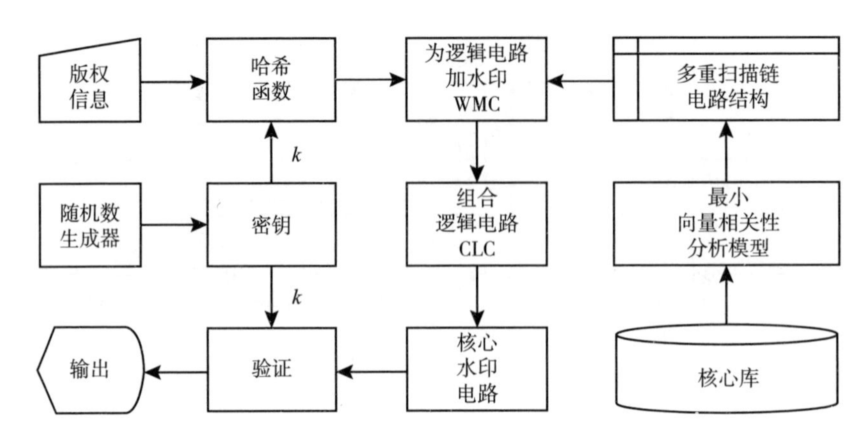

图 9–12 基于多扫描链的 IP 水印方案概览

9.4.1 水印结构

本节介绍了具有最小相关性的多扫描链的水印结构。图 9–13 为多扫描链水印示例。假定测试电路包含 6 个扫描单元 s_i（i =1，2，…，6），这些单元格分为两个扫描链 c_1={s_1，s_2，s_3} 和 c_2={s_4，s_5，s_6}。在水印电路中，一个 XOR 门的输入连接到多扫描链中的一个单元，另一个由水印控制的输入支持仲裁逻辑电路（ALC）的信号和输出。但 ALC 的输出处在 LFSR 的控制下。

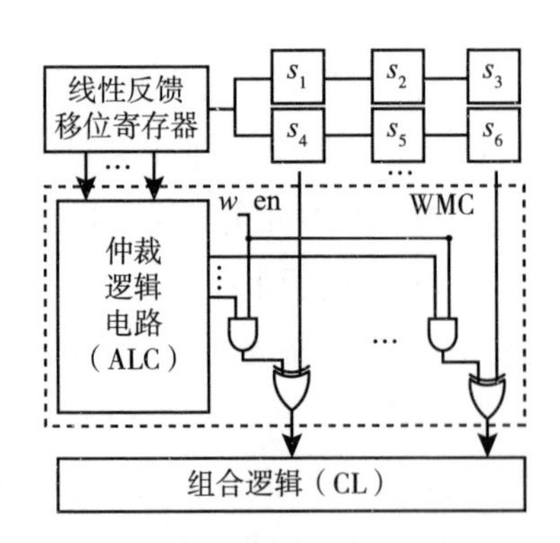

图 9–13 多扫描链的水印架构

9.4.2 水印嵌入

代表身份的签名将被加密，然后进行哈希处理。将生成的数字摘要作为水印插入 IP 核心中。哈希函数 H 是利用 x 为输入的转换过程，返回值称为哈希值，用 h 表示，如 $h=H(x)$。由于哈希是单向函数，所以给定一个值 h，利用 $H(x)=h$ 去计算 x 上是不可能的。

用 MD5 对签名进行哈希处理，用于 128 位摘要 ξ。在预处理过程中，将 ξ 转换为二进制序列 $<\beta_1, \beta_2, \cdots, \beta_i, \cdots, \beta_n>$。混沌系统生成密钥序列 $\kappa s <\kappa s_1, \kappa s_2, \cdots, \kappa s_j, \cdots, \kappa s_p>$。将序列 $<\beta_1, \beta_2, \cdots, \beta_i, \cdots, \beta_n>$ 映射到一组水印碎片 $\{<\overline{\omega}_1, \overline{\omega}_2, \cdots, \overline{\omega}_j, \cdots, \overline{\omega}_p> | \overline{\omega}_j =< \beta_k, \cdots, r>\}$。因此，$\{\gamma(\overline{\omega}_j) | 1<j<p\}$ 作为一组约束用于控制寄存器位置。选择具有最小相关性的扫描链 $< s_1, s_2, \cdots, s_i, \cdots, s_\lambda >$ 作为水印。仲裁逻辑电路限制约束 $\gamma(\overline{\omega}_j)$ 特定扫描链的位置。图 9-14 为多个基于扫描链的水印方案示例。

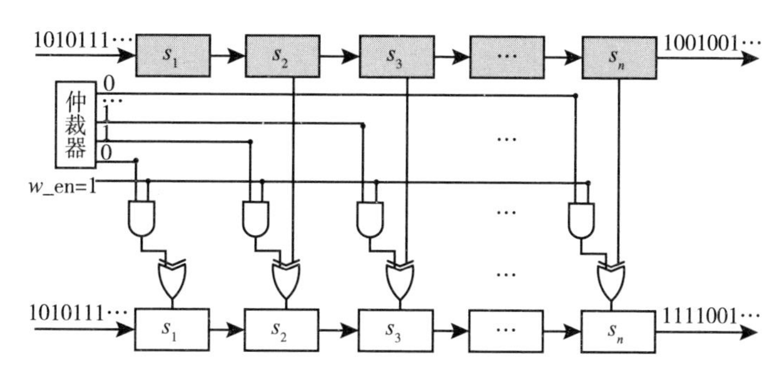

图 9-14　基于多扫描链的水印示例

分为两种模式：普通模型和水印模型。在正常模式（$w\_en=0$）中，测试电路执行正常扫描测试，而在水印模式（$w\_en=1$）中，在 ALC 中转换的特定状态可能造成 1，因此将反转多扫描链中某些单元格的值，然后输出。通过比较相同输入向量的正常模式和水印模式下的输出，可以验证 IP 标识。

9.4.3　水印提取

当 IP 核心疑受滥用时，作者可通过以下步骤向第三方申请水印验证。

首先，我们在水印设计中读取，并插入多扫描链的体系结构。LFSR 用于生成测试向量。目前，$w\_en=1$，水印电路处于活动状态。测试向量在多扫描链中移动。响应向量将通过测试电路中的组合逻辑输出。因此，在扫描输出中可以检测到水印的响应 R_m。然后，我们将 w_en 信号设置为 0，现在由于水印电路未处于活动状态，扫描结果将成为原始响应 R。相应地，通过分别将加水印前后的响应向量 R 和 R_m 进行比较，就可以找到水印位置。在一系列转换之后，将找到在整个设计中分布的水印片段。利用存储序列 R_n（k）可将水印片段重新合并为提取的水印 Wm′ 。通过比较 Wm 和 Wm′ 即可验证 IP 标识。

9.4.4 实验结果和性能分析

具有最小相关性的多扫描链的水印方案实施于 1.2GHz Sun UltraSPARC-T1 机器的 VC 上。此方案适用于 ISCAS’85、ISCAS’89 和 ISCAS’99 基准组件的顺序电路上。方案的性能分析将侧重于资源开销、对攻击的抗力和实验结果的比较。

9.4.4.1 资源开销

在加水印后评估资源开销是非常重要的。我们选择了 5 个电路来做实验，其门数超过 1000。利用文献［31］中的零延迟模型进行资源评估，通过该模型可以计算过渡时间，以反映实际的资源开销。试验通过以下步骤进行。

（1）利用 LFSR 生成伪随机向量，并构造具有最小关联的最佳扫描体系结构，然后输出测试向量；

（2）在测试电路中加载测试向量并记录内部节点的转换，然后计算峰值功率和平均功率；

（3）按照多扫描链的体系结构对顺序电路中的测试点进行分区；

（4）再次利用 LFSR 生成测试向量，并获得水印的响应向量；通过记录测试期间内部节点的转换，计算加水印后的峰值功率和平均功率。

如表 9-3 所示，组合电路和顺序电路的单元数分别显示在第 2 列和第 3 列中。P_w、P_f 和 ΔK 三列分别代表平均功率、峰值功率和测试节点的覆盖率。表 9-3 中的实验结果表明：平均功率和峰值功率都会相应地降低，而覆盖率略有提高。证明此方案具有更低的资源开销和更高的覆盖率，同时也不会影响正常的电路功能。

表 9-3　原电路与加水印电路的性能比较

电路	组合逻辑 N	顺序逻辑 C	原始电路			有水印的电路		
			P_w	P_f	ΔK/%	P_w	P_f	ΔK/%
S5378	2779	179	3797	1968	84.56	3461	1876	90.11
S9234	5597	211	6785	3622	90.12	6123	3601	98.54
S13207	7952	669	10908	6471	82.16	9875	5947	88.34
S35932	16066	1728	41235	19677	89.64	32471	17983	91.44
S38584	19354	1546	20657	14906	92.82	18195	12876	96.01

9.4.4.2　实验比较

实验是在具有最小相关性的多扫描链上进行的。表 9-4 为此方案与文献［32，33］中方法的比较结果。

假定 $\phi(M_p)$ 表示扫描链的最小相关性，P_c 表示重合的概率，ΔS 代表水印检测的覆盖率。表 9-4 说明此方案的 P_c 值低于其他方法，证实了此方案对攻击的抗力更强，水印检测的覆盖率 ΔS 比其他方法更大。由于此方案中利用了多扫描链的体系结构，所以水印具有更高的可观察性和可测试性。因此与其他方案相比，此方案的 P_c 更低，而水印检测覆盖率更好。

表 9-4　水印方法比较

电路	$\phi(M_p)$	建议		文献 [33]		文献 [32]	
		P_c	ΔS/%	P_c	ΔS/%	P_c	ΔS/%
i7	18	2.17E-21	91.02	2.91E-21	86.49	7.52E-20	90.23
i9	19	1.02E-14	90.62	3.49E-14	85.07	1.05E-13	88.48
i2	22	1.91E-23	97.83	6.38E-23	83.24	2.64E-19	79.41
i8	15	5.77E-32	94.27	1.67E-32	88.36	2.6E-31	91.86
frg2	14	1.23E-19	92.06	6.02E-18	91.68	1.91E-19	70.77
alu4	25	1.93E-41	94.82	7.14E-34	79.91	1.70E-39	86.09
apex6	20	5.77E-33	99.15	3.06E-24	95.28	8.16E-31	93.62
rot	20	4.98E-26	100	8.75E-25	94.76	1.41E-21	87.71
x3	18	4.66E-36	95.37	8.08E-25	89.41	6.28E-35	71.44
k2	33	2.42E-32	96.53	3.24E-32	92.09	8.64E-32	83.57

9.5 自恢复性双 IP 水印技术

鲁棒性是 IP 水印技术的一个重要指标。但现有的大多数方法都无法在遭受攻击后恢复受损的水印，导致其所有权验证失败。本节介绍的是一种基于 FPGA 的双 IP 水印技术，其具备自恢复能力。遭受攻击后它能验证 IP 所有权甚至水印，且具有较低的水印嵌入开销。

9.5.1 水印生成

IP 电路有 0 和 1 两个信号。因此所有权信息首先被转化为适合电路的内容。本节生成双 IP 水印，分别由二进制序列 $s=s_0s_1s_2\cdots s_n$ 和 $s'=s'_0s'_1s'_2\cdots s'_n$ 表示。水印指示了 IP 所有者的所有权信息（签名），另一个水印代表 IP 用户的身份。在这种情况下，双 IP 水印可以验证 IP 所有权并监控 IP 的使用。

9.5.2 水印嵌入

通常应将位文件中的约束修改为限制加水印的 LUT 位置至靠近功能 LUT。这就避免了在插入水印后长时间连接造成的高度资源占用和延迟。详细过程包括以下步骤。

（1）广度优先搜索和深度优先搜索方法用于定位 CLB 中的切片。对于 Virtex Ⅱ FPGA，切片内有两个 LUT，即 F 和 G。是否利用切片中的 LUT 可由 LUT 中的 F 值和 G 值确定。0 和 1 分别表示未使用和已使用。将记录未使用的 LUT 的坐标以选择水印位置。

（2）双水印 $s=s_0s_1s_2\cdots s_n$ 和 $s=s'_0s'_1s'_2\cdots s'_n$ 分为 16 位。每个组都与 LUT 的坐标相关。因此创建了一个索引表 δ。这里 s 是初级水印，s' 是二级水印。

（3）选定满足 $k\leqslant m$ 的有序对（k，m）来创建多项式 $f_1(x)=a_0+a_1x+\cdots+a_{k-1}x_{k-1}$。这里 x 的值可以是 0，1，2，…，m，且 $2\leqslant k\leqslant m$。a_0，a_1，a_2，…，a_{k-1} 是随机选定系数的序列。$a_0=s$，$H_k=f_1(i_k)$，$i_k\in[0,m]$。这样再计算签名的重新配置信息，表示为 $H=\{H_k|k=1,2,\cdots,m\}$。同样，我们将获取另一个特征码的重新配置信息，由 $H'=\{H'_k|k=1,2,\cdots,m\}$ 表示。H 和 H' 则作为水印恢复中的参数。

（4）从 $s=s_0s_1s_2\cdots s_n$ 中选择 4 个十六进制数。两个特征码的重新配置信

息被分解为 $A \times B+C$。C 表示插入到位置（A，B）的信息。然后执行插入过程，也就是在位文件的自约束文件中更改相应位置的值。为了获得更好的安全性，嵌入位将使用密钥 key′进行加密。与 key′对应的可重构信息为 H'。用同样步骤也可处理二级水印。这里的嵌入位利用密钥 key 进行加密。与 key 对应的可重构信息为 H。

（5）每个 LUT 通过配置特定逻辑功能来实现 16 位水印。直到所有水印位都插入冗余属性标识符中，水印嵌入操作结束。

9.5.3　水印提取

要验证 IP 的所有权，还应在此方案中提取嵌入水印。提取的水印将与声明的水印进行比较。如果一致，则可成功地对所有权进行身份验证。但是，如果提取的水印存在错误，则将激活水印恢复任务。双 IP 水印提取包括以下步骤。

提取冗余属性标识符。如果水印不受影响，可以在具有密钥 key、key′ 以及保存的水印位置位文件的自约束文件中找到所有新插入的冗余属性标识符。

重新配置冗余组合表达式的索引表和映射关系。利用嵌入式冗余属性标识符的位置参数 μ，可计算出 $A \times B+C$ 的索引表和冗余组合表达式。因此可获取与索引表中 C 的值相对应的 LUT 位置。

在水印转换的逆过程中，可以在索引表和计算相关逻辑表达式中提取冗余属性标识符。转换提取的信息以获取散列值。如果与原签名匹配，则 IP 是真实的。

9.5.4　水印恢复

在传统的 IP 水印技术中，如果对手破坏了水印，就很难加以恢复。无法使用受损水印对所有权进行身份验证。为解决此问题，提出了水印恢复方案，以在遭受攻击后验证其所有权。这取决于保密共享机制中的密钥重新配置思想。发生 IP 纠纷时，IP 所有者可以提取和恢复受损水印 C_1 和 C_2。双 IP 水印 $s = s_0 s_1 s_2 \cdots s_n$ 和 $s' = s'_0 s'_1 s'_2 \cdots s'_n$ 是相互关联的。在水印恢复中有两种情况。①如果水印 C_1 的某一部分被损坏，则可利用 s'，也就是说，$C_1 = E^{-1}$［F（x_2），ρ］是 s' 的主映射函数。ρ 表示自恢复系数。②如果水印 C_2 的另一个部分损坏，可通过计算 $C_2 = E^{-1}$［F（x_1），ρ］来恢复 C_2。F（x_1）是 s 的主映射功能。

当 IP 水印遭受攻击后受损时，可使用水印恢复以提取正确的特征码用于成功进行 IP 身份验证。图 9–15 为双 IP 水印恢复流。从水印流 s' 中提取相关性流 P，并编码为 $P'=\{f(x_i)\mid i=1, 2, \cdots, k\}$。最后 P' 用作重建原签名的子密钥。水印 M' 可以通过重新配置 $f(x)$ 并最终将其转换为原水印来恢复。

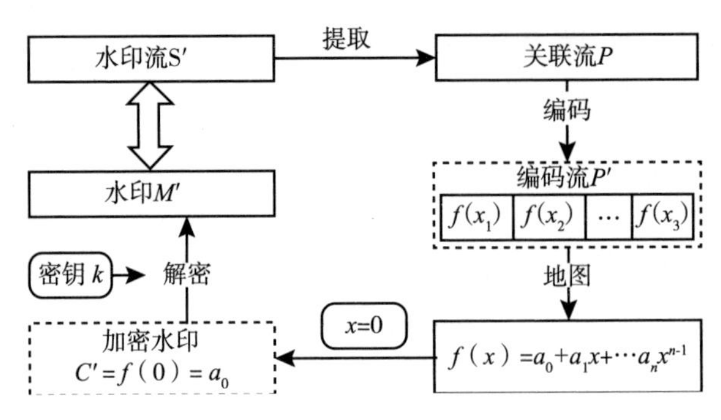

图 9–15 双 IP 水印恢复流

9.5.5 性能评估

我们进行试验来评估对移除攻击的抗力。嵌入水印的长度为 512 位。将 10%、20% 和 40% 的受损水印结果与文献［34］中的方法相比较，图 9–16 为比较结果。

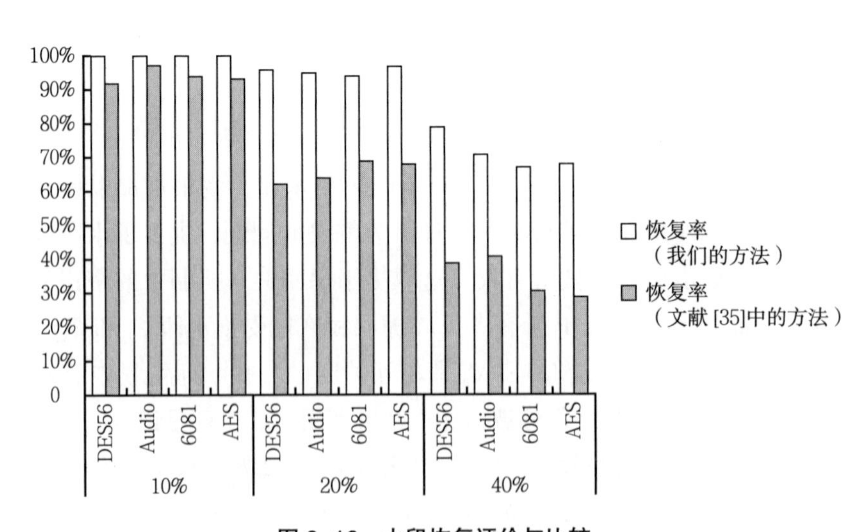

图 9–16 水印恢复评价与比较

人们认为遭受删除攻击后，70% 的水印能够成功恢复是可接受性标准。在图 9–16 中，随着受损水印的增加，水印恢复会导致资源和路径延迟的增加。但如果有 20% 的水印受损，则文献［34］中的方法无法达到恢复标准。嵌入水印越多，LUT 的占用就越多。如果受损水印达到 40%，则此方法很可能能够恢复受损水印。但在这种情况下，文献［34］中的方法不能实现水印恢复。因此此方法支持对删除攻击的抗力。

9.6　小结

IC 芯片是物联网环境中的基本配件。IP 再利用技术带来了种种好处，但也会造成侵犯版权的风险。我们提出了许多水印方案来解决 IP 保护问题。合理的 IP 水印嵌入和抽取方案可在各种不同的 IP 设计级别提供保护。本章介绍了几种类型的 IP 水印技术。重点介绍了大型集成电路知识产权保护问题，并提出了一种适用于集成电路 IP 保护的新型算法。这些技术实现了对以往工作的改进，在 IC 设计中保护重复使用的 IP 具有很大的意义。这样成功减少了能耗，大大增加了安全模式的水印信息隐藏。因此确实提高了水印算法对非法攻击的抗力。

虽然近年来，知识产权核心水印技术已经为集成电路安全设计研究领域提供了许多有效的水印算法，但这些成就在工业应用中远未成熟。因此，仍然需要做出更多的研究和探索，以得出学术和工业领域都高度认可的解决方案。

致谢：此部分内容由中国国家科学基金会（61572188）提供支持，研究项目由厦门理工学院研究项目（YKJ15019R、YSK15003R）和厦门科技基金研究项目（3502Z20173035）提供支持。

参考文献

1. Koushanfar F, Fazzari S, McCants C, et al. 2012. Can EDA combat the rise of electronic counterfeiting? In *Proceedings of 2012 49th ACM/EDAC/IEEE design automation conference (DAC),* 133–138.

2. Majzoobi M, Koushanfar F, Devadas S. 2010. FPGA PUF using Programmable Delay Lines. In *Proceedings of information forensics and security (WIFS),* 51–65.

3. Guajardo J, Guneysu T, Kumar S S, et al. 2009. Secure IP-block distribution for hardware devices. *In IEEE international workshop on hardware-oriented security and trust,* 82–89.

4. Kirovski D, Potkonjak M. Local watermarks: Methodology and application to behavioral synthesis. *IEEE Transactions on Computer-Aided Design of Integrated Circuits and Systems* 1277–1283.

5. Marsh C, Kean T. 2007. A security tagging scheme for ASIC designs and intellectual property cores. *Design & Reuse*, 57–64.

6. Goren S, Ugurdag H F, Yildiz A ,Ozkurt O. 2010. FPGA design security with time division multiplexed PUFs. In *Proceedings of international conference on high performance computing and simulation (HPCS)*, 608–614.

7. Lach J, Mangione W H, Potkonjak M. 2001. Fingerprinting techniques for field-programmable gate array intellectual property protection. *IEEE transactions on computer-aided design of integrated circuits and systems*, 1253–1261

8. Guneysu T, Moller B, Paar C. 2007. Dynamic intellectual property protection for reconfigurable devices. In *Proceedings of the 15th annual IEEE symposium on FPT,* 287–288.

9. Li, D., W. Zheng, and M. Zhang. 2007. Development of IP watermarking techniques. *Journal of Circuit and Systems* 12(4): 84–92.

10. Roy J A, Koushanfar F, Markov I L. 2008. EPIC: Ending piracy of integrated circuits. In *Proceedings of the conference on design, Europe,* 1069–1074.

11. Yip K, Ng T. 2000. Partial-encryption technique for intellectual property protection of FPGA based products. *IEEE Transactions on Consumer Electronics*, 183–190.

12. Nie T, Liu H, Zhou L. 2012. A time-constrained watermarking technique on FPGA. In *Proceedings of 2012 international conference on industrial control and electronics engineering (ICICEE)*, 795–798.

13. Khan M and Tragoudas S. 2005. Rewiring for watermarking digital circuit netlists. *IEEE transactions on computer-aided design of integrated circuits and systems,* 1132–1137.

14. Liang, W., X. Sun, Z. Xia, and J. Long. 2011. A chaotic IP watermarking in physical layout level based on FPGA. *Radioengineering* 20(1): 118–125.

15. Liang, W., K. Wu, H. Zhou, and Y. Xie. 2015. TDCM: An IP watermarking algorithm based on two-dimensional chaotic mapping. *Computer Science and Information Systems* 12(2): 823–841.

16. Liang W, Long J, Chen X, Xiao W. 2016. Publicly verifiable blind detection for intellectual property watermarks through zero-knowledge protocol. *International Journal of System Assurance Engineering and Management*, 738–981.

17. Xu J B, Long J, Liang W. 2011. A DFA-based distributed IP watermarking method using data compression technique. *Journal of Convergence Information Technology*, 152–160.

18. Raj N, Josprakash, et al. 2011. Behavioral level watermarking techniques for IP identification based on testing in SOC design. In *Proceedings of international conference on*

information technology and mobile communication, 485–488.

19. Castillo E,Meyer-Baese U, García A. 2007. IPP@HDL: Efficient intellectual property protection scheme for IP cores. *IEEE Transactions on VLSI Systems,* 578–591.

20. Sun X, Zhang M, and Zhang H. 2013. Two-Dimension Chaotic-Multivariate Signature System. *International Journal of Computer Science Issues* 10(1): 708–712.

21. Basu, A., D.B. Roy, and D. Banerjee. 2011. FPGA implementation of IP protection through visual information hiding. *International Journal of Engineering Science and Technology* 3(5):4191–4199.

22. Torunoglu I, Charbon E. 2000. Watermarking-based copyright protection of sequential functions. *IEEE Journal of Solid-State Circuits*, 434–440.

23. Oliveira A L. 2001. Techniques for the creation of digital watermarks in sequential circuit designs. *IEEE Transactions on Computer-Aided Design of Integrated Circuits and Systems,*1101–1117.

24. Abdel-Hamid A T, Tahar S. 2008. Fragile IP watermarking techniques. In *Proceedings of NASA/ESA conference on adaptive hardware and systems.* Noordwijk, 513–519.

25. Cui A, Chang C H, Tahar S. 2008. IP watermarking using incremental technology mapping at logic synthesis level. *IEEE Transactions on Computer-Aided Design of Integrated Circuits and Systems,* 1565–1570.

26. Yuan L and Qu G. 2004. Information hiding in finite state machine. In *Information hiding workshop*, 340–354.

27. Abdel-Hamid A T, Tahar S, and Aboulhamid E M. 2006. Finite statemachine IP watermarking: A tutorial. In *Proceedings of the first NASA/ESA conference on adaptive hardware and systems (AHS'06),* 457–464.

28. Fan Y. 2008. Testing-based watermarking techniques for intellectual-property identification in SOC design. *IEEE Transactions on Instrumentation and Measurement,* 467–479.

29. Saha D, Sur-Kolay S. 2010. A unified approach for IP protection across design phases in a packaged chip. In *Proceedings of 23rd international conference on VLSI design,* 105–110.

30. Cui A, Chang C H. 2012. A post-processing scan-chain watermarking scheme for VLSI intellectual property protection. In *Proceedings of 2012 IEEE Asia pacific conference on circuits and systems (APCCAS)*, 412–415.

31. Khan, M., and S. Tragoudas. 2005. Rewiring for watermarking digital circuit netlists. *IEEE Transactions on Computer-Aided Design of Integrated Circuits and Systems* 24(7): 1132–1137.

32. Cui A, Chang C H. 2008. Intellectual property authentication by watermarking scan chain in design-for-testability flow. In *Proceedings of International Symposium on CAS*, 2645–2648.

33. Kirovski, D., Y.Y. Hwang, et al. 2006. Protecting combinational logic synthesis

solutions. *IEEE Transactions on Computer-Aided Design of Integrated Circuits and Systems* 25(12): 2687–2696.

34. Xu, J., Y. Sheng, W. Liang, L. Peng, and J. Long. 2016. A high polymeric mutual mapping IP watermarking algorithm for FPGA design. *Journal of Computational and Theoretical Nanoscience* 13(1): 186–193.

第 10 章 复杂环境下网络空间防护能力

德拉戈·艾奥尼奇，涅瓦娜·波佩斯库，德塞巴尔·波佩斯库，弗洛林·波普

摘要： 本章简要概述复杂网络中现有的网络防御功能和网络范围，其中操作测试平台旨在提高网络安全培训水平。本章简要介绍国防部（MoD）内部的网络开发以及测试范围的相关问题领域。介绍了研究目标以及研究限制和期望的结果。本章结尾处是研究人员提出的一些基于复杂网络研究结果的建议。

10.1 简介

本章简要概述现有的网络范围和计算机网络操作测试平台，旨在提升网络安全培训水平。简要介绍国防部（MoD）内部的网络开发以及测试范围的相关问题领域。介绍了研究目标以及研究限制和期望的结果。最后提出关于研究方法的总体思路。

10.1.1 问题领域

在各自的网络培训和防御计划中，多个国家的国防部门考虑到其操作成本的大幅降低，都希望进入数字弹性和网络操作[1]领域。一些政府机构（如英国政府和荷兰政府）向数字弹性和网络操作领域投资约 5000 万欧元，在 2016 年用于加强动态武器库。

在美国政府看来，可概括为 MoD 网络组件的策略有如下 6 个目标[2]。其框架结构如图 10–1 所示。

（1）从网络安全观点出发，得出综合性的方法和良好评估；

（2）提高 MoD 和其他关键基础设施的网络安全弹性；

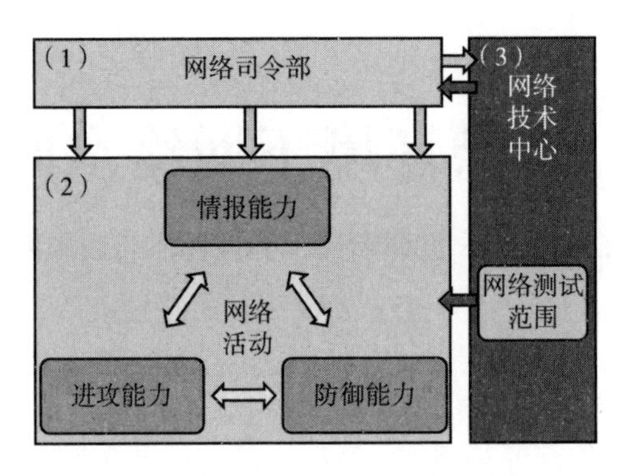

图 10-1　MoD 未来治理框架结构

（3）开发 MoD 的功能以执行网络操作（进攻和防御）；

（4）在网络领域开发更多情报能力；

（5）在网络安全领域开发知识并获得新的创新能力；

（6）与他国 MoD 或 CSIRT 开展国家和国际合作。

本章组织方式如下。第 10.2 节介绍数据操作所面临的挑战，主要关注空间和时间数据库、密钥值存储、非 SQL、数据处理和数据清理、大数据处理堆栈和处理技术。第 10.3 节介绍简化技术，描述性分析、预测性分析和规范性分析。第 10.4 节中提出关于 Cyber Water 的案例研究，此研究项目旨在利用高级计算和通信创建原型平台。MoD 的未来治理框架结构是文献［3］上的结构。结构中的第一个实体是接管网络操作的网络命令；第二个实体是包括情报能力、防御能力和进攻能力的网络操作；最后一个实体是网络专业知识中心，主要关注 MoD 中有关网络操作的技能和知识。随后该实体将给出网络测试范围（CTR）。

网络测试范围是支持网络操作的功能之一。CTR 可视为“网络射击范围”，与物理世界中所说的射击范围类似，军事人员可进行进攻性和防御性训练，并测试其他的技能。

带有 CTR 的 MoD 的网络安全观可应用于执法网络部门，但显然其功能并非依据目标、目的或规范而定。

MoD 中的当前 IT 测试环境不适合于在网络操作中使用的 CTR，因为这些环境是用来在 IT 基础体系结构库或服务管理流程[4]中进行可用性和容量测试。

10.1.2　研究目标

研究的主要目标是设计路线图用于网络测试范围的开发。

下面是主要目标衍生出的子目标。

（1）给出网络操作的定义和功能，在网络操作功能范围内开展活动。

（2）获取有关网络测试范围的使用和开发的知识，并提供 CTR 业务功能。

（3）确定支持攻击、防御和情报能力的 CTR 业务功能。业务功能是逻辑上相关的一系列服务，可共同执行以获取一组定义的结果。

（4）确定交付 CTR 业务功能的技术和组织要求。

（5）设计用于实现业务功能以及提供业务功能所需的技术和组织要求的时间表。该路线图为 CTR 实施的变更管理提供必要的输入。

10.1.3　研究范围

北约使用 DOTMPLFI（条令、组织、培训、材料、领导力和教育、人员、设施和互操作性）的规模来确定任何能力的功能。据说，MoD 以前的 IT 环境不适用于 CTR，因此应重新定义、设计、开发和实施此量表。

此研究重点关注组织（包括人员）和技术要求。如果没有良好的组织来保持 CTR，就失去了 CTR 功能。其他要求也支持组织和技术。

10.1.4　研究方法

研究按照以下方法进行（可分为 5 章内容），如图 10-2 所示。

（1）理解网络操作和网络测试范围的主要理念和需求。

（2）进行深入分析，以确定适用于 MoD CTR 的功能和要求。

（3）基于分析阶段的结果设计网络测试范围的复杂路线图。

10.2　网络操作

网络（空间）操作被定义为“网络空间功能的利用，主要目的是在网络空间或通过网络空间来实现军事目的或效果”。

北约用以下定义来描述网络作战中的功能（图 10-3）。

- 计算机网络操作（CNO）——计算机网络操作（包含 3 个组件：

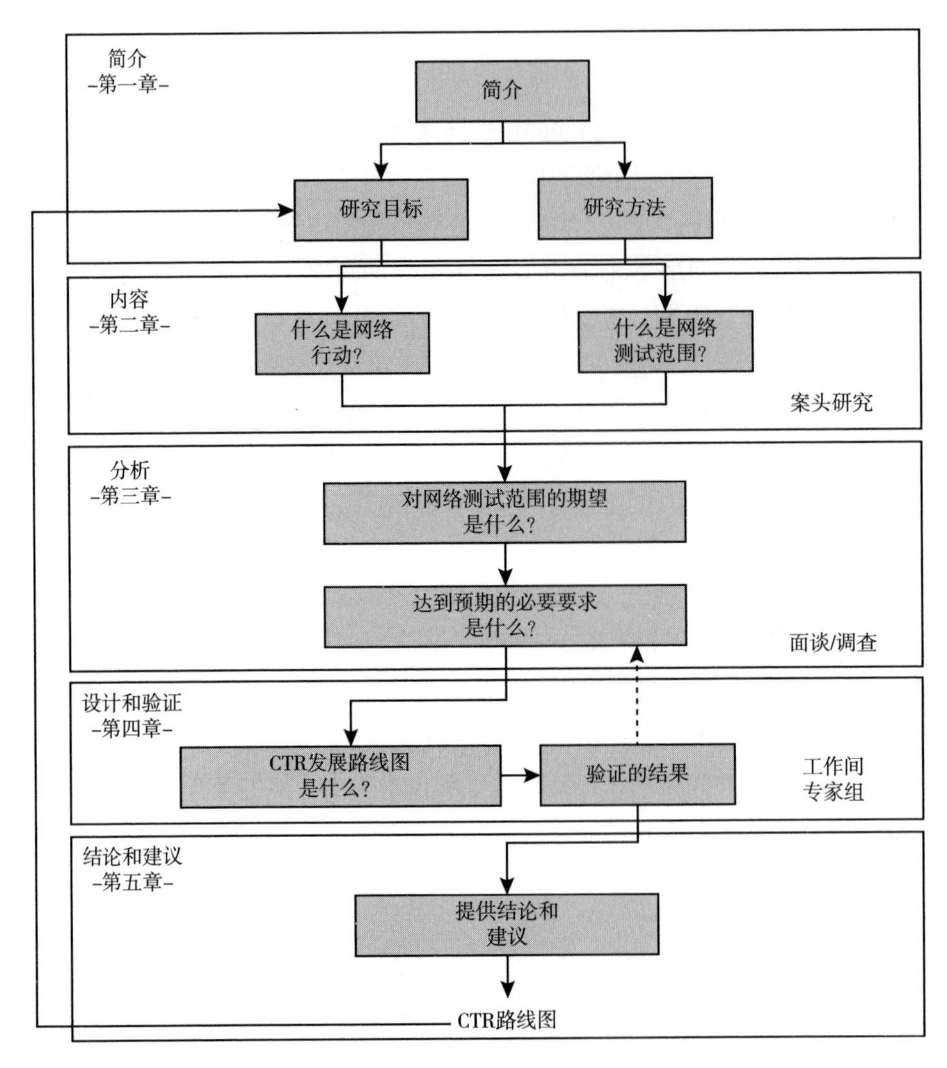

图 10–2 研究方法论

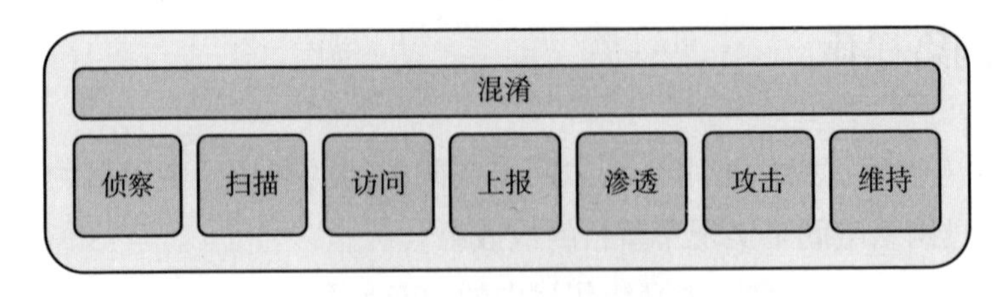

图 10–3 网络操作功能

计算机网络攻击、利用和保护）致力于实现对计算机网络的无限制访问，从而中断或阻断其功能，或像对自动程序（机器人程序）那样加以使用。

- 计算机网络防御（CND）——防御针对位于计算机、计算机网络或网络中的信息阻断或破坏的行为。
- 计算机网络攻击（CNA）——从计算机、计算机网络中阻断 / 破坏信息所采取的行为。
- 计算机网络开发（CNE）——利用计算机或计算机网络以及上面的信息来获取优势的行为。

网络操作是通过情报、攻击和防御功能进行的。网络防御旨在保护自己的网络和系统。而网络犯罪是指破坏、否认、贬低或破坏网络和系统。网络情报通过网络和系统支持情报收集[5, 6]。

网络攻击（进攻）活动和情报活动类似，它们的目的都是访问系统，从而产生计划内的影响。这些活动包括：侦察、扫描、访问、上报、渗透、攻击、维持和模糊处理。

网络防御活动遵循事件的生命周期，包括北约框架内的 6 个主要活动：恶意活动检测、攻击终止、预防或缓解、动态风险损害或攻击评估、网络攻击恢复、及时决策制定和网络防御信息管理。

这些活动在图 10–4 中有详细解释，是北约于 2010 年发布的网络防御功能框架的一部分，其主要目的是为北约及其成员国建立良好的网络操作标准，从而在网络安全领域更好地发展多国合作，以协调网络防御活动。

10.2.1　网络测试范围的发展

网络测试范围（CTR）的定义是在网络领域内用于研究、开发、评估和培训目的的非真实（虚拟）环境。测试范围旨在重建现实世界的情景，而不会对现实世界网络造成任何损害。在军事方面，CTR 可用于防御和攻击基础设施或军事能力。

CTR 要求很高。它们需要复制网络和计算机系统，模拟商业操作，生成真实流量以进行测试，而不会危害真实环境。并且应当灵活调整其配置和其他测试范围，以支持大规模的实验或练习。

在军事方面，CTR 可以理解为是一种环境，为合作伙伴提供更多能力去

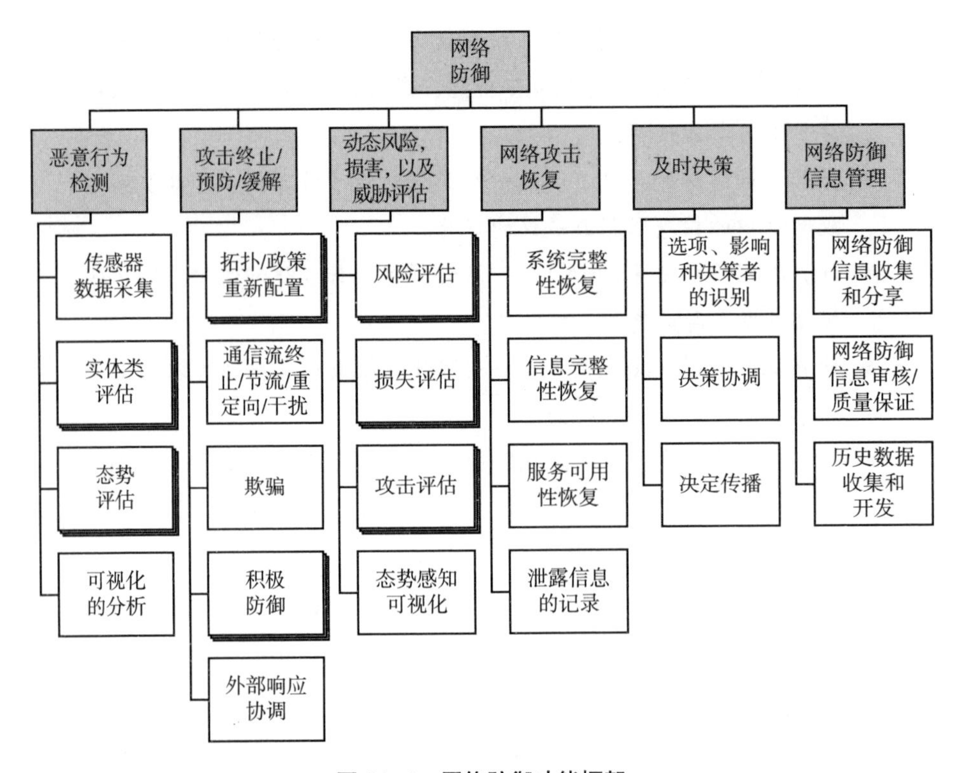

图 10-4　网络防御功能框架

保护和攻击（或获取有关的情报信息）网络关键基础设施或军事能力的能力。

网络由众多组件组成，这些组件也以意料之外的方式[7]出现。

10.2.2　案例分析

已可操作或仍在实施中的 CTR 数量各不相同。这些 CTR 很容易提取现今或未来网络的特征和目的，并以这种方式增强对以培训为目的的网络测试范围设计方法的理解，以对抗网络犯罪和网络恐怖主义。

示例如下。

（1）美国 CTR。美国正处于实施国家网络测试范围（NCR）的阶段。该网络范围[8]将提供用于安全测试功能的基础设施和软件工具，以快速模拟大规模复杂网络，这种网络可模拟真实网络的深度和多样性。该实施过程已于 2008 年开始，将服务于文献［9］的研究人员和操作用户。

实验研究人员将拥有：

- 详细量化其分析进度的能力；
- 适当的分类或非分类环境；
- 针对敏感威胁的实验；
- 使用调查方法来跟踪和追踪检查和结果。

操作用户将拥有：

- 对军事和政府网络驱动框架或系统进行适当的测试和评估，以防范当前和未来的网络攻击；
- 国家当前和未来网络研究项目的快速评价；
- 适用于所有范围和社区的网络安全实验技术；
- 减少的网络测试时间 / 成本。

除 NCR 外，美国网络专家于 2006 年开始开发信息作战（IO）范围[10]。其目的是提供由程序和结构组成的环境，为创建和实施 IO 功能及其相关策略、方法和程序建立合理的测试、准备和实践环境。IO 范围以此方式涉及实际的作战目的、框架和环境，让客户主导针对 IO 容量框架认证的专门和执行确认测试[11]。

（2）北约。北约合作网络防御卓越中心（NATO CCD COE）运行着一家网络实验室，正如 CCD COE 主管在电子邮件中所述。该网络实验室旨在为操作用户提供支持，以提供培训[12]和技术专业知识的技术课程。在此范围内制定了两个重要的练习——封闭屏蔽（红色团队对抗蓝色团队练习）和网络联盟[13]（基于涉及恶意软件分析、主机和网络取证、流量分析和报告的不同情况的练习）[14]。

（3）英国。英国于 2010 年开启其网络范围[15]。其 CTR“能够模拟大型基础设施和全球威胁，并评估其网络（无论军用、民用还是商用）如何应对攻击以开发使网络更安全的功能”。

Northrop Grumman 提供了测试靶场设施[16]。这个网络范围有如下 4 种常见用途。

- 旨在防止受到网络攻击的练习和响应旨在改进网络攻击处理的培训。
- 掌握和了解 IT 体系结构的稳定性，理解对 IT 体系结构进行添加或更改所产生的结果。
- 进行测试并对 IT 组件进行基准测试。
- 研究和开发。

此联合网络范围（FCR）[17]旨在允许与其他数字联系的互操作性，以在超出单个设施范围的单独办公室程度之外进行大规模探索[18]。

10.3 MoD 网络测试范围

MoD 网络测试范围业务预期包括由许多级组成的 CTR 业务功能。第一级与网络操作的 CTR 业务功能相关：这些功能简化了网络操作的执行过程。第二级是特定业务功能，即支持网络作战领域的功能——防御、攻击或情报之一。

通用业务功能是支持日常操作与促进研发的业务功能。为支持操作，CTR 发挥其业务功能，以协助相关人员采取行动并评估网络领域中当前功能的有效性。此外，为了推动研发，CTR 还协助研究人员将研究内容融入未来的网络解决方案中，并在外部解决方案支持拓宽 MoD 时进行深入研究。

特定功能[19]旨在支持这 3 种功能之一。为说明这一点，通用业务功能之一是使相关人员能够在网络领域中采取行动；在网络防御情况下，可指定此功能用于训练人员处理网络攻击。此外，这些特定功能可指定为服务和 CTR 服务组件。这种规范化优点使 CTR 支持的活动具有 3 种功能之一。这意味着 CTR 为每个功能和活动赋予了一个额外值。

技术和组织要求对 CTR 业务功能的交付至关重要（图 10–5）。技术要求包括设计 IT 环境的能力，但他们应当能够在资产中进行扩展并灵活地推介这些配置。此外也确定了安全要求。组织要求包括：保护和组织 CTR 的 IT 人员以及参加培训和试验的人员[20]。

图 10–5　CTR 业务功能

演练是网络安全操作中的一个关键组成部分，因其将网络操作的每个部分集成到一个近乎真实的实战行动中。这 3 个能力也可在与红队（攻击者）和蓝队（防御者）进行集成演练时相互进行训练，如 CCDCOE（北约）每年在爱沙尼亚组织的 LockShield 演习。

网络防御 / 攻击——描述的是以防御 / 攻击观点对 CTR 的要求。网络防御期望的详细概述包括以下 3 部分[21]。

（1）业务功能是为了支持网络防御 / 攻击。

（2）对支持网络防御 / 攻击的 CTR 管理片段的容量进行深入说明。

（3）CTR 管理分解为 CTR 管理片段，以支持网络防御 / 攻击。图 10-6 和图 10-7 为攻击和防御观点下的 CTR 需求的现实分解。

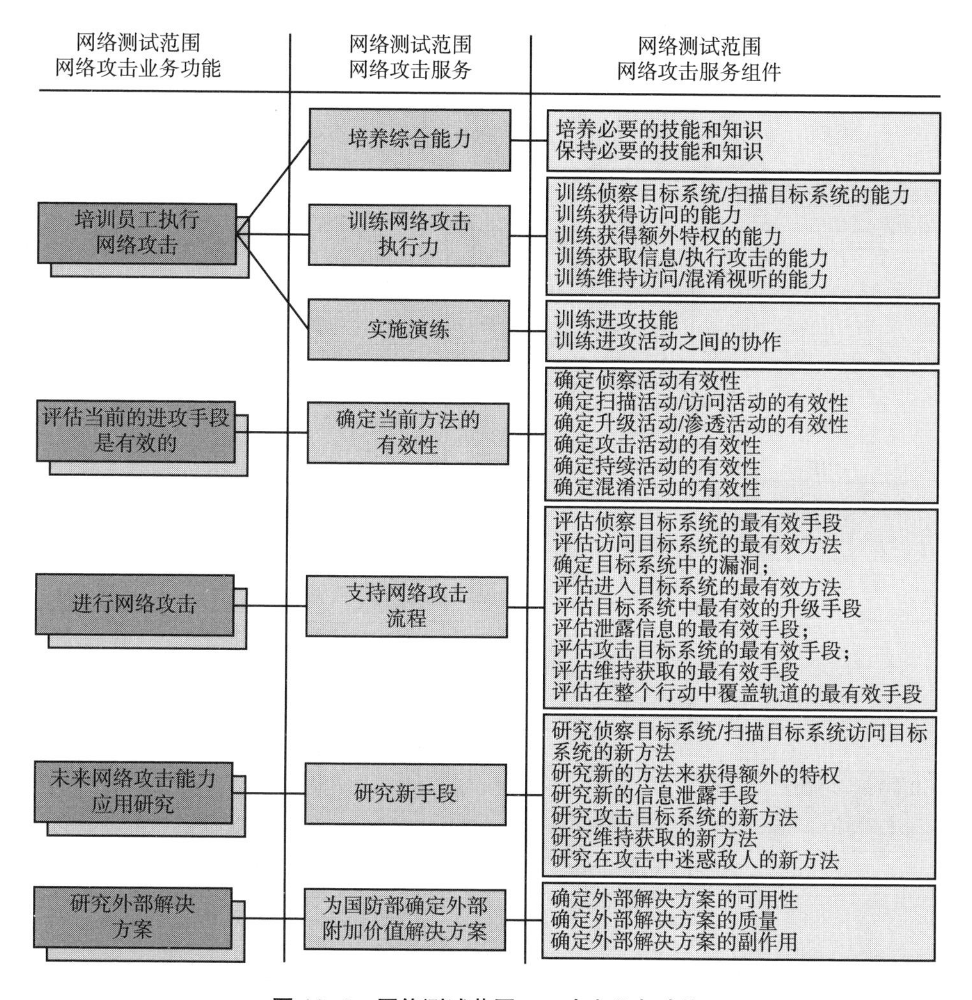

图 10-6　网络测试范围——攻击业务功能

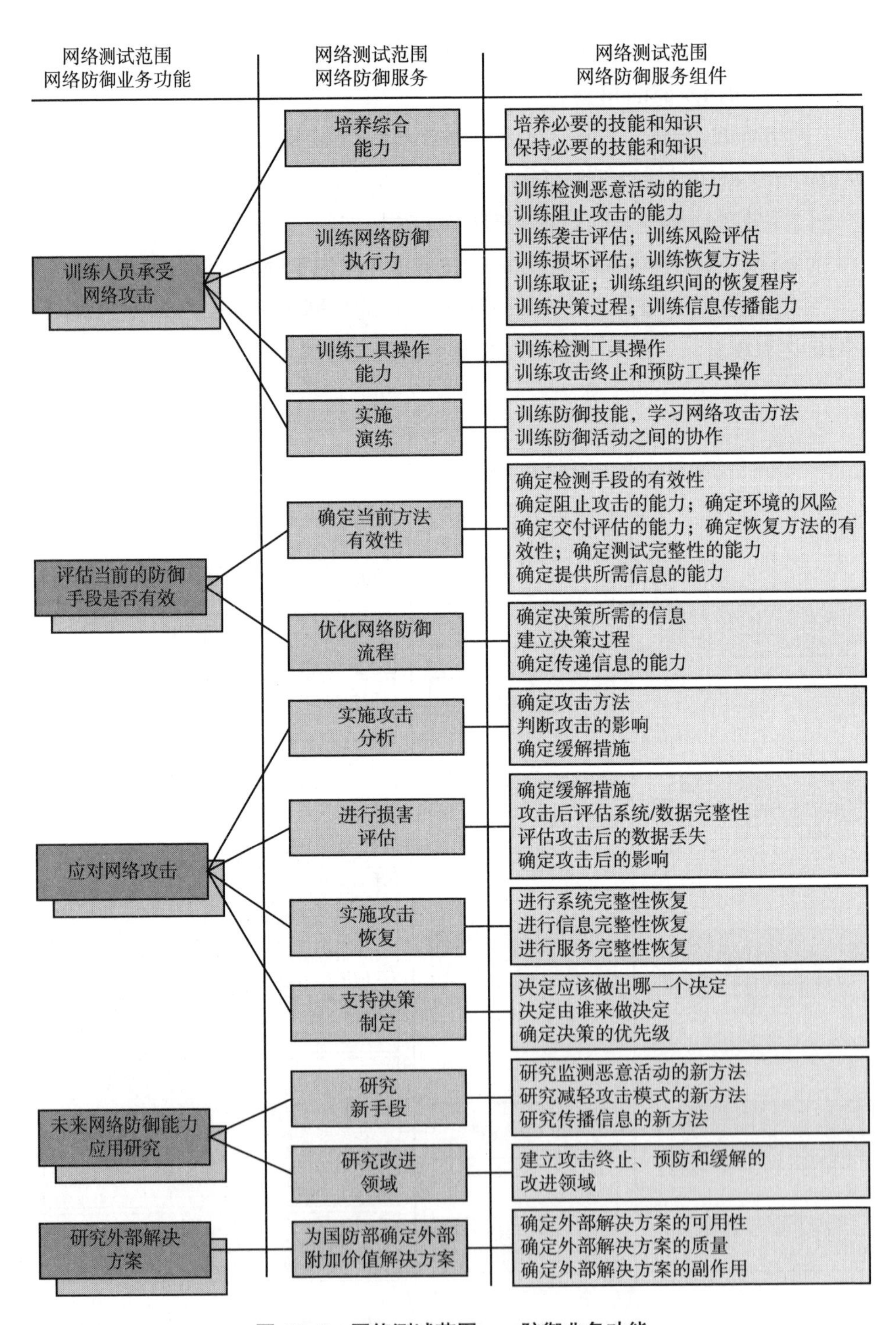

图 10-7　网络测试范围——防御业务功能

10.4　网络测试范围的路线图

未来 5 年内将持续沿用此路线图，包括 CTR 业务功能的交付和所需的技术和组织要求。

建立路线图需要两步：第一步是依据网络操作功能观点确定 CTR 业务功能的优先级；第二步是确定业务服务中的各个功能级别，以及交付业务功能的必要要求。

确定优先级的是两个变量：第一个变量是紧急性（需要迅速利用业务），第二个变量是复杂性（了解必要要求）。两个变量（的组合）代表着业务功能的优先级；应首先执行高紧急性和低复杂性的功能，然后执行低紧急性和高复杂性的功能。最重要的优先级是使相关人员能够在网络领域中采取行动的功能[22]。接下来的优先级是为网络操作研究外部解决方案的能力。第三优先级是使用 CTR 响应网络攻击，实施网络攻击或情报行动的能力。重要程度最低的优先级是评估当前方法并对未来网络解决方案进行研究的业务功能。

CTR 成熟度模型旨在定义功能性的不同级别，并确定必要的要求。定义模型测试的方法取决于以下 3 个步骤[23]。

（1）将 CTR 要求链接到单个 CTR 服务。

（2）将与 CTR 服务相关的要求抽象为 CTR 业务功能的级别。

（3）将要求分为不同的级别，并将其链接到每个业务功能的服务级别。

成熟度模型分为 5 个级别，从非常基本到非常高级[24]。每个级别都有一个常规说明。在每个业务功能中，每个成熟度级别内都有对功能性的说明，以及对提供功能所需要求的定义。

通常，该路线图显示业务功能及其时间表。业务功能以目标级别为开端，以成熟级别为终端。此外，它还给出了基于目标级别提供业务功能的要求[25]。

更多详细信息如图 10–8 所示。

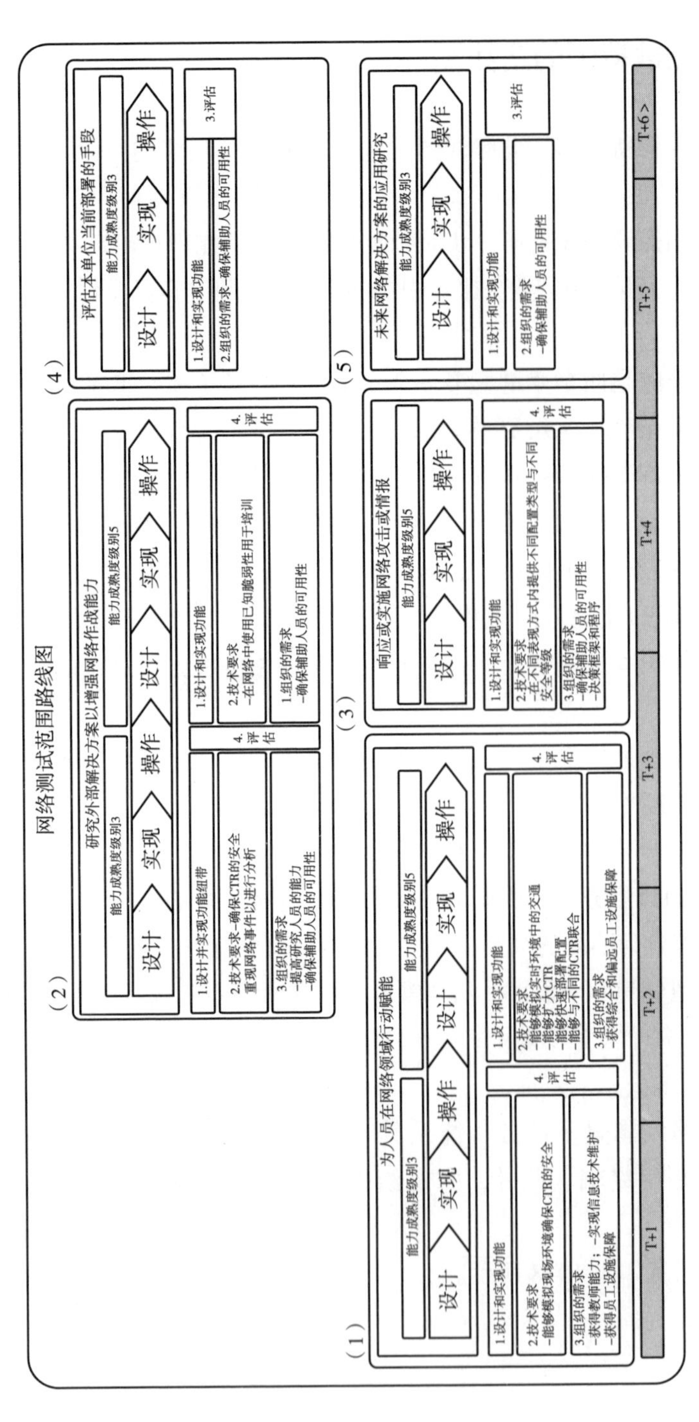

图 10-8 网络测试范围路线图

10.5　小结和建议

以下是研究人员基于研究结果提出的一些建议。

（1）就联盟网络范围与英国 MoD 进行合作。依据业务功能、要求和路线图验证 CTR 的 NL MoD 方法，并将学到的经验融入 CTR 的 NL MoD 方法中。

（2）与北约合作，因为可以发展网络测试范围功能性，同时留意其他合作的可能性。

（3）与联合网络防御中心进行合作，因为他们在准备、推动和执行由网络实验室支持的网络防御练习方面十分专业。

（4）在 TaskForce 网络的监管下，与 3 个网络操作能力协作，基于说明和 CTR 成熟度级别开发 CTR 业务功能。

（5）通过即将成立的防御网络专业知识中心，获取资源（研究人员和导师）以进行培训、练习和研发工作。

（6）与知识机构共同定义研究问题，以研究复制实时网络的可能性、组织用于 CTR 中实时环境的能力、保护敏感信息所需的安全性、风险和健康管理以及来自不同位置的访问。

（7）定义、设计和开发 DOTMPLFI 标准。

参考文献

1. Ottis，Rain and Lorents，Peeter. 2010. Cyberspace：Definitions and Implications. In 5th international conference on information warfare and security,（Dayton OH，US：Cooperative Cyber Defence Centre of Excellence）.

2. Wiener，Norbert. 1948. Cybernetics：Or control and communication in the animal and the machine. Cambridge：The MIT Press.

3. Thill，Scott. March 17，1948：William Gibson. 2011. Father of Cyberspace. Wired.com. March 2011.http://www.wired.com/thisdayintech/2011/03/0317cyberspace-author-william-gibsonborn/.

4. Kuehl，Dr Dan. 2009. From Cyberspace to Cyberpower：Defining the Problem.［book auth.］Stuart H. Starr，and Larry K. Wentz Franklin D. Kramer. Cyberpower and National Security. s.l.：Potomac Books，Inc.，Vols.in Cyberpower and National Security，ed. Franklin D. Kramer，Stuart H. Starr，and Larry K. Wentz.

5. Cornish，Paul，David Livingstone，Dave Clemente，and Claire Yorke. 2010. On cyber warfare. London：Chatham House. November.

6. Andress and Winterfeld. 2011. Cyber warfare；techniques，tactics and tools for security practitioners. New York：Elsevier.

7. USDepartment of Defence. The National Military Strategy for Cyberspace Operations. December 2006.

8. Ministry of Security and Justice. Cyber Security Beeld Nederland. December June 2012. CSBN-2.

9. US Department of Defence. Joint Publication 3-0，Joint Operations. August 2011.

10. NATO. Allied Joint Doctrine for Information Operations. November 2009. AJP 3.10.

11. Mirkovic，Jelena，et al. 2010. The DETER project：Advancing the science of cyber security experimentation and test. IEEE. 978-1-4244-6048-9/10.

12. West-Brown，et al. Handbook for computer security incident response teams（CSIRTs）.（New York：Carnegie Mellon University，2003）. CMU/SEI-2003-HB-002.

13. Benzel，et al. 2007. Design，Deployement and Use of the DETER Testbed. In DETER community workshop on cyber-security and test，Boston，August 2007.

14. NC3A. 2010. Cyber Defence Capability Framework. December 2010.

15. BuxBaum，Peter A. 2011. Building a Better'Cyber Range'. August 2011.

16. Sabo，Robert P. 2006. Standing Up the Information Operations Range. 2006.

17. Powell，Robert，Holmes，Timoty K. and Pie，Cesar E. 2010. The information assurance range. ITEA Journal 31：473–477.

18. UK Ministry of Defence. Defence Minister opens UK cyber security test range. Ministry of Defence.http://www.mod.uk/DefenceInternet/DefenceNews/DefencePolicyAndBusiness/DefenceMinisterOpensUkCyberSecurityTestRange.htm.

19. US Department of Defence. 2009. The Global Information Grid（GIG）2.0. Concept of Operations. March 2009. Version 1.1.

20. Watson. Combat Readiness through Resilience in Hostile Cyber Environments.

21. Welshans. 2010. History of cyber testing and evaluation-A voice from the front lines. ITEA Journal 31：449–452.

22. Benzel，et al. 2009. Current Developments in DETER Cybersecurity Testbed Technology.

23. DARPA. National Cyber Range.http://www.darpa.mil/Our_Work/STO/Programs/National_Cyber_Range_（NCR）.aspx.

24. Defence Information Systems Agency. Department of Defence Information Assurance Range：A Venue for Test and Evaluation in Cyberspace. August 2011.

25. NATO Cooperative Cyber Defence Centre of Excellence. CCD COE Training Courses-CCD COE. http://www.ccdcoe.org/236.html.